2023年中通服设计院论文精选集

中通服咨询设计研究院有限公司◎主编

人民邮电出版社
北京

图书在版编目（CIP）数据

筑梦 ：2023年中通服设计院论文精选集 / 中通服咨询设计研究院有限公司主编. -- 北京 ：人民邮电出版社，2023.10
ISBN 978-7-115-62447-5

Ⅰ. ①筑… Ⅱ. ①中… Ⅲ. ①信息工程－通信工程－中国－文集 Ⅳ. ①TN91-53

中国国家版本馆CIP数据核字(2023)第149070号

内 容 提 要

本论文精选集汇总了中通服咨询设计研究院有限公司 2022 年年底至 2023 年 6 月的研究成果，分为数字中国和网络强国两个模块，涉及多个领域的技术与项目管理经验。其中，数字中国模块主要介绍了数字经济、数字社会、数字生态文明背景下实体经济与新一代信息技术相结合的应用案例。网络强国模块主要介绍了高速泛在、天地一体、云网融合、智能敏捷、绿色低碳、安全可控、智能建造的相关研究和应用方案分析。本书适合信息通信领域的管理和研究人员、实体经济从业者及高等院校信息通信专业的师生阅读。

◆ 主　　编　中通服咨询设计研究院有限公司
责任编辑　张　迪
责任印制　马振武

◆ 人民邮电出版社出版发行　　北京市丰台区成寿寺路 11 号
邮编　100164　　电子邮件　315@ptpress.com.cn
网址　https://www.ptpress.com.cn
固安县铭成印刷有限公司印刷

◆ 开本：775×1092　1/16　　彩插：4
印张：15.25　　2023 年 10 月第 1 版
字数：297 千字　　2023 年 10 月河北第 1 次印刷

定价：128.00 元

读者服务热线：(010)81055493　印装质量热线：(010)81055316
反盗版热线：(010)81055315
广告经营许可证：京东市监广登字 20170147 号

编 委 会

序言

筑梦前行　智领未来

追梦离不开正确方向，圆梦更需清晰路径指引。2022年，党的二十大擘画了全面建设社会主义现代化国家，以中国式现代化全面推进中华民族伟大复兴的宏伟蓝图，吹响了奋进新征程的时代号角。建设数字中国是推进中国式现代化的重要引擎，是构筑国家竞争新优势的有力支撑。当前，以信息技术为代表的新一轮科技革命和产业变革突飞猛进，数字化已经成为现代化发展的战略新引擎，是推动实现中国式现代化的新动能，是加快实现网络强国梦、数字中国梦的新支撑。

数字化加速发展将强化数字化素养和数字化思维普及。数字技术开放、共享的特征有助于打破城乡之间的空间壁垒、信息壁垒和知识壁垒，更加便捷、快速、高效地衔接城乡资源，加快城市进化和乡村振兴，数字经济发展成果迎来普惠共享新阶段，惠及更多人口，为中国梦提供强大的价值引导力。

数字化加速发展将加速实现人民的美好生活。数字赋能可以让传统医疗更加贴心及时、教育更加公平公正、养老更加优质高效，可以创造新的经济和就业增长点，促进城乡和区域发展更加均衡，弥补数字鸿沟，助力实现全体人民共同富裕，为中国梦提供科学的推动力。

数字化加速发展将促进物质文明和精神文明发展更加协调。基于数字孪生、VR、AR等技术的数字文化，以及数字科技自身的普及、推广可以有效解决传统文化建设供需不均衡、不匹配问题，形成线上线下融合互动、立体覆盖的文化服务供给体系，持续提升和丰富人民群众精神文化生活，为中国梦提供丰富的文化凝聚力。

数字化加速发展将推动人与自然共存共生更加和谐。数字基础设施和数字技术应用使相关部门对环境的监测更加立体全面、对自然的感知更加动态及时，对生态的保护更加客观超前，对碳达峰、碳中和的助力转型更加精准有效，同时加速能源结构变革，拓宽绿水青山就是金山银山的转化通道，为中国梦提供坚实的发展支撑力。

数字化加速发展将助力国际发展环境更加优化有序。数字产业化和产业数字化强调更大范围的国际合作、更简易透明的交易环境、更优成本的交易周期，有助于增加跨境、跨域交流合作，深化多方在和平发展中的分工协作机制，搭建网络空间命运共同体和人类命运共同体，为中国梦提供安全保障力。

中通服咨询设计研究院有限公司作为国内一流、国际有影响力的智慧服务创新型企业，以“建造智慧社会、助推数字经济、服务美好生活”为愿景，长期致力于信息基础设施、融合基础设施、创新基础设施领域的技术应用与产品研发，深入推进“一体两翼”战略，稳步发展咨询、设计业务，做大做强总包业务，紧抓云数据中心、“双碳”等行业新机遇，成为智慧城市、5G等领域的先行者，网信安全和信创领域的骨干力量。

前行路上，让我们坚守初心，与时代共同奔跑，以奋斗逐梦圆梦，“有梦想，有机会，有奋斗，一切美好的东西都能够创造出来。”未来已来，犯其至难而图其至远，让我们同心筑梦，并肩追梦，携手圆梦，以卓越绩效管理体系为根基，聚焦高质量发展和价值创造，持续为中华民族伟大复兴贡献自身力量，实现自身价值，助力共同成长。

中通服咨询设计研究院有限公司党委书记、总经理

目 录

数字中国

数字经济

数字社会

数字生态文明

网络强国

高速泛在

天地一体

云网融合

智能敏捷

绿色低碳

安全可控

智能建造

数字中国

数字经济发展框架和趋势研究

王 咏 朱剑宇 张海峰

摘 要：依托于数字技术的创新引领和融合应用，数字经济已成为加速实体经济转型升级、推动中国式现代化进程的重要力量。顺应数字经济时代浪潮，把握数字经济发展规律，是实现数字经济高质量发展的内生要求。从产业数字化、数字产业化、数字技术、数字新基建、数字经济生态5个维度搭建发展模型，并结合我国社会经济发展的特点和趋势，分析和展望数字经济的发展趋势。

关键词：数字经济趋势；产业数字化；数字产业化；数字经济生态

1 引言

党的二十大深刻揭示了党和国家推进中国式现代化过程中数字经济发挥的重要作用，要充分发挥海量数据和丰富应用场景优势，推动数字技术和实体经济深度融合，赋能传统产业转型升级，催生新产业、新业态、新模式，不断做强做优做大我国数字经济。工业和信息化部公开的统计数据显示，我国数字经济规模从2012年的11万亿元增至2022年的50.2万亿元，总量稳居世界第二，占GDP的比重从21.6%提升至41.5%，数字经济正在全面深刻地影响我国经济社会的发展。

基于数字经济的内涵和外延，数字经济发展模型如图1所示。其中，产业数字化通过激发全领域的数字化需求场景，创新商业模式，从而促进产业结构优化升级；数字产业化是数字经济的核心部分，是大数据、云计算等数字技术的市场化发展，能够促进新业态的产生；数字技术为传统产业转型提供了必要的技术支点，是产业转型升级的技术动力；数字新基建为数字技术创新应用和市场化发展提供场景和土壤；数字经济生态围绕应用场景建立多主体高效协同安全可靠的技术生态，形成核心竞争优势。本文从这五大维度出发，基于我国社会经济发展的特点，分析和展望数字经济的发展趋势。

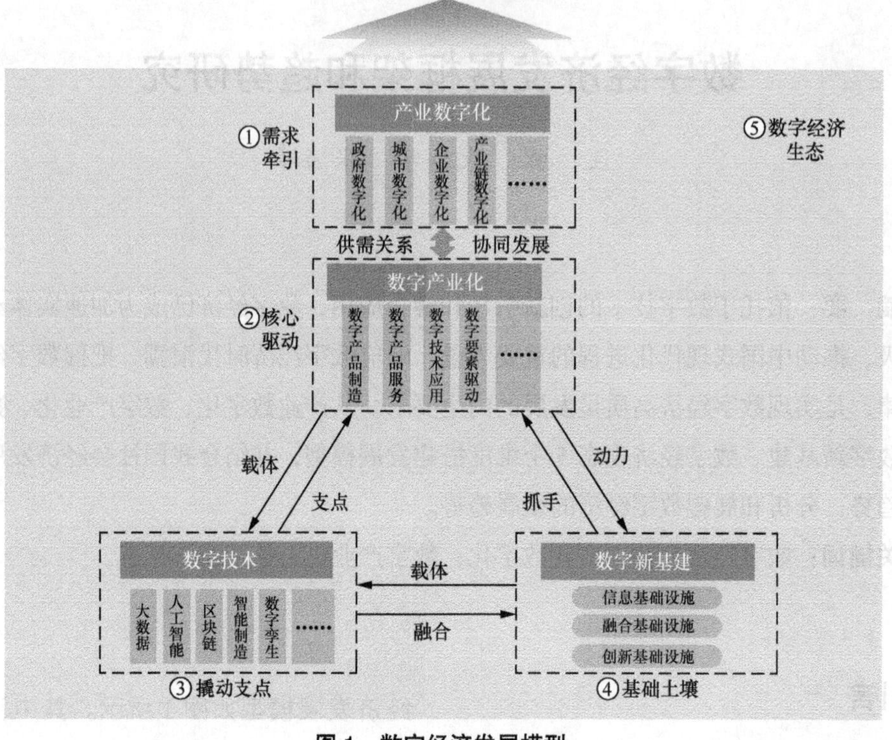

图 1　数字经济发展模型

2　产业数字化趋势

2.1　数字化转型向县域和中小企业下沉

县域工业经济在我国工业体系中占据半壁江山，“一镇一品”“一村一品”产生了大量的小商品隐形冠军。近几年，受国际形势的影响，传统产业发展放缓，但部分隐形冠军基于产业互联网开启突围，以空间地域的产业集群为单位推进整体数字化转型，逐渐形成一批“数字化产业带”。数据显示，我国已形成近 3000 个数字化产业带，数字化产业带每增加 1% 的供应商，线上规模能增加 3.4%。数字化产业带以中小企业为主力军，构成中国工业数字化转型的产业基础。同时，中小企业的“数据意识”逐步觉醒，从营销环节向企业经营全链条展开，加速推进数据要素化和数据变现增值。

未来，数字化原生型中小企业将加速涌现，凭借特色性竞争优势在数字经济领域找到自身的发展空间，并向“专精特新”“独角兽”型实体企业发展。数据将成为中小企业的核心资产，扩展数据来源、做大数据规模、提高数据质量、提升分析能力，充分释放数据要素的价值，将成为中小企业健康发展的迫切需求。

2.2　数字化场景动态优化全面加速突破

数字化场景是产业数字化的“牛鼻

子”，已成为全社会推动数字经济的重要抓手。在数字化场景发展的过程中，日益呈现出多技术协同融合、数据智能决策、提高流程效率、沉浸体验丰富、付费享受数字化服务等特点。随着数字技术与各行业领域的业务流程、组织架构、商业模式深度融合，数字化场景在各个环节加速突破，在助力传统产业智能化升级、增强生活服务业态新兴体验、赋予公共服务精准精细等方面不断创造出更多的高价值应用。

未来，数字化场景建设将更加注重以用户为导向，建立用户体验—体验反馈—场景优化的迭代机制。针对规模化共性需求，可通过全面采集需求并进行大数据用户画像，开发建设更符合现实需要的场景；针对个性化程度较高、变化较快的需求，可开展同步建设、同步使用、同步优化，使场景应用更富生命力、更可持续。

2.3 平台经济发展转为以信用为核心

我国“十四五”规划纲要在数字产业化部分中强调要“促进共享经济、平台经济健康发展”。平台经济作为数字产业化的重要承载形式，是数字经济的重要发展方向。消费互联网高速发展的 20 年，信息服务、电子商务、交通出行、餐饮外卖、金融服务等领域开创了多样化的互联网平台经济。然而，由于缺乏相应的监管措施，近年来，平台经济出现了数字技术滥用的情况，大数据杀熟、算法垄断等现象时有发生。2022 年 10 月召开的中央经济工作会议更是明确强调，要加强对平台企业的监管，保障消费者的信息和财产的安全。

未来，互联网平台经济发展思路或将发生转变，单纯以流量、价格为核心的竞争战略将转向以信用为核心的平台战略，信息服务、电子商务、交通出行、餐饮外卖、金融服务等领域都会进一步加大建设信用体系的力度。以电子商务平台为例，如何建立一个连接供需双方的高品质信用网络，形成一套数字信用体系，将是核心竞争力所在，电商平台也将从拼价格、拼流量进一步向拼信用、拼质量、拼服务转变。

3 数字产业化趋势

3.1 数据服务产业更具特色

“十四五”以来，各级政府部门逐步规范政府数据的开放共享，并出台相关政策文件促进社会数据开放和融合应用。随着这些政策的落地，已涌现出一大批第三方数据服务产业，专门从事数据采集、汇聚、治理、分析、登记、确权、交易等全链条数据服务。作为数据服务产业的关键载体，全国多地建立了各种类型、不同规模和商业模式的数据交易所，但在建立土壤和时机上往往差别很大。

未来，随着数据要素市场建设步伐的加快，各类市场主体对数据资产化加速认可，数据交易所将逐步出现分化。真正意义上能够成为服务全国的数据交易所将会是少数，绝大多数的数据交易所会发展成特色聚焦的数据交易平台，为行业内实体经济模式创新和地方转型发展服务。

3.2 数字产品国产可替代将迎来高速增长

当前，我国数字经济、智慧城市等发展如火如荼，其生态基础建立在欧美 IT 企业的软硬件产品上，例如 CPU（英特尔、AMD）、操作系统（微软、苹果）、办公软件（Adobe、微软）、数据库（Oracle）等。随着数字产业规模的扩大，信息安全“黑天鹅”事件逐渐引起重视，自上而下完成自主可控的软硬件国产化替代成为主流共识。

我国提出了“2+8+*N*”体系：“2”指党政；“8”指金融、电力、电信、石油、交通、教育、医疗、航空航天关键领域；“*N*”包括工业、物流等其他消费市场。目前，在市场需求和政策支持双重加持下，信创有望成为下一个经济增长点，有力支撑数字产品制造业、数字产品服务业、数字技术应用业的发展。

4 数字技术趋势

4.1 科研技术创新体制加速优化

《科技体制改革三年攻坚方案（2021—2023 年）》强调要优化科技力量结构，发挥企业在科技创新中的主体作用，推动形成科技、产业、金融良性循环，加速推进科技成果的转化应用。

在数字经济时代，互联网头部企业掌握了海量数据资源这一生产要素，同时具备敏锐的市场洞察力、丰富的商业经验，能够充分挖掘应用场景，细化需求，推动人工智能、元宇宙等信息技术商业化及应用模式的创新，实现以业务场景为驱动的技术落地和快速迭代，占据数字经济发展的高地。高校和科研机构的科研力量雄厚，学术氛围浓郁，可以潜心从事信息基础技术的研究，夯实数字经济底座。科研管理模式将转变为企业、高校和科研机构优势互补的新型创新机制，企业创新主体地位开始落实。

4.2 数字技术工具属性凸显

在数字经济渗透到千行百业，并与之深度绑定的背景下，从业者利用具有某种特有属性的数字技术解决跨学科问题成为一种普遍现象。区块链因其“不易篡改性”“去中心化”的特点被应用于金融业；拟合程度良好的人工智能算法可以进行医学图像检测，为患者提供初步诊断；融入物联网技术的城市信息模型（City Information Model，CIM）能够搭建数字孪生模型，已在众多智慧城市建设实践中证明了其可靠性。

伴随着数字经济内涵的日渐丰富，数字经济的边界逐步扩展，人工智能、区块链、云计算、大数据等作为基础性的接口工具被广泛应用于生命科学、材料与化学等自然科学领域，在涉及经济、民生、金融的社会科学领域研究中也发挥了不可替代的作用，充分释放技术潜能。数字技术作为基础性工具的属性日益凸显，融入可以提供面向具体问题，以用户为导向的方法和途径，形成数字科学与其他学科加速交叉融合的新局面。未来，人工智能技术将嵌入日常生活的各个方面，无形中深刻地改变生活方式，成为撬动世界经济社会体系基础重塑的支点。

5 数字新基建趋势

5.1 数字基础设施建设与行业应用场景创新更加紧密

数字经济蓬勃发展及其作为拉动经济增长新引擎的作用加速凸显，数字新基建持续升温，从单向赋能支撑到现代基础设施体系全面融合发展。我国数字基础设施建设成绩斐然，据工业和信息化部统计，截至2023年4月末，5G基站总数达到273.3万个，卫星互联网布局成效显现，“东数西算”建设正式启动。牢固把握数字新基建发展脉络，准确研判发展趋势，抢抓发展战略机遇，成为相关产业各方推动数字化转型升级的关键。

未来，随着数字化转型不断深入，数字基础设施将与行业应用场景进一步融合创新，实现基础设施的价值最大化。在高端装备、汽车、能源、交通等领域，将涌现出更具市场盈利价值的工业互联网平台。基于算力网络的数据安全变得极为重要，共享分布式数据存储模式将会出现新突破，从而建立更加安全、自主可控、公平的网络数据空间，全国各地将更加重视对城市云计算能力和算力体系的建设。

5.2 数字基础设施与多类型基础设施协同发力

随着我国步入新发展阶段，基础设施要服务于高质量发展，基础设施建设不能再单纯地以投资拉动经济增长为唯一目标，而是要全面布局，兼顾经济效益以外的社会效益等诸多方面的影响。而随着数字新基建战略意义获得社会广泛认同，且已进入与传统基建体系共同谋划、整体协同阶段，其融合化发展趋势将加快。

未来，数字新基建将聚焦“立足长远、适度超前、科学规划、多轮驱动、注重效益”的战略要求，融合产业升级的基础设施需求，与城市、农业农村、安全、创新等基础设施互联互通、共建共享、协调联动。同时，在数字新基建初步成型的基础上，必须立足于国家战略安全，主动服务社会经济发展的需要，跨多个基建领域协同发力，大幅提升综合效益。

6 数字经济生态趋势

6.1 数字经济安全体系云上部署弹性调度

数字经济时代，网络安全体系面临诸多挑战，在满足国家一系列网络安全要求的前提下有效全面应对数据窃取与破坏、供应链投毒、勒索攻击等新威胁；5G、云化、数字化等创新技术应用要求网络安全体系建设更加具有弹性，做好同步防护、同步保障等。

未来，我国需要一个弹性架构安全体系快速响应新的挑战。通过建设云安全集中管理系统，将多种安全设备转化为安全功能单元，统一集中部署在安全资源池，并集中部署在云上，可适应不同云计算环境。安全设备由统一安全平台进行统一管理调度，能够快速部署和弹性扩展。安全资源池趋向于采用开放式架构，可扩展新安全能力，例如数据安全和零信任，甚至是第三方的安全能力，可适应不断变化的新安全场景。通过大数据安全分析能力，统一收集和分析安全设备产生的安全数据，以及云平台所产生的日志和配置数据，通过外部威胁情报、运营实践输入，综合采用知识图谱和AI技术进行机器学习，可快速识别和响应新威胁。

6.2 数字经济风险防控趋于智能化

党的二十大强调要“完善产权保护、市场准入、公平竞争、社会信用等市场经济基础制度，优化营商环境”。近年来，党中央加强统一部署，我国不断创新数字治理体系建设，积极应用数字技术发展监管科技，提升数字监管能力，以数字化的公正监管推动我国数字经济逐步走向更加开放、健康、安全的生态环境。与此同时，地方数字治理能力也百花齐放，涌现出了一批有利于数字经济突破发展的地方数字治理典型，进而推动数字治理能力整体提升。

未来，围绕区域经济风险监控、双碳目标监管、平台经济反垄断、数据资产管理等领域，监管科技呈现更广泛的应用场景，驱动被监管机构由被动式、响应式监管到主动式、包容式合规转变，积极提升合规管理的能力。在风险防控方面，面对人民群众日益增长的风险控制需求同风险控制手段效能之间的矛盾，越来越多的科技机构和服务机构开始利用数字技术谋求解决之道，各类风险控制智能化成为大势所趋。依托人工智能、机器学习、云计算等技术，数字科技风险防控企业将深化科技赋能，将传统风险控制升级为数字科技风险控制。

7 结束语

当今，数字经济已经是我国经济发展的重要议题，正如党的二十大报告所强调的，经济发展的着力点在实体经济，因此，如何以数字经济发展赋能实体经济的发展水平提升，推动我国产业体系的高质量发展已经成为必答题。党中央反复强调经济需要“脱虚向实”，数字技术只有和实体经济融合，才能提高生产效率，成为实实在在造福人民群众的技术。因此，利用数字技术赋能实体经济高质量发展，形成新的经济增长点，是我国经济未来发展的重要举措。

未来，我国更要牢牢把握数字经济发展的趋势和规律，把发展数字经济自主权牢牢掌握在自己手中，不断做大做强做优数字经济，充分利用数字经济发展的契机，重组要素资源、重塑经济结构、改变竞争格局。

参考文献

[1] 阿里研究院，中国市场学会.数字化产业带：增强产业韧性与活力 [R]. 2022.

[2] 颜蒙.数字经济发展新趋势：基于地方“十四五”规划建议的解读 [J]. 互联网天地，2021（2）：24–29.

[3] 吴静，张凤.智库视角下国外数字经济发展趋势及对策研究 [J]. 科研管理，2022，43（8）：32–39.

[4] 赵俊涅.数字经济发展趋势及我国的战略抉择 [J]. 中国工业和信息化，2022（9）：68–71.

[5] 张智杰，郝园.“新基建”背景下的数字经济发展趋势研究 [J]. 网络安全和信息化，2022（6）：16.

[6] 孟雪，郝文强.面向数字经济发展的政府数据开放价值创造系统建构与运行机制研究——基于创新生态系统的理论分析 [J]. 情报杂志，2023，42（2）：134–141+174.

[7] 陈秀英，刘胜，沈鸿.建设统一大市场视域下中国数字经济高质量发展的推进方略 [J]. 新疆社会科学，2022（6）：20–26+177.

[8] 李晓华.“十四五”时期数字经济发展趋势、问题与政策建议 [J]. 人民论坛，2021（1）：12–15.

数字经济战略科技十五项热点领域自主创新展望

唐怀坤　王江涛

摘　要：数字经济是继工业经济之后我国换道超车的重大机遇，本文展望了重点科技领域的自主创新方向，包括智慧城市、车联网、元宇宙、工业互联网、物联网、区块链、云计算、芯片制造、计算架构、操作系统、大数据、XR、5G深化与6G研发、量子科技、人工智能，通过分析这些领域，希望能为数字科技研发工作者和应用场景设计从业者提供一定的借鉴。

关键词：数字经济；数字科技；自主创新

科技创新是国家现代化建设全局中的核心。数字科技领域的投资对于促进科技进步、带动就业、改善商品出口结构、提升产品附加值有较大作用，下面分析数字经济战略科技投资热点领域在2023年的十五项热点领域趋势，“把脉”数字科技投资的方向。

1　智慧城市：向开放复杂巨系统演进

通过2009—2022年智慧城市的探索和建设，智慧城市顶层设计、城市运行指挥中心、城市交通大脑的建设正在向基于CIM的数字孪生城市、城市大脑延展，成为未来智慧城市工程的主角，数字孪生城市当前主要用于建筑信息模型入库、城市规划、土地规划、建筑报建、历史文化名城保护、智慧社区、地下管网的多维地理信息系统管理、工程建设一网统管。通过添加城市综合管理、城市安全管理、海绵城市管理功能，智慧城市也从规划与顶层设计走向具体的场景化应用。城市大脑在实际建设中也遇到了数据共享难题，当前城市大脑工程本质上是以智慧交通管理系统为主的城市展厅，接入了各个职能部门的部分数据，如果仅仅通过建设一个城市大脑就能取得智慧城市建设的成功是不现实的，城市是一个开放的复杂巨系统，各职能部门本身也有城市分布式行业管理大脑，形成分布式云架构，也就是城市云脑，未来智慧城市的建设将基于城市云脑形成数字系统（数字孪生城市）、物理系统（城市的三层空间的不断优化）、社会系统（自然人、法人与产业、城市管理者）的“一脑三系统”架构，三者围绕城市云脑实现智慧城市3.0版（智慧城市1.0以物联网技术为主，智慧城市2.0提出以人为本的新型智慧城市），因此，预计2023年将是城市云脑的投资元年，城市云脑的顶层设计架构如图1所示。

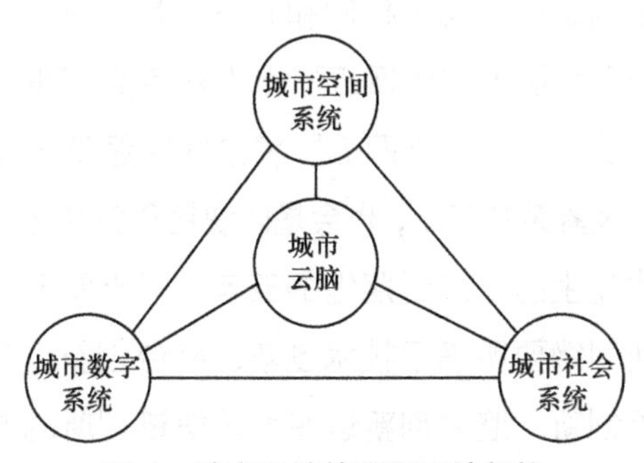

图1　城市云脑的顶层设计架构

2　车联网：汽车自身的数字化是发展重点

车联网的终极目标是无人驾驶。无人驾驶的商业价值很明确，未来的出租车公司将大幅减少人工成本，交通将更加有序。实现无人驾驶需要"智能的车"与"智能化道路"同步开展，一些城市正在试点基于智慧灯杆的智能网联汽车技术。2023年，车联网领域的投资重点预计在汽车数字化领域，让汽车的中控系统感知收集汽车的所有行驶参数，建议电动汽车标配车联网车载单元（On Board Unit，OBU）功能列入汽车生产制造的强制标准，并且以OBU升级我国的ETC系统，让OBU具备更多的功能，例如，汽车精准导航、应急救援、汽车保险、汽车保养提醒等。同步建设路侧单元（Road Side Unit，RSU），实现车辆OBU与RSU的通信，提高城市通行效率。

3　元宇宙：投资降温

数字经济发展阶段分为数字化、物联网和互联网、数字孪生3个阶段，元宇宙实际上是数字孪生在社交领域的一种表现形式，例如，Facebook将母公司改名为Meta直接引爆了投资者对元宇宙的投资热情；普华永道将打造元宇宙咨询中心；一些制作虚拟人特效的公司称自己是元宇宙公司。元宇宙本质上是拓展新的基于VR、区块链、全息投影社交市场空间，具有社交、影视、娱乐、虚拟交易的特征，也有文艺创作的特征，能推动相关产业的发展。2022—2025年只有大型头部互联网企业能够真正做大，其他元宇宙企业只有拥有核心技术才能够生存下来，技术迭代速度加快，这种快热快冷的新技术概念预计在今后一个时期将不断上演。

4　工业互联网：企业"智改数转"是工业互联网的基石

工业互联网是数字经济时代工业升级的必然阶段，也是一个重要理念，2022年我国工业互联网产业已经超过了1万亿元，全国工业互联网产业联盟会员数量已超过2000家，标识注册量超过了200亿，形成根节点、顶级节点、二级节点的节点体系，尤其是各省市将二级节点作为产业互联网发展的标准化建设业绩，纷纷出台政策。工业互联网是数字经济反哺工业经济带来的新动能，工业互联网对于行业数据监管、产业上下游高效协同、产业链之间的协同都有很大的经济价值。未来3～5年，工业互联网领域发展投资重点是企业内部的数字化升级改造与国家工业互联网基础能力的匹配，与此同时与消费互联网互联，通过增加个性化消费比重提升企业数字化改造的动力。建议2023年在政策上能够鼓励企业引入工业互联网，建立与培训企业首席数字官队伍，增强企业的数字化转型能力。只有大量的企业具备了工业互联网能力，整个工业互联网基础设施才能充分发挥作用。

5 物联网：与数字孪生相结合展现更大潜能

当前，全球物联网的终端数已经突破了120亿，预计2025年全球物联网终端连接数量将达到250亿。物联网是数字经济的必经阶段，城市的各类管线、自然环境接上传感器之后才能实现传统的智慧城市；车辆与车辆、车辆与RSU等互联才能实现车联网及未来的无人驾驶。以数字孪生为目标的CIM在使用场景上也是要接入物联网传感才能实现动态的孪生化，即数字化、物联网与互联网、数字孪生、专用人工智能逐步发展演进的过程。未来，物联网将为数字孪生提供基础数据，并且充分利用5G广覆盖、大连接、低时延的特点实现车联网的大规模应用。未来3～5年，地下管线（城市生命线）安全态势感知、智慧社区物联网应用方面将会是投资的重点。

6 区块链：面向产业数字化与数字产业化的数字空间信任体系

当前，区块链在电子银行领域已经被广泛采用，区块链不仅仅是一套算法，更多的是一种信用机制和共识。我国将区块链列为国家“十四五”七大数字经济重点产业之一，“十四五”将是数字经济大发展大繁荣的五年，也会是区块链创新加速、构建生态、广泛落地的五年。“十四五”规划纲要明确了技术创新、平台创新、应用创新、监管创新这四大区块链创新的方向。区块链未来的应用前景非常广阔，未来3～5年，区块链将继续融入金融、司法、产业互联网、教育、水利、供应链、数字货币等领域。

7 云计算：PaaS、SaaS将是云竞争的主战场

2022年，全球云计算市场增长到6000亿美元，预计2025年我国云计算整体市场规模将超万亿元，从国内政府和企业对云计算的接受程度来看，当前国内云计算主要聚焦在基础设施即服务（Infrastructure as a Service，IaaS）产业，而平台即服务（Platform as a Service，PaaS）、软件即服务（Software as a Service，SaaS）领域占比偏少，预计未来3～5年，这一趋势将会有所改变，我国在SaaS产业将有更大的前景，预计规模将超过IaaS领域。我国在IaaS领域领先的是阿里系的企业，PaaS领域领先是腾讯系的企业，SaaS领

域中目前在国内还没有形成行业巨头，IaaS 的毛利率远低于 PaaS 和 SaaS，2023 年后，PaaS、SaaS 领域将是投资的热点。

8 芯片制造：从产业链升级向产业网升级转变

当前制约芯片产业的核心问题是自主创新不足。展望 2023 年，国内 5G 终端芯片、服务器芯片、汽车芯片未实现完全自主创新，同时芯片的精度也受制于摩尔定律，当前全球芯片技术的前锋在 1～3 纳米，我国不仅要在摩尔定律的芯片领域追赶，还要在未来的量子计算领域加快创新步伐。芯片不是一个产业链，而是一个产业网，仅仅追赶已经不够，还需要有高端人才提出新的芯片制造创新方向。

9 计算架构：RISC-V 架构是我国实现芯片自主可控的机遇

主流芯片的计算架构包括 x86、ARM、RISC-V 和 MIPS。x86 是美国英特尔公司 1978 年发布的，特点是性能高、速度快、兼容性好，主流芯片厂商有英特尔、AMD；ARM 是由英国 ARM 公司 1983 年发布的，特点是成本低、低功耗、开源，主要厂商有苹果、谷歌、IBM、华为等；RISC-V 是由美国 RISC-V 基金会 2014 年发布的，特点是模块化、极简、可拓展、开源、免费，应用厂商有三星、英伟达、西部数据等；MIPS 是美国 MIPS 科技公司 1981 年提出的，特点是优化方便、高拓展性，应用芯片有龙芯。

我国把科技自强自立作为国家发展战略的支撑，《中华人民共和国科学技术进步法》自 2022 年 1 月 1 日起施行，未来我国将致力于研发我国自主知识产权的计算架构，这需要国家集成电路基金投入、科学家们沉下心来倾心研发，形成产业生态，完善创新，另外还需要采用颠覆式的创新思路。

10 操作系统：与生成式人工智能结合成为新趋势

20 多年来，我国在软件领域的教育和职业人才储备已经带来了 800 万生力军，未来，我国有能力做出全球通用的操作系统，鸿蒙系统已经开启了新的篇章，未来的操作系统基于信息安全和信息创新需要，将会在以下领域取得突破。

一是在城市管理领域。2050 年后，90% 的人口都将生活在城市，智慧城市将是一个巨大的产业。然而，当前智慧城市的建设模式是拼凑式的，城市管理者正在培育城市“智慧谷”来组装本地的智慧城市平台，其中最底层的应用是城市操作系统，未来城市的物理基础设施将在城市操作系统的管理下运行，并形成城市的数字孪生，最终各个职能部门能够在数字孪生上形成数据共生、共治和共用，最终实现城市云脑和城市大脑。当前，智慧城市的建设模式正在创造新的“信息孤岛”，重复建设非常严重，通过智慧城市操作系统可以让所有智慧城市的管理模块在一套数据标准体系中交换信息，这样一套操作系统的模式从城市管理再走向商业、个人、专用终端的应用，需要国家相关部门、城市管理者的创新引领力。全国智慧城市投资每年500多亿元，通过协同布局，足以支撑这一项软件工程。

二是在人工智能领域。当前的Windows、安卓、iOS等都是基于信息资源管理的架构，而人工智能是面向智联网、数字孪生、机器学习的架构，人工智能领域的操作系统可以兼容以上三大操作系统。

11 大数据：数据要素价值化要遵循市场经济规律

数据要素已成为新的生产要素，我们每天创建大约2.5千亿字节的数据，但并不意味着数据可以像大宗商品那样可以自由买卖，贵阳大数据交易所就是典型的大宗交易案例，上海也成立了大数据交易所，后者提出把数据价值变现作为一号重点工程，提出“数据可用不可见”的公共数据价值最大化的思路，建立第三方多元主体对公共数据开发利用的机制。数据权非物权，也非知识产权，其价值随着时间推移而贬值，数据的最大价值在于数据的实时分享和交换。数字经济时代的思维模式与工业经济时代的思维模式已经有很大不同，不能再用工业经济时代的交易思维来看大数据价值变现，数据资产的特点是实时性、流动性、贬值性，在保护隐私的前提下，数据越快流动、越大范围流动，价值才越大。开放数据的前提是商业价值的反馈，个人同意数据开放分享的前提是商家的价值补偿。因此，2023年，围绕数据的授权使用和价值变现的商业模式将是重点投资的领域。

12 XR：虚拟现实、增强现实与混合现实同步发展

虚拟现实（VR）已经提出了20多年，但是受制于应用场景、芯片计算时延等问题，一直发展比较缓慢，随着元宇宙概念的提出，虚拟现实产业可能会带来新一轮的增长。虚拟现实的沉浸感给职业培训、影视游戏、文化创意产业带来了新的体验，但是其需求并不是刚性的，虚拟现实装备当前还比较笨重，也制约了其普及程度，公共场合的佩戴也略显夸张。增强现实比虚拟现实装备轻薄，在智能制造、工业控制领域得到了很好的应用。混合现实是在前两者基础上的实时互动。VR、AR、MR从本质来看都是数字孪生世界与物理世界之间的交互工具，而交互方式还有传统的各种终端界面，因此这些产业领域的崛起需要匹配其产业的商业模式。

13 5G深化与6G研发：物网融合是大势所趋

截至2023年4月末，我国5G基站总数达到273.3万个，而4G基站总量为590多万个，5G的覆盖半径是4G的一半，预计2030年5G基站总数将达到1500万个。因此，未来5G的建设依然任重道远，高投资、高功耗的状态需要加快5G的精准

投资，特别是5G专网覆盖对于5G投资的回收意义较大。为加快推进全国“双千兆”网络基础设施建设，工业和信息化部印发《“双千兆”网络协同发展行动计划(2021—2023年)》，截至2022年10月底，全国有“双千兆”城市110个，带宽的增加得益于5G无线基站、大带宽路由器、光交换机的快速发展，也会带动影视娱乐、计算机云存储、移动云存储的需求增加。5G的发展模式与4G不同，4G弥补了移动互联网的带宽短板，投资是在需求之前，但是5G的建设显然已经超前了行业的需求，毫米波技术将加大5G带宽，但是毫米波的出现也推动了物网融合的加速，即物体和5G和6G网络、物联网逐步融合。5G在矿山、矿井、港口、交通、医疗领域会有更好的应用，在toC领域发展会相对缓慢。

5G技术还没有完全普及，6G研发已经开始多年，2030年前将是6G研发的关键。与5G技术相比，6G技术在物网融合、发射频率、发射功率、覆盖半径、天地一体通信方面会大幅改善，关键问题是如果普及速度赶不上移动通信技术的发展速度，则技术发展再快，意义也不大。

14 量子科技：数字经济之后智能经济时代的基础设施

互联网是摩尔定律、梅特卡夫定律主导的数字经济时代产物，而到了智能经济时代，量子科技将成为主流。当前，量子科技的三大重点应用领域是量子通信、量子计算和量子精密测量。量子通信是指利用量子态进行信息传递的一种新型通信方式，利用基本粒子的量子态实现量子密钥协商，从而保证密钥的共享。量子通信具有不可窃听、不可破译的特点，能够保证数据在传输过程中的安全性和自主可控。量子通信“成渝干线”全线贯通，量子通信2023年投资重点依然是在一级干线领域。我国加速在量子计算领域的研发进程，目前已成功研发出62比特的超导量子计算原型机，另外，量子计算过去只能在零下273摄氏度左右使用，Intel与其合作伙伴QuTech在权威学术杂志《自然》上发布了一项全新的研究成果——1.1开尔文的“热”量子计算机技术，开尔文温度＝摄氏温度−273.15，因此1.1开尔文大约等于零下272.05摄氏度，可以预见，量子科技的发展可以解决数据中心密集和高能耗的问题。算力是当前计算机服务器的1.5万亿倍，未来将会是基于量子计算机、量子存储的云计算时代，在量子科技普及的时代，数据中心数量将很可能增加，但是越来越小型化。量子精密测量也会推动ICT产业发展，高精密磁测量用在存储上能够使计算机更快、更微型化；重力的导航可以用来对地球按照重力的分布定位。对量子科技的投入是长期的，但是未来的收益回报是上万倍的，因此2023年，我国将持续在量子科技上投入。基于光量子特性的计算架构是未来数字经济之后，智能经济的基础设施。

15 人工智能：生成式人工智能未来已来

2016 年前，人工智能产业已经经历了三起三落，在经历了 2016—2018 年的新一波热潮之后，人工智能产业在 2019—2021 年进入“四落”阶段。2023 年年初，ChatGPT 又引爆了新一波热潮，并且呈现出商用化与研发同步的现象。当前，人工智能产业的发展与智能制造、车联网产业、安防认证产业、快递物流产业、辅助医疗、教育培训等都有很大的关系，但是人工智能本质上属于智能经济范畴，而智能经济是数字经济之后的社会发展阶段，当前的人工智能使用场景是在数字经济已经成熟的行业领域实现的应用，例如，棋类、人脸识别、工业机器人、物流机器人、语音识别等。如果这些领域不够成熟，过早地投资是徒劳的。因此，预计 2023 年，人工智能的产业投资重点是已经开展了数字化工厂改造的工业领域和标准化的知识应用领域（例如，PPT 设计、漫画设计、翻译、律师、客服），以及有大量数据的医疗研发、制药等领域。世界经济论坛研究报告指出，到 2025 年年底前，机器人将负担现有 52% 的工作任务，预计 2023 年，在 AI 大模型、AI 办公、AI 物流、AI 医疗、AI 身份识别等领域会有更大的投资。

16 总结

我国数字经济当前正在处于赶超期，很快将实现商业与技术的拐点，就是以技术和产品出口为标志，当我国自主知识产权制造的数字经济产品和平台的出口规模超过国内规模时，我国就会进入数字经济领先的状态，这需要有序引导民间资本投资，需要政策引导互联网巨头、科技巨头、大型风投企业开展合作共建自主创新生态，短期战术导向上仍然是学习借鉴与自主创新相结合，长期战略导向上应该是以自主创新为主。

参考文献

[1] 刘媛妮，李奕，陈山枝 . 基于区块链的车联网安全综述 [J]. 中国科学：信息科学，2023，53（5）：841-877.

[2] 唐怀坤，陈翔 . 城市大脑工程开放复杂巨系统特征与发展分析 [J]. 中国工程咨询，2023（5）：84-89.

[3] 崔晓君 . 数据智能，城市数字化转型新引擎 [J]. 张江科技评论，2023（2）：42.

[4] 吴喆，沈爽，邹文芳 . 工业互联网标识与 AR 融合路径研究 [J]. 产业创新研究，2023（8）：98-100.

[5] 吕艾临，王泽宇 . 我国数据要素市场培育进展与趋势 [J]. 信息通信技术与政策，2023，49（4）：2-8.

[6] 毛骏 . 各地“数字经济促进条例”立法进展、特点及展望 [J]. 通信世界，2023（8）：14-16.

[7] 王雪梅，汪卫国 . 全球 5G 市场最新进展及未来展望 [J]. 通信世界，2023（8）：24-26.

[8] 胡滨雨，郭敏杰 . 新一轮 AI 爆发下电信运营商的挑战和机遇 [J]. 中国电信业，2023（4）：23-27.

[9] 王小月 . 生成式人工智能成热点 [J]. 中国电信业，2023（4）：32-34.

[10] 唐怀坤，王江涛 .5G-Advanced 绿色运营路

径 优化算法与创新商业模式 [J]. 通信世界，2022（12）：27–28.

[11] 唐怀坤 ."东数西算"瓦特与比特的完美结合 [J]. 通信世界，2022（5）：15–17.

[12] 唐怀坤 . 未来 5 年，数字经济九大技术趋势 [J]. 信息化建设，2021（3）：59–62.

[13] 唐怀坤 ."十四五"规划指引下的智慧城市关注点分析 [J]. 通信世界，2021（5）：23–24.

[14] 钟橙，张燕，唐怀坤 . 工业互联网中 5G 切片技术浅析 [J]. 数据通信，2021（1）：10–12.

[15] 唐怀坤，史一飞 . 基于数字孪生理念的智慧城市顶层设计重构 [J]. 智能建筑与智慧城市，2020（10）：15–16.

[16] 唐怀坤，刘德平 . 智慧城市复杂巨系统分析 [J]. 中国信息化，2020（9）：47–49.

[17] 唐怀坤 . 面向"新基建"的智慧城市车联网分析 [J]. 通信世界，2020（20）：22–23.

[18] 唐怀坤 . 下一个十年 智慧城市发展的八大趋势 [J]. 通信世界，2020（3）：15–17.

[19] 唐怀坤，张森 . 智能网联汽车产业发展现状与三大创新方向 [J]. 通信世界，2019（22）：41–43.

智慧城市背景下数字乡村建设思路探讨

赵　晨

摘　要：作为智慧城市规划建设的一个全新领域，数字乡村项目逐渐成为各地市关注的重点项目之一。本文基于国家乡村振兴战略的总体目标，结合对智慧城市建设成果的分析总结，探讨数字乡村建设思路、存在的问题难点、未来的发展建议。

关键词：智慧城市；数字乡村

随着新型智慧城市建设的蓬勃发展，各行业各领域的建设模式发生了很多飞跃式变化，“互联网 +”模式更是促进某些产业有了颠覆式的发展，其中数字乡村建设更是积极响应国家乡村振兴战略的一项重要创新，为新型智慧城市的建设注入了新的活力。

1　乡村振兴战略对数字乡村建设的定位

1.1　数字乡村概念的提出

“数字乡村”概念是在国家制定乡村振兴战略的大背景下提出的。2017 年 10 月 18 日，党的十九大报告指出：为了解决关系国计民生的农业农村农民的根本性问题，必须始终把解决好“三农”问题作为全党工作的重中之重，实施乡村振兴战略。自此，伴随网络化、信息化和数字化在农业农村经济社会发展中的应用，以及农民现代信息技能的提高而内生的农业农村现代化发展和转型进程，数字乡村建设被逐步提上日程。

1.2　数字乡村的建设方向

《2022 年数字乡村发展工作要点》部署了 10 个方面 30 项重点任务，明确了包括加强建设乡村数字基础设施（包括 5G 网络建设和互联网普及）、稳步提升农业生产信息化水平、发展农产品电商网络、建立健全乡村数字化治理体系等方面的工作目标。

1.3　数字乡村的发展定位

数字乡村建设是国家乡村振兴战略的重要环节，其对于乡村振兴的建设意义等同于智慧城市之于新型城镇化建设，是国家解决“三农问题”的一项有力手段。近十年来，各地市在智慧城市领域的建设已是成绩斐然，各项先进技术的应用彻底颠覆了城市管理模式和社会生活模式，使其成为未来城市发展的技术驱动核心。同时，智慧城市领域的产品研发和生产，又为城市产业发展开辟了新的经济增长点，成为地方重要的产业驱动力。同理，数字乡村作为智慧城市在农业农村方向的发展定位，除了要构建新型智慧农业技术架构模型，将信息化与农业深度结合，成为农业产业增效的催化剂，更重要的是需要以农业农村为载体，将智慧城市的数字运行理念深耕融合，丰富完善原有的产业链，在农业领域开拓新的产业经营模式，为农民开辟新的生活模式。

2 数字乡村建设与智慧城市建设的区别与联系

智慧城市发展至今已形成经典的四层（基础设施层、平台资源层、智慧应用层和交互展示层）架构模型，部署功能多样化的数据采集终端，建立强大的数据处理平台，针对城市运行中涉及的主要领域开发各类行业应用，对所有的智慧化应用成果进行集中的人机交互和成果展示。数字乡村建设在技术架构上虽然与智慧城市有着高度的契合，但其在规划、空间和产业上仍有着很大的差异。

2.1 数字乡村建设和智慧城市建设的区别

2.1.1 规划上的区别

一般市级行政单位在进行智慧城市规划设计时，需要考虑行政管辖范围，“XX 市智慧城市总体规划”一般仅针对市辖区，并不考虑该市所辖县、镇（乡）区域。而数字乡村建设战略从字面上已经表明了规划的对象是市辖区外围的县、乡镇、村，重中之重更是聚焦数量众多的自然村镇进行规划设计。所以，智慧城市总体规划中涉及的各项基础设施（例如，物联网设备、数据中心等）、传输网络，与数字乡村需要提供的配套保障可能存在大量互不兼容的内容，需要相互对照甄别，既不能一概而论造成重复建设，又不能笼统复用导致保障不力。

2.1.2 空间上的区别

智慧城市规划针对市辖区域，相较于广大农村在空间上具有单位面积智慧终端更密集、使用人群更多、智慧应用种类更丰富的特点。根据第七次全国人口普查结果：居住在城镇的人口为 90199 万人，占全国人口的 63.89%；居住在乡村的人口为 50979 万人，占全国人口的 36.11%。所以，数字乡村建设需要对应调整为低密度覆盖、低频次使用、应用设计更有针对性的建设模式。

2.1.3 产业上的区别

智慧城市规划除了通用的基础设施和功能性平台（例如，大数据平台、数字孪生平台等）的建设，在智慧应用上更多地服务于第二、第三产业，这也跟市辖区重点发展特色产业园区和现代服务业息息相关；反观数字乡村，在产业上的首要任务就是围绕核心的第一产业——农业进行辅助建设，其他相关的乡镇企业和个体特色经营产业也多数围绕当地农业生产特色进行本地加工和服务衍生，任何应用的设计都脱离不了农业生产的支撑。

2.2 数字乡村建设和智慧城市建设的联系

数字乡村在总体架构上不能生搬硬套智慧城市的建设模型，但是仍可以继承智慧城市建设过程中已经形成的成果和资源，吸取建设过程中好的经验，避免使用不适合的产品或解决方案。特别是在智慧城市平台资源层上做好资源复用，在智慧应用层上进行设计优化，在交互展示层上沿用好的推广策略。

2.2.1 功能性平台领域的资源复用

智慧城市建设过程中从早期的大数据平台到最新的数字孪生平台，在数据云端存储、数据交换共享、数据模型分析、数据落图展示等领域已经完成硬件设施的采购和软件平台的开发；对数字乡村而言，底层技术已经不需要再重新开发，只要估算实际资源使用情况，对现有项目的硬件性能和负载进行测算评估，适当进行设备扩容，节省建设成本，提高资金的使用效率。

2.2.2 智慧应用领域的功能调整

因为村镇和城市在人员结构、管理架构、基础条件上有着明显的区别，智慧城市建设中已经开发的，例如，智慧政务、智慧城管、智慧交通等行业应用无法直接在数字乡村建设上直接延续使用，但是已运行的同类应用在成熟度和运营模式上都积累了丰富的经验，在此基础上进行软件升级（在保留核心架构的基础上删减冗余功能，补充本地需求）能更切合实际地完成功能调整，实现更快速的应用部署，比起进行全新项目开发，实现风险更低，资金投入也更低。

2.2.3 用户侧的推广资源共享

智慧城市规划建设除了形成有形的硬件固定资产和软件开发代码，还积攒了大量的用户群体，形成一整套基于互联网、物联网和移动互联网的信息传递渠道和事件推广渠道，这些无形的数字世界运行规则在数字乡村建设中依然成立。借助参与智慧城市建设的厂商、互联网服务提供商、互联网用户，在智慧城市已建的各类应用中开放数字乡村的引流入口，就可以有效对各地数字乡村建设内容进行快速的传播和使用推广，形成最初的口碑效应和基础用户。

3 数字乡村建设需关注的问题

数字乡村建设虽然可以借鉴智慧城市建设的成功经验，复用已有的智慧成果，但因为数字乡村建设本身的战略特征，和智慧城市建设还是有着极大的区别。作为国家一项事关亿万群众的民生工程，必须思考清楚其中的核心诉求，抓准主要矛盾，突破产业瓶颈，杜绝将智慧城市生搬硬套到村镇建设上。

3.1 数字乡村管理的特殊性

村镇一级的基层治理平台和城市的智慧政务平台在管理服务事项上有着很大的区别，村镇一级的民生管理更复杂，除了要遵守法律法规和尊重公序良俗，还要更多地考虑当地的民风民俗，需要去繁就简地调整相应的服务内容。同时，根据第七次人口普查统计，我国大学文化程度的人口占比为 15.4%，其中排名第一的是北京市，大学学历人口占比 41.98%，排名第十的广州市占比为 28.85%，显然城市人口的平均受教育水平远高于乡镇人口。因此，作为数字乡村核心应用之一的乡村基层管理在服务内容的展现形式和交互形式上也需要更强的可操作性，例如，使用语音输入、智能识别、智能客服引导等辅助操作方式实现操作流程的极简化，从而保证项目易推广，用户使用率高、活跃度高。

3.2 数字乡村的配套基础设施建设问题

一是数字乡村的智慧应用终端部署需要综合考虑配套的通信网络、配电、防水防雷等基础设施建设问题，在设计方案阶段就必须提前调研该区域电信运营商的基站建设和未来规划情况，以及当地的日照、降水、风力等自然条件情况；二是智慧城市常规建设中涉及的终端设备极有可能在数字乡村建设过程中面临断网、断电问题，以及在自然环境中遭遇物理破坏的可能性；三是乡村区域面积范围大，存在交通受限等制约因素，终端设备的日常维护、检修也面临着极大的挑战，在设计过程中必须考虑全面，防止设施损毁或故障率过高导致项目失败。

3.3 涉农产业提质增效的方式方法问题

智慧城市建设过程中“互联网 +”模式对多个行业都起到了正向的促进作用，例如，对行业经营流程的精简，通过服务流程再造改变了行业固有的沟通渠道和信息传递方式，将绝大部分交互过程数据化，通过物联网强大的信息采集能力、移动互联网的信息传输能力及云端的存储计算能力，快速完成业务。

农业作为千百年来最基础、最传统的人类活动，是工业革命给其带来农业生产工具效能的提升，但如何进一步有针对性地使用生产工具，加入更多的远程自动化、AI 智能化技术革新，就是数字乡村建设要重点突破的提质增效手段。将约定俗成的生产经验数据化、生产管理平台化，以及农事生产流程进一步优化升级作为下一步努力的方向。

4 数字乡村建设发展的建议

4.1 数字乡村项目建设要更加实用化、人性化

考虑到农村居住人群和涉农从业者的年龄特性及受教育程度，数字乡村智慧应用层的产品研发需要尽力缩短任务流程，在功能上要能切实关联相关行业的生产经营模式，使产品的推广具有更强的实用性。在前端的硬件设备选型上也要更多地考虑室外作业环境，以获取核心数据为首要目标，缩短项目的研发周期，在试运行中迭代升级，提高项目的投入产出比。

4.2 对数字乡村建设的农业产销模式进行创新

国家通过大规模的基础设施建设，对交通、能源、教育、医疗等领域的保障性建设，加快了我国城镇化进程，促进了以城市为聚集地的制造业、现代服务业的高速发展，但随着城镇化建设进程基本实

现，相关产业已经进入了稳定发展期，市场也趋于饱和。与之相反，我国农业长期处于传统生产阶段，虽然制度在不断优化，但并未在广大农村区域与以智慧城市为代表的最新科技成果相结合，整个产业链条都存在优化和重组的可行性。只要找准农业生产环节中与信息化结合的支点，跳出原有收益模型，将终端市场和营销渠道纳入农业产业的生产流程，优化升级产业链，农业生产总值必将达到新的高度。

4.3 数字乡村建设可进一步改善供给侧的供需关系

我国新基建、数字经济、“互联网 +”应用农业发展至今，高新技术产业大部分是为新型城镇化建设服务的，全国人口流动趋势也是从农村到城市，从三四线城市流向一二线城市。但是，产业发展增速的减缓带来的影响就是加重城市生活成本的负担。纵观全局，在数字中国建设的大背景下，大量的社会服务已经从线下转移到线上，从有形变为无形，人们并非只能在城市里才能享受到现代生活的便利。数字乡村的建设很可能成为打破供需平衡的契机，社会需要新的建设方向，产业需要新的经济增长点，人民群众需要更实惠的生活环境，三者的碰撞很可能促成新的供需关系。产业端致力于改善数字乡村的基础设施环境、调整农业的生产经营模式，可增加大量建设工程项目，为第二、第三产业提供大量的产品输出市场；调整后的新型农业产业模式诞生了新型的农村就业岗位，可为城市人口在农村创新创业提供新的契机，由此形成逆城市化变革，缓解城市发展压力，促进社会均衡发展。

5 结束语

数字乡村建设是智慧城市建设向乡村的创新拓展，需要新型智慧城市建设在建设理念、技术路径方面给予有力支撑，但又不能止于智慧城市。农业和乡村的问题具有更强的实体属性，泛泛地进行数字化，生产的数据对行业缺乏实际意义，不能进行产业增值。重度的智慧化又容易本末倒置，降低投入产出比，仅仅是智慧城市在空间上的延伸而不是打造数字乡村，历史已经多次证明，脱离农村、脱离农民绝对无法解决农业问题。打造“数字”与“乡村”的共生模式，需要在今后的项目实践中不断摸索前行。

智慧城市运营指挥中心（IOC）在智慧城市建设中的应用

周建兵

摘　要：智慧城市运营指挥中心（IOC）被誉为城市的“智慧大脑”，通过采集、挖掘、分析、研判和处理城市运营管理大数据，为城市管理者科学准确地预测、研判需求提供高效的决策服务。本文主要探析IOC的数据治理框架和建设构想，为未来IOC的建设和应用提供依据及支持。

关键词：智慧城市；运营指挥中心；应急管理；大数据；智慧大脑

1　概述

在国家治理体系和治理能力现代化的整体战略下，IOC能够不断满足城市完善、提升基层治理的现实需求，建立基于“互联网＋城市治理体系”框架下的城市现代化治理一体化解决思路。IOC主要负责城市运行的集中管控、城市突发事件的应急响应及联动协同，以及城市数据信息资源的梳理和整合，更重要的是，目前兴起的领导驾驶舱概念为领导决策提供技术支撑，其定位已然成为城市运行的智慧大脑。IOC是智慧城市顶层设计的重要组成部分，透过实时汇集城市的各项信息，为政府领导常规监管及应急指挥提供平台级服务。

2　IOC的多层级架构

城市管理者需要通过构建IOC大数据应急管理平台整合各职能部门的数据资源，通过体系规划、信息主导、改革创新，推动城市现代化与新型信息技术深度融合、演进迭代，实时、动态地综合监测和管理城市运行状况，推进形成城市协调发展的新格局，更好地发挥各职能部门之间的统筹协作能力。

以“1+*N*+*X*”架构的多层级数据治理框架，基于人工智能、大数据、开放算法，依托“1”个IOC为载体，形成城市智慧大脑；推进发改、住建、交管、公安、应急、市监、工信、网信等“*N*”个城市应用的重新梳理与提升，在各职能部门履行职能时产生业务数据，通过城市块数据中心进行共享和交换；从通信、旅游、教育、医疗、互联网、金融等“*X*”个社会各行业进行数据采集，驱动城市创新运营管理机制，逐步提升城市的综合运营管理能力。

IOC大数据应急管理平台通过整合各职能部门的数据，构建开放融合的集成软件系统服务，推进城市智能化精细化治理。系统谋划城市治理数字化转型，加快城市数字治理顶层设计和功能开发，以构建城市运行智能化监测调度综合平台为抓手，打造“一网集数据、一屏观全局、一体化联动”的新生态。

3 基于IOC大数据应急管理平台在智慧城市建设的新构想

3.1 以数聚治，高质量打造数字化城市特色

在IOC大数据应急管理平台建设过程中，强调“数据治理”的重要性，其核心是以数字化手段赋能规划、感知、预测、研判、应对与决策的一连串城市管理体系，每个功能模块协同组合、运营交互，最终形成从计划到动作的闭环管理——PDCA（计划、执行、检查和处理）。以顶层战略规划为策应的指标体系，促进形成清晰明了的关键绩效指标（Key Performance Indicator，KPI），实现决策者全过程、全角度洞察城市运营的情况，协助管理者解决问题并持续改善结果。以城市数字治理研究为切入，利用信息化手段开展现代化城市的体征监测与评价，建立城市运行体征评价体系，针对城市运行综合管理现状和热点问题，以城市运行为主线实现标准化的事件处理流程，构建全方位、多维度的动态呈现运行态势，精准预测预警并研判风险隐患，高效处置响应突发紧急事件，推演复盘查缺补漏的动态闭环，重塑城市管理、感知、服务模式。

3.2 全力打造面向特色城市场景驱动下的“动力引擎群”

重新审视当前特色城市场景融合发展阶段，坚持问题导向，从城市结构、运营结构、管理结构和服务结构分析，找准城市发展的短板和痛点，着力在明确战略定位、完善IOC大数据指标体系、统筹城市空间产业布局、开展城市特色品牌宣传、培育政商融合重点行业和产业链、构建城市融合创新发展平台机制等重要方面谋求战略突破。数据平台将重点放在确保数据透明、数据准确、数据共享，实现信息资源的互联互通，通过业务中台解决基于有限政府开放服务下的真正需求问题（数据与人民群众需求侧）以及运营平台数据安全可控下的城市可持续运营（社会经济与数据供给侧），打造特色城市场景驱动下的IOC大数据应急管理平台“动力引擎群”，不断激发城市发展的内生动力，进一步筑牢城市未来的发展根基。

3.3 基于需求和可落地新技术融合的逐步开放应用

政务服务要求多种技术融合，不管是大数据、云计算还是人工智能，新技术融合后会在更多方面得以综合性应用，例如领导驾驶舱、数字孪生的局部应用、区块链的应用探索。以打造城市数字治理样板为目标，以区块链、人工智能、BIM、块数据、CIM、GIS、云计算等现代信息技术为支撑，促进服务用户与上下游行业基础数据

的交互共享；持续加强基于所处位置、按需供应、面向用户的智慧服务；加快各类数字资源的整合共享，让数据驱动治理、数字服务产业、数字推动文明，基于需求调研，将IOC大数据应急管理平台打造成多元交互、深度学习、自我优化的数字孪生城市形态，真正实现数字城市与物理城市孪生平行发展，形成数字服务现实、智能定义一切、循环迭代优化的数字主线。

3.4 强化标准引领，全方面支撑数字化建设运营

同步开展IOC大数据应急管理平台专项标准体系建设，有效预防技术和产品过度多样化造成的复杂性和互联互通成本的提高，避免形成"系统孤岛"和难以连通等问题，从功能实现、技术指标、服务测评等角度全方面支撑应急管理平台数字化建设运营，保障创新成效。同时，进一步加强大数据标准制修订和企业标准自我声明公开工作，强化标准实施与监督，夯实标准化服务保障和人才培养机制，推动IOC大数据数字化建设运营的高质量发展。

3.5 坚持"平战结合"，全力织牢精密智控网

遵循"平战结合"的原则，实现城市运行状态的全面展示和公共资源的综合调度，推进跨部门、跨行业的事件处理和工作协同，形成超智能的领导驾驶舱，具备即时通信、视频会议等功能，提供资源调度、应急指挥、协同办公能力。

3.6 数字化无限理性与有限效用

IOC大数据应急管理平台应依托多年来的信息化建设，通过远程医疗、云上政府、人工智能等新技术应用，让政务事项"网上办""指尖办"，做到"数据多跑路，民众少跑腿"，生动展现政府信息化建设的成就，由"静态、好看、唯上"向"流动、好用、唯实"转变；以服务为导向，强化部门协同共享，克服单场景碎片化服务，强调块数据应用；强调研判、预警、指挥调度等全方位服务应急指挥能力；整合信息化平台，突出重点，实现多方资源共享、协调联动；信息化建设向街镇和社区等基层一线工作渗透，重视基层数据治理，依靠信息化赋能基层数据供给能力。

4 结束语

IOC确保信息资源的互联互通，避免数据资源的重复建设，消除"信息孤岛"，打破信息壁垒，疏通智慧城市建设全生命周期的"最后一公里"，贯通城市管理、宏观态势、社会民生、企业经济信息交汇互联的"主动脉"，是建设IOC的价值关键。通过分析研判，发现短板，找出突发事件的应对方法及措施，全方位精准支撑管理者智慧、科学的决策与指挥，提升对城市的监控预警、分析研判、综合管理、指挥调度、宏观经济、舆情民意、交通安全、生态环保等态势的有效掌控和精细化管理，促进城市管理跨部门协同联动和各项资源的共享汇聚，更好地为城市实现科学、精准、高效管理和安全自主运行提供智能化支撑。

位置服务在大型场馆数字化建设中的构建与赋能

李　柯

摘　要：本文在基于Wi-Fi的室内定位技术的基础上提出了一种构建快、适应性强且易应用的位置服务构建方法。实际测试表明，该位置服务一方面提供了高效的统一定位导航服务，满足参展人员和各个应用的定位导航需求；另一方面利用可视化平台，实现了对人流的计算与分析，为大型室内场馆的智能化、智慧化管理提供了技术支撑。

关键词：位置服务；室内定位；Wi-Fi；定位技术

1　引言

随着移动智能设备和无线通信技术的不断发展，用户对获取自身位置信息的诉求不断增强，位置服务（Location-Based Service，LBS）已经逐渐成为人们生产生活中不可或缺的一项基础服务需求。目前，基于GPS、北斗、GLONASS、GALILEO这些全球导航卫星系统（Global Navigation Satellite System，GNSS）的室外定位技术已经相当成熟，基本解决了在室外空间进行精确定位的问题，并且在日常的生产生活中也得到了广泛应用。由于在室内受到信号遮蔽、复杂建筑环境和多径效应等因素的影响，GNSS的定位精度急剧下降，无法满足室内LBS的需要。因此，高精度、高可靠性的室内定位技术已经成为工业界和学术界的研究热点。

本研究以基于Wi-Fi的室内定位技术出发，从发展现状、室内定位技术概述、系统设计等方面阐述了该技术在大型场馆中的应用，并提出了一种快速构建位置服务的方法，通过信息化手段为大型场馆数字化建设提供强有力的支撑。

2　研究现状与发展趋势

随着无线网络和通信技术的快速发展与普及，物联网也迅速发展，引领传统的互联网行业进入一个新的发展阶段。在这个技术爆炸式创新的时代，智能设备与互联网（移动App、小程序等）相结合，发展出了室内定位导航系统。作为该系统核心的定位技术也是层出叠见，不同定位技术的精度也各有差异，精度范围大致在几米到几十米。目前，室内定位产品中常用的技术主要有Wi-Fi定位技术、低功耗蓝牙定位技术、RFID定位技术、UWB定位技术和ZigBee定位技术等，下面将简单介绍这几种定位技术及应用场景，同时比较它们的优缺点。

2.1 Wi-Fi 定位技术

如今，Wi-Fi 技术发展迅速，在手机、笔记本计算机及各类智能设备上都有 Wi-Fi 芯片，而且 Wi-Fi 热点在室内应用广泛，城市中的公共场所，例如医院、大型超市商场、学校、市政机构等都被 Wi-Fi 覆盖。所以，Wi-Fi 成为室内定位的一个选择，它有着基础设施建设完备的优势，在进行室内定位系统建设时，可以利用已有的 Wi-Fi 热点设备，降低建设成本。目前，基于 Wi-Fi 的室内定位技术已经出现了许多具有代表性的研究成果，例如 Nibble 系统、Weyes 系统等。Wi-Fi 室内定位是目前比较流行的定位技术，定位成本低，适用性强，信号收发的范围广，定位精度能达到米级，具有较强的推广性。

2.2 低功耗蓝牙定位技术

蓝牙定位主要通过使用低功耗蓝牙（Bluetooth Low Energy，BLE）技术，实现近距离的数据互换。iBeacon 是苹果公司制定的一种专用于蓝牙定位的协议，定位精度为 2 ~ 3m。蓝牙室内定位主要通过测量移动设备与蓝牙基站之间的信号强度，采用多点定位或者指纹定位算法来实现位置的计算。目前，很多智能设备都集成了蓝牙模块，并且蓝牙定位技术具备功耗低、成本低、工作时间长、设备体积小、易于部署等优势，从而成为室内定位的一个不错的选择。

2.3 RFID 定位技术

射频识别（Radio Frequency Identification，RFID）技术是一种非接触式的数据交换技术，主要利用无线射频信号进行双向通信，通过双方数据的交换来达到识别和终端定位的目的。RFID 的硬件主要由电子标签和读取器组成，读取器接收来自 RFID 电子标签的信号，通过计算接收的信号强度推导出位置。目前，具有代表性的 RFID 系统有微软公司的 RADAR 系统、华盛顿大学的 SpotON 系统、MIT 的 Cricket 系统等。RFID 技术具有传输范围广、安装成本低、硬件体积小、定位精度可达到厘米级的优点，但它的作用距离很短，而且仅靠射频识别技术是不能进行室内定位的，必须与其他辅助技术相结合才能实现。

2.4 UWB 定位技术

超宽带（Ultra Wide Band，UWB）是一种不使用载波，而是利用非正弦波窄脉冲来传输信号的无线通信技术。它通过发送纳秒级频率极低的超窄脉冲来传输数据，可以获得极大的数据带宽，具有良好的抗多径效应的能力。UWB 常用的定位方法主要有信号到达时间（Time of Arrival，TOA）定位、信号到达角（Angle of Arrival，AOA）定位、信号到达时间差（Time Difference of Arrival，TDOA）定位等。与其他无线定位技术相比，UWB 的定位精度可以达到 10 ~ 30cm，但它实现大范围的场景覆盖比较困难，建设成本又很高，这些都限制了 UWB 的应用。

2.5 ZigBee 定位技术

ZigBee 是一种低功耗、低速率、短距离的无线传输技术，主要特点有低速、低耗电、安全可靠等。基于ZigBee技术的室内定位原理和蓝牙类似，定位方法采用多边定位、邻近信息法等，定位精度在5m以内，缺点是稳定性差，且容易受到环境因素的影响。该技术主要为低功耗且不需要大数据量吞吐的应用而设计，主要应用于智能家居等领域。

3 室内定位技术概述

3.1 基于测距的定位方法

基于距离测量的定位方法通过无线电波的某种特性与距离的关系，计算出距离实现定位。关于待测目标到参考点之间的距离有基于TOA、TDOA、接收信号强度指示（Received Signal Strength Indication，RSSI）、AOA等测量方法。

3.1.1 TOA测量法

TOA测量法是根据AP发出信号的时间和移动终端接收到AP信号的时间，利用这段信号传播时间计算出AP到移动终端之间的距离。电磁波的传播速率为30万千米/秒，因此TOA测量法对时间的测量精度要求非常高，极其微小的时间误差都会造成巨大的距离误差，因此需要非常准确地测量AP到移动终端之间的信号传播时间。同时，也要求AP和移动终端之间实现严格的时间同步，对时间精度的超高要求也导致了设备成本的提升，在实际场景中很难应用。

3.1.2 TDOA测量法

TDOA测量法是对TOA测量法的改进，它利用移动终端发送信号到两个AP的时间差来测量待测点的位置，它不需要知道AP发射信号的时间和移动终端接收信号的时间，极大地减少了对于时间精度、AP和移动终端时间同步的要求。TDOA测量法通过向多个AP发送信号来获取信号到达AP的时间差，根据时间差计算出移动终端到AP的距离差。根据几何特性，平面上两定点距离之差为定值点的轨迹，是图形双曲线的一支，双曲线的顶点即为无线AP的位置，移动终端则位于双曲线的交点上，从而得到移动终端的位置。

3.1.3 RSSI测量法

RSSI测量法通过测量待测目标与其他多个参考点之间的距离来计算待测目标的位置。在二维平面中，已知待测目标与3个不共线的参考点之间的距离就可以计算出待测目标的位置。关于待测目标到参考点之间的距离采用基于RSSI的方法，基本原理是随着待测目标与基站之间距离的增加，接收信号强度会逐渐衰减，根据RSSI值衰减程度的不同，就能测量出距离。目前，RSSI测量法广泛采用公式（1）。

$$RSSI_1=RSSI_0+10n\lg(d_1/d_0)+\varepsilon \quad (1)$$

其中，d_0是参考距离1m，$RSSI_0$是1m时的接收信号强度；d_1是待测的实际距离，$RSSI_1$是实际测试的信号强度；n是无线信号衰减因子，ε是一个高斯参数。

3.1.4 AOA测量法

AOA测量法是根据测量待测目标与参考点之间的角度来实现定位。该方法要求AP具有测角度的能力，至少需要两个不同的 AP 才能实现定位，AOA 测量法示意如图 1 所示。在二维平面中，已知参考点 AP1、AP2 的坐标为（x_1, y_1）、（x_2, y_2），参考点与移动终端之间的偏转角度分别为 θ_1、θ_2，根据参考点的坐标和角度关系可以推出待测点 M 的坐标（x, y）。

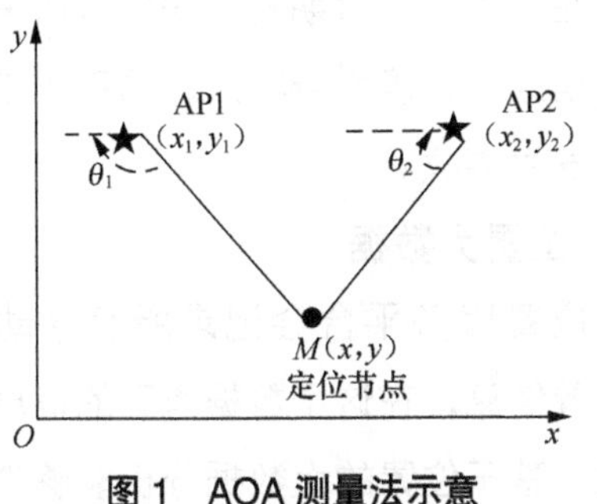

图 1　AOA 测量法示意

该方法在室内环境复杂、障碍物较多的情况下测量不准确，因为上述情况下会存在信号折射和绕射的现象，所以角度测量存在误差。而且在真实环境中，Wi-Fi 信号众多，相互之间的信道干扰会影响角度的测量，一旦信号受到影响，其定位的准确性就会大打折扣。所以，AOA 测量法不适用于复杂的室内环境中，通常都是结合其他定位方法来实现融合定位，从而提高定位的准确性。

3.2　无关距离的定位方法

3.2.1　加权质心法

加权质心法的算法核心是以 AP 到待测点之间的距离为依据，计算每个 AP 的权重值，利用不同 AP 的权重值来体现其对待测点位置的影响。质心算法假设权重值 $w=1/d^g$，该权重值是 AP 到待测点的距离函数，其中 d 是 AP 到待测点的距离，g 是修正因子。当 g 值越来越大时，从权重值的计算中可以看到距离近的 AP 的影响力越来越大，距离远的 AP 的影响力越来越小，最终导致估算的位置在距离近的 AP 附近，定位误差增大。所以，应找到一个最佳的 g 值，使加权质心法的定位误差最小。

3.2.2　场景分析法

场景分析法一般又称为指纹匹配法，它的原理是根据在不同的室内场景中，移动终端接收到的信号特征值具有差异性的特点。在定位之前，事先采集不同位置上的信号特征，将这些信号特征作为该场景位置上的指纹存入数据库。在定位时，将当前的信号特征与指纹库中的信号特征比对，利用匹配算法来确定待测目标的位置。指纹匹配法的优点是定位精度高；缺点是前期建立指纹库的工作量大，且不适合环境变化大的室内场景。每次环境变化之后，各个位置的信号特征值都会发生变化，若想使算法继续保持高精度，则需要更新指纹库。常用的匹配算法有最邻近法（Nearest Neighbor，NN）算法、*K* 邻近（*K* Nearest Neighbor，KNN）算法、加权 *K* 邻近（Weighed *K* Nearest Neighbor，WKNN）算法等。使用指纹匹配算法，虽然定位精度得到了提高，但算法的计算量很大，而且在构建指纹数据库时会耗费相当大的人力和物力，但是相较于基于几何特征的定位算法而言，指纹匹配算法的优点是不需要事先知道 Wi-Fi 设备的位置信息。

4 上层应用赋能

4.1 室内外一体化导航

室内外一体化导航是目前研究的一个热点，室内导航解决了室内地图的“最后一千米”问题。但在实际应用中，室外导航和室内导航往往并不是连贯的，用户需要借助不同的应用工具分别实现，工具切换、重复搜索规划给用户带来了诸多不便。当用户到了一些大型室内场馆，地图无法精准定位，又没有详细的地图，在场馆内时常会找不到某个想去的位置。因此，为响应用户需求，位置服务平台实现了室内外一体化导航，从室外到室内，均可通过同一入口实现。“一站式”解决了用户“当前室外位置—展馆—展位”的导航需求，真正实现了室内外一体化导航，无论是从室外到室内，还是室内到室外，不需要额外的手动操作，一键即达。

4.2 客流安全监测

大型场馆在开展会期间的安全问题是每一个主办方都重视的问题，单纯增加安保人员的数量无法满足高效管理的要求，只是一种粗放的安全管理方式。利用位置服务平台，通过先进的室内定位技术，针对场馆公共安全管理中非常规群体性突发事件的主动感知和大型活动安保等问题，分析和预测客流的运动趋势，为安保人员处置突发事件和大型活动安全管理提供理论依据和应用实践指导。

该平台通过构建多源数据融合模型和算法，可以实时计算重点区域的风险值，根据风险等级预警，可以定时从历史数据中分析挖掘预警阈值、各类数据权重、算法的参数指标。随着数据量的不断积累和数据源种类的不断增加，该平台还能够通过深度学习来不断提升密集场所人群分析的准确性，及时发现重大的客流安全隐患，在客流高峰时期建议安保人员采取适当的措施，正确引导客流，防患于未然，避免发生事故。

4.3 位置大数据

位置服务平台会记录所有移动终端的位置信息，在这个数据为王的信息爆炸时代，基于位置的大数据分析能够带来巨大的收益。例如，精准的人流分析可以快速、直观地了解人流的分布特征。对这些人流位置信息进行大数据分析，针对人流变化的趋势、自定义时段人流的分布等进行综合分析比对，可以为大型展会带来一系列收益。例如，在开展会期间可以根据人流的分布情况为展位租金定价提供数据支撑、优化展位的布局、优化广告位的布设、提供高效可靠的安保人员调度等，为一系列决策提供最真实、最可靠的数据支持。

5 系统设计

5.1 总体设计

位置服务平台是一个包括移动端、Web端的多终端系统，系统分为3个模块，分别是数据采集、数据处理、数据接口，各个模块之间相互配合，共同完成待测点位的位置定位。总体由数据采集层、数据预处理层、数据中台层、业务中台层、接口服务层、应用层，以及运营管理和安全服务两大平台构成，位置服务平台业务规划如图 2 所示。该系统实现了对移动终端、基准设备、基准设备坐标、场景位置等数据的全面集成、协议转换及加工处理，还构建了基于位置数据的数据中台、业务中台。通过分析处理各类数据模型，统一对外提供各种中台的服务能力，例如，地图服务、定位服务、导航服务、鹰眼服务、分析服务等，并可支撑各类移动终端应用。

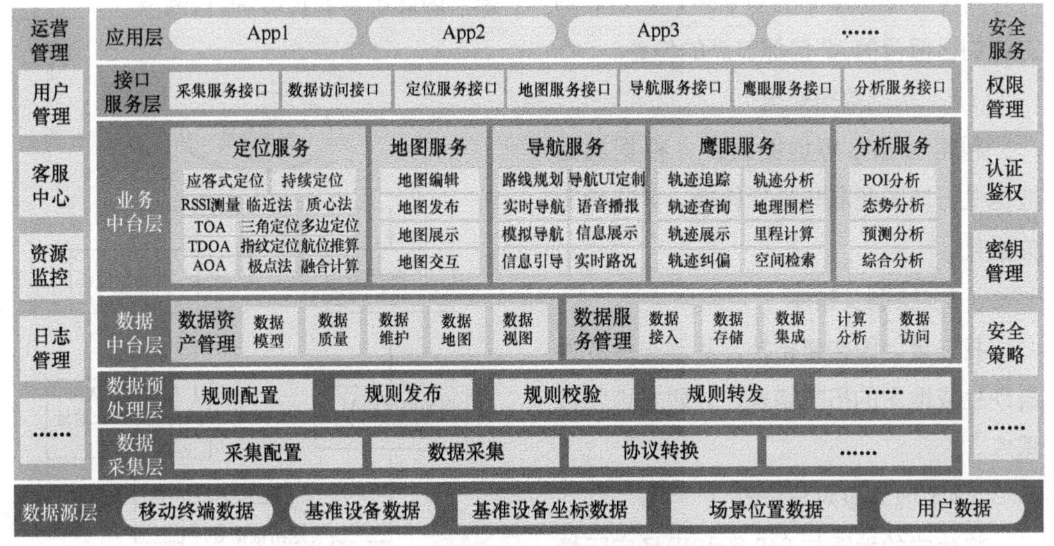

图 2　位置服务平台业务规划

5.2　定位节点布设

要实现大型场馆的室内定位，需提前在场馆内部署信标节点，这种方案的优点是前期时间充裕，后期无 AP 信标节点的部署工作量。缺点是设备的一次性投入成本高。展会现场安装节点时为达到较好的定位效果，需遵循以下 5 点要求。

① AP 信标节点的间距保持 8～10m，均匀部署，走道和房间分别部署。

② AP 信标距离地面高度应保持在 3～5m，所有设备尽量保持在同一高度。

③ 部署 AP 信标节点时，应避开遮挡物、通风口等位置，保证信号可以充分辐射出去。部署位置应避免有金属材质，以免影响信号，部署位置应保证设备安装牢固且不易掉落。

④ AP 信标节点在场馆内的布局尽量均匀分布，以便保证较高的定位精度。

⑤ 节点在部署完成后，需通过软件将节点位置绘制到地图上，并检查确认位置是否正确。

5.3　地图生成

地图是位置服务平台的重要组成部分，也是提供位置服务的基础，如何高效、准确地生成场馆室内地图是平台要解决的重要问题。我们通过长期的实验和现场部署工作，总结了一套快速构建场馆室内地图的方法。地图生成的主要步骤是原始数据准备、基础数据处理、绘制及建库和现场核对与修改4个部分，详细流程如下。

（1）原始数据准备

业主方提供绘制的CAD图，在CAD图上绘制已部署的AP信标节点的位置。

（2）基础数据处理

利用ArcGIS等地图软件，根据原始数据进行地图配准与坐标转换，并将地图矢量化。

（3）绘制及建库

将矢量地图构建拓扑，手动去除软件自动生成地图的拓扑错误，并建立地图数据库。

（4）现场核对与修改

将生成的地图与CAD图和现场实际情况核对，重绘地图出错的地方。

6 系统实现

6.1 数据采集平台

数据采集平台设计了主动定位和被动定位两种数据采集方式，数据采集平台实现如图3所示。主动定位数据采集是由移动端主动发起的，通过移动设备自带的硬件来主动扫描周围的AP，获取不同AP的RSSI作为数据源。为了降低单次采集带来的误差，主动定位时移动设备会在1s内进行10次扫描，并记录每次扫描的数据结果，存储到缓存中供数据处理平台计算位置。被动定位数据采集则是使用AP作为Wi-Fi探针，AP会扫描周围打开了Wi-Fi的设备，获取这些设备的Mac地址和RSSI，并将这些信息发送给数据处理服务器，报文类型为普通的UDP报文（IP头+UDP头+Payload）。由于AP不会存储这些数据，因此不需要担心AP被盗取。

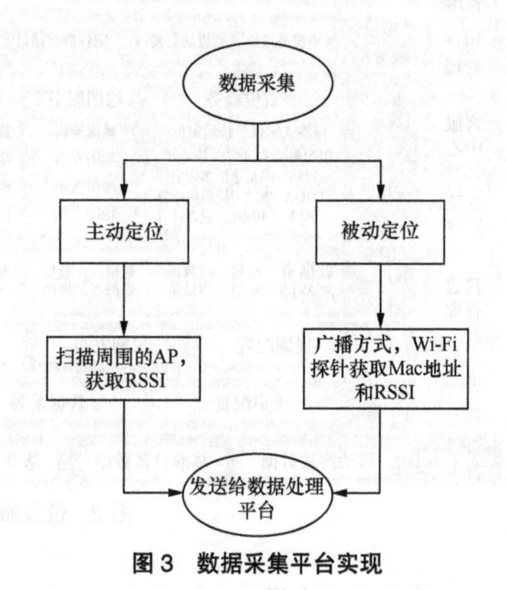

图3 数据采集平台实现

6.2 数据处理平台

数据处理平台包括数据接收、位置计算两部分。当接收到数据采集平台发送来的数据包后，按照原始格式对数据进行解析，并将解析后的数据对象保存到Redis中。在Redis中保存时，使用的是Hash数据结构，其中Key是AP的Mac地址，Value包含了移动设备Mac、RSSI、时间戳等信息，Value数据对象如图4所示。在数据处理平台中，我们开启多个线程并行处理采集到的数据，将数据从Redis中取出后释放缓存，提高处理效率。

```
public ApOriginalInfo(Date timeStamp, String apMac, String mobileMac,
    String mobileIP, Integer rssi,
    Date createTime, String remarks, Integer calculateComplete)
{
    this.timeStamp = timeStamp;
    this.apMac = apMac;
    this.mobileMac = mobileMac;
    this.mobileIP = mobileIP;
    this.rssi = rssi;
    this.createTime = createTime;
    this.remarks = remarks;
    this.calculateComplete = calculateComplete;
}
```

图 4　Value 数据对象

依据不同的数据采集方式选择不同的定位算法。针对被动定位大数据量计算的问题，被动定位主要用于客流热力的监测，对定位精度要求不是特别高，因此采用了基于 RSSI 的加权质心算法，可以在满足定位精度的要求下极大提高数据计算的效率。当进行主动定位计算时，我们采用了基于 RSSI 的三边测量算法，前期准备工作只需要根据实际场景修正 RSSI 与距离关系的函数，就能很好地应对大量数据情况下位置计算的问题，减少了计算量和计算时间，而且不必面对指纹定位方法中指纹数据库的采集、训练和维护等问题，降低了前期工作量，没有指纹数据的存储，也降低了存储压力。

6.3　数据接口平台

数据接口平台由主动推送、API 调用两部分组成，对于大数据量的被动定位数据，我们采用 Kafka 消息队列推送的方式，主动将计算完成的位置数据推送到第三方的应用服务器上，供第三方使用。Kafka 方式可以快速处理海量的定位数据，避免了 API 调用方式给服务器造成的压力。对于数据量少的情况，同时也提供了基于 Https 方式的 API 调用，主要包括单场馆客流定位数据接口、根据 Mac 地址查询位置接口、客流轨迹查询接口等。

7　结束语

物联网时代下，位置服务是一个很普遍的需求。数百亿台的设备，数十亿台的智能手机和可穿戴设备，形成“人与人”“人与物”“物与物”连接入网，而位置信息将是这个时代里支撑性的核心基础信息。本文构建的位置服务系统通过智能传感器的连接实现整个场景的可视化，帮助观众在场馆内获得动态连续的位置指引服务。获得更加精准的位置服务也是场馆和观众在数字化和智能化大环境下的共同诉求。

位置服务作为大型场馆的“动态感知神经和枢纽”，不仅为主办方、参展商、参观群众提供专业化 LBS 服务，还为超大型会展中心停车、餐饮服务点、综合安防等需求提供实时、准确的位置大数据支撑，是超大公共建筑提升承载能力、服务能力的数字底座。该服务促进了“运营高效、资源统筹、数据共享、业务协同”的数字场馆生态建设，注重与场馆经营业态的多元融合，为参展商及观众等提供极致的参展体验，有助于推动产业及城市的快速发展，帮助用户快速实现商业价值。

参考文献

[1] Williams, D H.It's the(LBS) applications, stupid[J]. White Paper, 2003.

[2] 王欢宜 . 浅谈移动互联网时代 LBS 的发展 [J]. 信息周刊，2019（32）：1.

[3] 阮陵，张翎，许越，等 . 室内定位：分类、方法与应用综述 [J]. 地理信息世界，2015，22（2）：8-14,30.

[4] 宋欣 . 多传感融合的室内定位技术研究 [D]. 上海：上海交通大学，2013.

[5] 杨超 . 智慧博物馆视阈下室内定位的技术方法探析 [J]. 科学教育与博物馆，2021，7（3）：262-269.

[6] 叶子 . 博物馆移动导览中的综合性室内定位方法研究及系统实现 [D]. 杭州：浙江大学，2015.

[7] 毋丹 . 室内定位系统总体方案的研究 [J]. Annual Report of China Institute of Atomic Energy, 2018: 158-159, 203-205.

[8] Wei C, Xu J X, Chiu C C, et al. 3D Beamforming Techniques for Indoor UWB Wireless Communications[C]. IEEE International Conference of Intelligent Applied Systems on Engineering (ICIASE). IEEE, 2019: 98-100.

[9] 叶蔚 . 室内无线定位的研究 [D]. 广州：华南理工大学，2010.

[10] Kulkarni R V, Venayagamoorthy G K, Cheng M X. Bio-Inspired Node Localization in Wireless Sensor Networks[C]. IEEE International Conference on Systems, Man and Cybernetics. 2009, 205-210.

[11] Scholl G.Deriving 2D TOA/TDOA IEEE 802.11 g/n/ac location accuracy from an experimentally verified fading channel model[C]. International Conference on Indoor Positioning & Indoor Navigation. 2013: 1-10.

[12] 张锐 . 基于 iBeacon 的室内定位算法改进研究 [D]. 成都：电子科技大学，2019.

[13] 张会清，苏园竟，陈一伟 . 基于 Wi-Fi 位置指纹室内定位算法的研究与实践 [J]. 自动化技术与应用，2018，37（3）：55-58，64.

[14] 樊晓曦 . 无线局域网中基于信号强度的室内定位 [J]. 中国新通信，2020，22（10）：67.

[15] Dortz N L, Gain F，Zetterberg P.Wi-Fi fingerprint indoor positioning system using probability distribution comparison[C]. IEEE International Conference on Acoustics. IEEE, 2012:2301-2304.

企业数字化转型应对策略与建议

于萍萍 孔 岚 周 婷 刘 琦

摘 要：本文分析了企业在开展数字化转型过程中遇到的主要问题，并提出具体的应对策略和建议，为企业实施数字化转型提供借鉴。

关键词：数字化转型；应对策略

1 引言

企业数字化转型涉及企业战略、组织、技术、文化等方面全方位、深层次的颠覆和重构，是企业从内到外的整体变革。当前，数字化已成为经济社会发展的新主题，我国很多企业已经启动数字化转型，但各种类型、各个行业的企业进度不一。总体来看，企业在开展数字化转型面临的困境主要包括两大方面：一是战略层面缺乏认知，战略不清；二是执行层面面临目标难定、路径不明、机制不足、能力缺失等问题。

2 策略与建议

2.1 制定企业级的数转战略，在组织内统一思想和意识

企业数字化转型工程复杂，面临难点众多。虽然有共性特征和实施路径做参考，但首要的还是需要从企业自身出发，结合企业的数转发展阶段、行业特点、业务和管理特点，制定企业级的数转战略，面向未来确定企业下一步发展的方向。

围绕经过研究与决策的企业数转战略，开展企业数转顶层设计，形成企业数转的分阶段目标、总体内容和发展路线，促进企业各部门、各层级的有效协同，在整体范围内统一认识、统一思想、统一目标、统一行动，解决数转的协作性和可持续性问题。

企业数转顶层设计从企业的价值效益出发，评估企业的现状以及能够承担的成本，分析企业要采取哪种新的商业模式，这种模式如何被定义为业务线，寻找核心业务场景解决实际问题，进而明确生产、运营、产品、服务、业态方面转型提升的价值序列，制定分阶段目标，进一步分析选择实施路线、制定数转保障举措。

2.2 结合企业特性和资源状况规划路径，并持续迭代升级

企业的数转战略与实施规划，必须与企业所处行业、企业自身特性、企业现有资源能力、企业文化氛围等紧密结合。企业资源

状况不同，能够承担的风险和成本不同，则转型实施的策略不同；企业管理模式不同，则数转推进的模式不同；企业数字化基础不同，则数转阶段的目标与任务也不同。例如，数字化能力有所积累的企业，当下应更关注企业的数字业态扩张，思考如何实现数字化持续创新、敏捷领先、技术和管理良性循环。因此，企业需要结合发展战略，建立阶段性、体系化的分级目标，进一步识别其数转能力需求与约束条件，结合企业现阶段的能力制订切实可行的数转推进计划，并结合里程碑管理和阶段任务分析，有效推动目标的达成。

企业数转是一个持续开展的过程，需要在不同的开展阶段，适时评估已实施的转型效果，并反复迭代、持续优化。因此，要结合里程碑运作机制，适时开展企业数字化转型阶段评估，可从数字化意识文化形成、运营管理能力提升、产品服务模式提升、转型人才建设成效、企业应收发展等方面来衡量，根据评估结果，调整或制订下一阶段数转工作的开展计划，反复迭代。

2.3 积累数据资源优势，构建数字平台实现数转平滑演进

不同时代的关键成功要素在不断变化，数字经济时代，数据成为一种新的生产要素，也成为企业价值提升的核心驱动之一，数据已成为企业的一项重要战略资产。因此，企业数转的关键环节则为数据的积累和开发利用，形成以数据为核心的管理体系、产品与服务体系、业态竞争力体系，围绕数据流带动人才、资金、物的流动。

转型过程中注重数据资源的积累，仍然要坚持以业务为核心，以产品与服务创新为主线，在实现数据资源汇聚并能够交互流通的基础上，进一步挖掘数据价值，创新企业的业务生态，实现企业的价值跃升。当然，整个转型过程通常是以搭建数字化转型平台的方式来支撑的，通过平台提供应用场景化、能力服务化、数据融合化、技术组件化、资源共享化等能力，来支撑数转工作的阶段跃升、持续演进。

2.4 优化资源保障体系，实施一把手工程和全员参与

实施数字化战略的企业，除思想意识的转变外，企业组织管理方式以及组织架构也面临转型。企业组织与管理转型涉及组织文化、组织形态、领导力及人才能力等方面。单从如何推动与实施企业数转工作开展来看，仅仅依靠IT部门无法完成，涉及企业转型，必须领导作出决策，做好顶层设计，系统推进。另外，数字化转型是全方位、全链条、全员参与的变革，企业的每一环节和每一岗位均涉及数字化，需要企业全员参与。

企业领导应能够应对、拥抱、创造变化，发现企业潜在的数转机会并鉴别数字化转型机会带来的收益与效益，指导或管控具体的数字化实施；企业数转技术实现专家应能够管理或实现数字化过程，管理或实现场景化应用，管理或实现数据价值化，提供数字化转型IT资

源保障；企业员工应具备数字化思维和数字化意识，理解数字化转型的内涵，保障转型的落地和实施。

2.5 开放合作，协同各方资源构建企业数转良性生态体系

企业数转常见的路径是"先聚能后赋能"，即企业通过数字化转型很好地解决了自身发展诉求的基础上，沉淀形成数字能力并对外输出，进一步实现商业模式的进阶升级。

数字经济时代，企业之间的合作模式由上下游似的"链式"逐渐向"网联式"扩展。企业开展数转之初，首先需要弄清楚现有哪些业务流、分销渠道，这些渠道在数转后将扮演什么角色，如何升级与合作伙伴的合作模式和外部渠道，如何构建数字化生态体系，通过生态体系的构建补齐自身数字化业务和能力短板，并进一步开放企业的自身能力，实现企业数字化能力的持续发展。

在推动数转工作开展时，也可以围绕前期的战略咨询、顶层设计、运营管理、技术保障、研发创新等领域，构建数字工作推动生态体系，吸引不同类型的合作单位联合推动，优势互补，实现企业自身数转工作的顺利开展。

3 小结

面对轰轰烈烈的数字化浪潮，企业谋求数字化转型发展面临诸多风险和困难，为破解难题，需要在认识与定位明晰的基础上，具备先进的理念，运用有效的方法，通过一系列实施与投入形成可感知的成果，方能根据自身及所处行业的状况有效推动数字化转型的开展，避免盲目实施。

大型白酒企业数字化转型顶层设计研究

唐怀坤　王逸飞

摘　要：本文所指大型白酒企业是指年销售额在50亿元以上的白酒企业，这些企业的产品已经有了一定的品牌知名度，包括一线高端的酒头部企业和二线中端的酒品牌企业。笔者在做多个酒企数字化转型顶层设计咨询项目的过程中，总结提出了一套三台联动、三技协同、五大配套保障措施的“数字化转型135顶层设计体系”。

关键词：企业管理；数字化转型；白酒企业

1　转型背景：企业数字化转型政策分析

当前全球正处于“百年未有之大变局”之中，有专家解读为——新格局、新模式、新工业革命、新全球治理，其中以数字科技为驱动的新工业革命对制造业的影响较为深远，因此国家在政策制定方面，加大了对全社会数字化转型的引导。

“十四五”规划中提到以数字化转型整体驱动生产方式、生活方式和治理方式变革。国家发展和改革委员会与中共中央网络安全和信息化委员会办公室2020年4月联合发布《关于推进“上云用数赋智”行动　培育新经济发展实施方案》，国务院国有资产监督管理委员会2020年8月发布《关于加快推进国有企业数字化转型工作的通知》提出了四个转型基础、四个转型方向、三个赋能举措、四类企业标杆、三个实施策略的企业数字化转型总体指导意见，引领我国经济在转型变革中占据国际竞争制高点。

江苏省工业和信息化厅2021年5月制定了《江苏省企业首席数据官制度建设指南（试行）》决定在全省推行企业首席数据官（CDO）制度，提出“首席数据官”作为企业高层管理者，其主要职责是将数据战略引入企业的商业规划，协调企业整体范围内数据管理和运用，管理企业整体数据处理和数据挖掘过程，并带领企业构建、激活并保持企业的数据管理能力。

这些政策为我国大型白酒企业的数字化转型提供了政策引导。

2 转型特点：白酒行业发展处在双重转型期

白酒行业的历史比较悠久，有的小型白酒企业坚持传统手工工艺，其酿酒工艺穿越了农业经济时代、工业经济时代，到了数字经济时代还存在，但是其生产效率低下，无法满足规模化发展的需要，销售额非常有限。大中型白酒企业在工业经济时代仍没有完全采用数字化技术，当前白酒酿造技术主要以固态法为主，且我国白酒的消费群体年龄结构也在发生深刻的变化，当前的消费主力是20～50岁的人群，十年后将是1980—2010年出生的人群，他们可选择的酒类品种也较多，消费也更偏向多元的调制酒、啤酒等。因此，相较于需求侧的年龄结构分布，传统白酒行业已经处在产业生命周期的成熟期，十年后将面临处于衰退期的局面，不得不加快转型。对本文所述的大型酒企来说，大部分属于中端酒属地化引领品牌，即在酒类转型上，从价格上向全国市场的高端酒品牌转型；另外，为满足这代年轻人对酒类的需求，应注重酒的品类创新。

随着数字化技术的普及，移动互联网、物流的数字化、电商的兴起使消费者可以实现个性化定制，当前主要是品类款式的个性化选择，并伴随一部分产品特征、组成要素的选择，未来个性化定制将逐步普及，酒类消费者的需求个性化、多元化特征将更加明显。因此，白酒企业应在供给侧实现柔性制造、智能制造，并且能够快速响应消费者的在线订单，实现72小时内到达消费者手中，效率越高，带来的价值越大。

另外，白酒种类的转型设计和企业以消费者为中心数字化转型是紧密统一的，新酒的设计转型可以而且也必须由消费者参与设计，通过消费者参与设计能够及时通过数字化洞察消费趋势，准确把握转型的方向，围绕品牌文化形成自己的“粉丝圈”，这是以互联网为代表的数字经济的最大特征，需要企业有新的组织架构战略单元与之匹配。柔性制造的速度也会影响酒的销量和市场渗透率。

3 转型需求：大型白酒企业数转的总体需求方向

一是加快线上推广，扩大销售区域。从地区销售结构来说，除头部企业之外，大型白酒企业当前的销售额主要是以所在省为主，占到了其总体销售额的80%～90%，省外和国外的酒类消费还有一定的市场空间，可以最大化地借助数字化技术进行线上推广，而不能粗放式地发展线下销售网点，因为后者的成本将越来越高。

二是推动高端定制化销售模式。当前，消费群体主要是商务、婚庆、家庭三大类，针对不同的消费群体制定不同的高端定制化消费策略，通过前端的定制化手段丰富产品的外观设计、包装设计，传递酒企倡导的文化，主打文化理念，让白酒成为消费者开展商务活动、推广企业文化的载体；年轻人婚庆礼仪的信息载体；家庭文化中的收藏品。定制化的响应要快，简单个性化定制从下单到送达消费者手中的时间要缩短在72小时以内，要能在线看到虚拟的个性化定制立体效果图；参与设计型定制要在5～7天，消费者参与设计后也应该能看到立体效果图，并能够在一周内收到商品。这些都需要数字化转型平台的支持。

三是企业内部数字化改造。为了响应扩大线上推广和个性化定制，应对企业的数字化前台、生产运营中台和决策后台进行数字化改造，企业数字化不是单纯为了迎合数字化而做数字化，其数字化的本质依然是围绕"聚能"和"赋能"。从聚能的层面来说，大型白酒企业的信息化基础往往比较薄弱，这与白酒企业酿造工艺特点有很大的关系，白酒的酿造工艺往往还采用农业经济时代的手工模式，大部分白酒企业的生产工艺还是部分机械化、电气化辅助的手工酿酒方式。从赋能的层面来说，白酒企业的生产经营需要产业链上下游配合，原材料供应、外包装设计生产、线上与线下销售渠道和门店、物流都需要联动，白酒企业需要进行数字化生态合作，建立或融入白酒产业互联网。

4 转型方案：大型白酒企业数转的总体设计

大型白酒企业当前最大的数字化转型障碍并不是没有信息系统，而是现有信息系统一般来自多个软件厂商，形成多个子系统，子系统之间通常互不兼容而且数据不互通，白酒企业缺乏整体的、系统化的数字化发展规划，否则会出现系统越多，"信息孤岛"越多的现象。因此，总体设计要能整合现有系统，让现有系统的发展按照顶层设计来演进。中高端白酒储存时间越长，市场价格越高，白酒企业数字化转型的核心是满足定制化的响应速度，提升响应速度可以支撑销售额的快速增长。笔者通过深入调研多家大型白酒企业的一线工作车间和各职能部门，以及为多个白酒企业用户数字化转型顶层设计做了咨询方案，归纳总结出一套三台联动、三技协同及五大保障措施的整体"白酒135"核心方案。

三台联动就是企业数字化后台、中台和前台之间对应着企业的管理层级的决策层、执行层和操作层，三技协同就是三个管理层级代表的是管理技术（MT）、信息技术（IT）和数据技术（DT），并且能够与外部数字化生态进行融合和赋能，最终形成大型白酒企业数字化的顶层设计架构，如图1所示。

4.1 大型白酒企业数转的纵向设计：三台联动

对于前台，白酒企业通过主题定制、众筹定制、服务定制等定制活动，精准了解消费者的个性化需求，进行App端、小程序等消费者服务数据的收集，线上线下交互，扩大数据采集范围，为中台提供准确多样的数据。

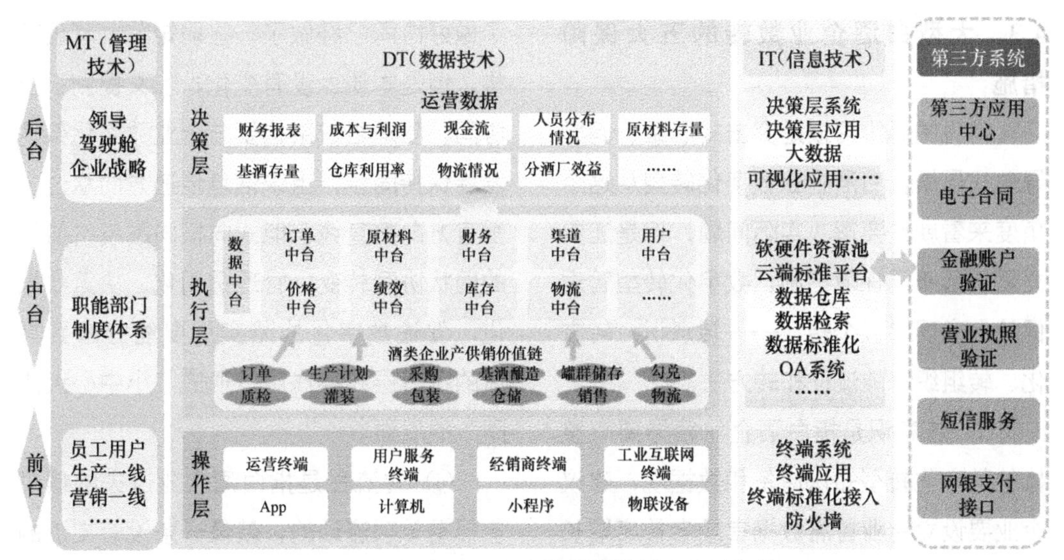

图 1 大型白酒企业数字化转型的顶层设计架构

对于中台，白酒企业对所获取数据分解到供应链和供应商渠道中，原材料的需求与企业资源计划（ERP）、生产管理、物流管理数据对接，起到联动的效果；另外进行数据清洗规范、统一标签归类，根据消费者的消费记录、会员信息、关注信息、收藏信息、购买明细等标签轨迹，输出消费者画像。通过营销中台数据调用的消费者画像对内进行数据驱动和作业驱动，生产定制化产品，同时输出更精准的营销手段和营销策略，指导前台营销和后台决策。

对于后台，白酒企业根据大数据分析制定的个性化营销策略调整精准营销的战略决策，全流程监控设计、制造、销售和服务的过程，使企业整体营销方向与消费者需求保持高度协同。

4.2 大型白酒企业数转的横向设计：三技协同

三技协同是指管理技术、信息技术和数据技术之间的协同。其中，管理也可以被视为是一项技术，自泰勒科学管理开始，管理就被视作一门可以通过学习和演练而掌握的技术，企业质量管理体系、企业环境管理体系、项目管理等国际标准化工作也揭示了管理的技术属性。在信息技术方面，大部分白酒企业已经有了一些常见的信息系统，例如客户关系管理系统、企业资源规划系统、财务管理系统等，这些系统在企业规模化发展早期起到了较大推动作用。但是随着大数据时代的到来，又出现了“数据孤岛”的问题，数据在系统之间的流动性差导致了很多管理问题和系统协同问题，而数据技术能够解决数据孤岛问题。企业需要通过数据清洗、数据挖掘、数据库技术协同以上软件。白酒企业的商业模式、业务模式大同小异，具有共性，但同时每家白酒企业的发展阶段和发展基础不同，白酒企业需要在开展数字化转型顶层设计的基础上分步实施。

4.3 大型白酒企业数转的五大保障措施

常见的思维习惯是突击式思维、问题导向式思维，白酒企业数字化转型从这个角度来看就是要解决实际问题，但是还要立足长远布局保障措施，数字化转型管理保障上实现“五个转”——转意识、转文化、转组织、转流程和转方法。

① 转意识是指白酒企业领导要有整体的数字化转型知识储备和数据观，建议企业要设立企业首席数据官或者首席增长官，即在决策层要有数字化转型的意识，并以数据的快速流动来取代人工方案。企业领导者要看清数字化转型的大方向，而不是跟风炒作热点技术，分析每一笔数字化转型投资的投入和产出，总体上把控数字化转型的战略大方向。

② 转文化是指白酒企业领导人明确了数字化转型的大方向后要通过沟通、培训、试点示范等带动全员知悉数字化转型的特点、价值和未来图景，使数字化转型深入人心，员工遇到管理问题能够首先想到是否可以通过数字化层面解决问题，形成一种思维习惯。

③ 转组织是指当前大部分白酒企业的组织架构还是直线职能式，有些企业为了做好协同已经做了一些弱矩阵式管理架构，但是本质上没有变化，上文提到三技协同，管理组织架构要与企业数字化架构发展保持同步，组织信息传递方向从过去垂直方向的直线职能式向横向围绕价值链的网状协同转变，管理透明化、决策数据化，促进数字化战略实施要能分解到具体的执行层和操作层，形成“小中心大协同”的局面。

④ 转流程是指白酒企业过去的信息流程是单项流动的，就像一条没有支流的河流，且与其他大江大河不互通，而转流程就是每一个流程节点和数据字段都要想到是否与企业的其他信息管理流程有关联，从而形成一个互相协同的矩阵，这个流程设计的方式要制度化、规则化，并能纳入企业的考核体系。

⑤ 转方法是指在整个白酒企业数字化转型的过程中涉及大量的数据对接和软件开发工作，其开发流程要从过去“瀑布式”向“敏捷开发”流程转型，快速迭代版本。

总之，白酒企业的数字化转型与其产业发展的特点有很大关系，本文提出的三台联动、三技协同的顶层设计方案也可以给其他行业企业数字化转型提供参考。

大型信息化工程咨询设计方法论研究

戎彦珍　黄春林　刘　琦

摘　要：本文在充分理解全过程工程咨询的主要阶段及其涉及的主要能力之上，结合笔者多年的信息化咨询设计实践经验，创新性地提出了大型信息化工程咨询设计“4A”原则与“6-STE^{2}P^2”咨询设计方法论体系，并简要介绍了从需求分析到建设评价的理论研究方法，为大型信息化工程咨询设计的实践提供重要的理论指导。

关键词：全过程工程咨询；信息化工程；设计原则；咨询方法

1　引言

面对复杂多变的发展环境，以及旺盛的大型信息化建设需求，全过程工程咨询的服务涉及需求分析、评估决策、方案设计、项目管理、投资效果评价和运营管理等多方面的能力。通常情况下，工程咨询从业人员在大型信息化工程建设的过程中扮演着“服务提供者”“决策参谋者”“业务指导者”“运营协作者”等多种重要角色。古语云，“工欲善其事，必先利其器”，一套科学有效的方法论、一系列实用性强的咨询设计工具才是工程咨询从业人员在服务过程中事半功倍的“法宝”，能够加快大型信息化工程高质量、高效率、高标准的建设，让信息化发展成果惠及亿万民众，持续推动经济社会高质量发展，加速实现建设数字政府、智慧社会、网络强国、数字中国的宏伟目标。

2　全过程工程咨询概述

2017年2月，国务院办公厅印发《关于促进建筑业持续健康发展的意见》，明确指出“加快推行工程总承包，培育全过程工程咨询”。2017年5月，全国8个省份开始建设试点，鼓励以政府为主导的项目采用新式全过程工程咨询服务模式。2017年11月，国家发展和改革委员会发布《工程咨询行业管理办法》提出“全过程工程咨询应是采用多种服务方式组合，为项目决策、实施和运营持续提供局部或整体解决方案及管理服务”。2019年3月，国家发展和改革委员会、住房和城乡建设部两部门联合印发《关于推进全过程工程咨询服务发展的指导意见》明确指出“在项目决策和建设实施两个阶段重点培育发展投资决策综合性咨询和工程建设全过程咨询”。

大型信息化工程属于技术密集型产业和国家鼓励支持的全过程咨询领域，系列政策的出台、各地区的建设试点既是行业发展的迫切需要，也为大型信息化工程高质量、高效率建设营造了空前的发展空间。

各级政府在国家、地区的信息化发展规划中，都会明确建设一些大型信息化工程，而这类大型信息化工程往往具有专业多、系统多、功能多、要求多的特点，因此，全过程工程咨询企业要充分把握大型信息化工程的建设契机，新一代信息技术的发展趋势，在紧跟国家信息化宏观战略的基础上，还应结合不同城市的区域特征，面向政府、企业等行业用户，提供需求分析报告、项目建议书、可行性研究报告及立项方案的咨询服务，深度分析当前的建设现状、存在问题与发展目标，提供具有扩展性和可持续的信息化整体解决方案。

3 大型信息化工程咨询设计原则研究

对大型信息化工程而言，工程咨询机构在开展全过程工程咨询服务前，首先应该明确设计原则。因此，大型信息化工程咨询设计应将核心价值与远景目标相融合，并以此为行动纲领去转变发展理念、整合城市资源、汇聚外部力量、创造更高价值。本研究在面向政府、企业机构等行业用户提供大型信息化工程咨询设计经验的基础上，创造性地提出了大型信息化工程咨询设计“4A”原则，如图1所示。

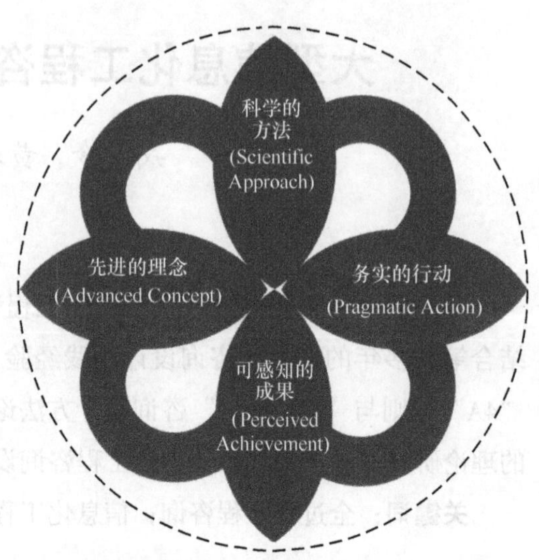

图1 大型信息化工程咨询设计“4A”原则

3.1 先进的理念

当前，以数字化、智能化为主导的新一轮信息科技革命与社会经济发展进程深度融合，已经成为影响传统社会结构、社会形态及所有人生产生活方式的空前力量。我国的信息化之路已经从高速扩张式发展走向了高质提效式发展，且经历了多年的探索与实践，其建设模式、建设理念、建设路径等都在不断更新。能否牢牢把握技术创新带来的发展机遇，准确解读国家规划、行业规划、区域规划的理念，并在横向、纵向等层面做好规划的立体化无缝衔接，成为大型信息化工程高质量设计、高效率建设的关键因素。

大型信息化工程咨询设计不是一个简单的定义、目标、任务、模式的阐述，而是不断演进、不断迭代的过程。因此，全过程工程咨询服务企业应秉承先进的理念，充分结合国家信息化战略规划、科技发展趋势、城市现代化进程规律，让信息化建设走高质量发展之路。

3.2 科学的方法

在信息化建设实践中，还会时常发现各种各样的实际问题。因此，大型信息化工程咨询设计应采用系统化的思维、开放性的架构设计理念，通过创新、科学、闭环的信息化咨询设计方法论，遵循"需求分析—愿景设计—建设任务—推进路径"等设计步骤，确保方案可落地、可实施。

3.3 务实的行动

大型信息化工程是一个极其复杂的巨系统，也是城市信息化进程中局部优化提升的关键节点。在前期开展咨询设计工作时，要站在全局的维度上，结合大型信息化工程的建设实际，有针对性地制定可落地的咨询设计方案，以复杂的、系统的理论和方法为指导，加强以数据和信息为代表的利益、权利、资源配置重组，做到分阶段、分步骤、有序、务实地推进大型信息化工程建设。

3.4 可感知的成果

大型信息化工程建设的本质是不断满足人民对美好生活的需求，因此，大型信息化工程应坚持以人为本，践行"人民城市人民建、人民城市为人民"的理念，设置合理的里程碑节点，并呈现出可感知的建设成果，让政府、企业、城市居民都能及时感知到信息化建设给生产、生活带来的便利和创造的价值。

4 大型信息化工程咨询设计方法论体系研究

大型信息化工程具有一定研发的性质，其建设应用面广、复杂程度高，涉及信息网络、计算机软硬件、信息系统集成等多个技术领域，具有科技含量高、工作量大、时间紧迫等特点，且很难有相对成熟的、可以照抄照搬的建设内容、建设路径作为参考，需要多专业融合、实战经验丰富的信息化咨询设计团队参与，帮助主管部门完成大型信息化工程建设。在项目的前期决策阶段、方案设计阶段、招标采购阶段、工程实施阶段、工程竣工阶段和工程运营阶段，都会涉及全过程工程咨询的服务内容。

根据服务内容的差异性，各阶段的服务内容可能会涉及项目建议书编审、可行性研究报告编审、概预算审核、施工图预算编审、招标清单编审、工程招标、变更与签证管理、竣工结算等方面。本研究基于全过程工程咨询的理论基础及大型信息化工程的主要特点，结合多年的信息化咨询设计经验，创新性地提出"6-STE^{2}P^2"咨询设计方法论体系（如图 2 所示），并详细地介绍了从需求分析到建设评价的理论研究方法，以期为大型信息化工程咨询设计项目实践提供科学、有效的理论指导。

4.1 扫描诊断

扫描诊断是高效开展大型信息化工程咨询设计的起点。当面对一个大型信息化工程建设需求时，不能盲目地进行方案设

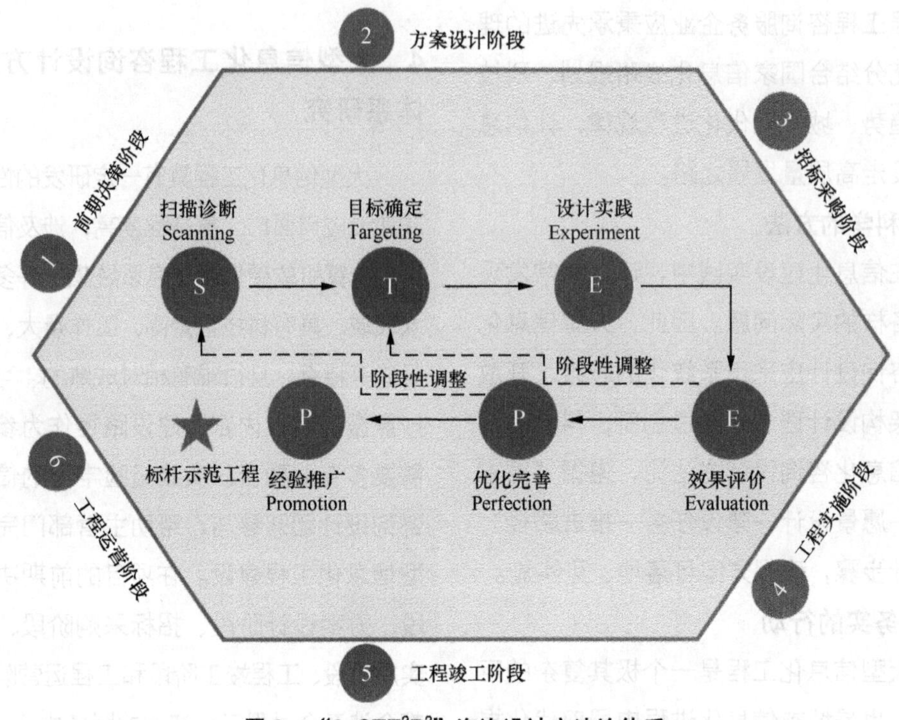

图2 “6-STE²P²”咨询设计方法论体系

计，而是应深入了解大型信息化工程的建设背景、基础现状、资源优势、建设机遇、发展瓶颈等，进而梳理其现阶段的资源优势与问题短板。因此，需要对项目前期的相关情况进行全域化、全方位的扫描诊断，通过资料分析法、环境分析法、调研分析法等，深入分析与之建设紧密相关的各类影响因素，为大型信息化工程咨询设计奠定坚实的基础。

4.2 目标确定

在完成前期调研、扫描诊断的基础上，通过需求分析法，系统性、科学性地掌握大型信息化工程建设的“天时”“地利”“人和”等客观因素，准确地归纳整理出大型信息化工程建设的总体需求。尽管大型信息化工程的可复制性较弱，但我们在开展咨询设计的过程中，仍需要进行“向外看”，通过选取同行业领域内先进的标杆案例进行对标分析，结合自身的实际情况制定科学合理的建设目标。此外，当前很多规划都会设立一些可量化的结果目标，便于在考核评价中做到有理可依、有据可循。

4.3 设计实践

设计实践是大型信息化工程咨询设计过程中最核心的任务。在这一阶段，围绕大型信息化工程建设的总体目标，通过数据分析法、逻辑框架法、专家会议法、德尔菲法、利益相关分析法和情景分析法等多种方法组合运用，明确大型信息化工程的总体架构，一般主要包括概念模型、顶层架构、技术架构、数据架构、业务架构、管理架构和运营架构等，这些架构将成为整个设计文件的高度凝练。在上述总体架构的基础上，结合具体发展现状，提出项目的主要任务、重点工程、实施路径和保障体系等。

4.4 效果评价

咨询设计成果是指导大型信息化工程建设的重要纲领，然而大型信息化工程建设不是一蹴而就的，在具体执行中需要结合发展实际和项目目标，建立咨询设计执行评估模型，进行定期性、常态化“回头看”的效果评价，及时评估大型信息化工程的推进进度、效率和效果，通过层次分析法、模糊综合评价法、TOPSIS评价法和专家打分法等科学评估执行目标、执行过程和关键措施的执行效果，并形成总体的评估结论，开展目标达成、过程实施偏差分析，并输出设计方案执行的评估结论和优化提升建议。

4.5 优化完善

结合政策导向、技术趋势和核心诉求等，并根据实施效果与评价结果优化完善咨询设计成果，形成动态调整、滚动修编的优化提升机制，以期更加科学、更加精准地指导大型信息化工程建设。从本质上来讲，这个优化完善的过程就是整个咨询设计过程的缩影，往往也会涉及补充调研、需求分析和数据分析等关键环节。

4.6 经验推广

通过咨询设计效果评价发掘出大型信息化工程在数据共享、智慧应用、产品研发和模式创新等领域的特色亮点、示范效应，及时总结提炼单点成功经验，并向其他节点推广，宣传大型信息化建设标杆工程的最佳实践，形成信息化建设的示范品牌。这一阶段，项目团队可以根据自身的优势能力，借助数字多媒体的力量，宣传和推广标杆工程及信息化品牌。

5 结束语

在数字化时代，大型信息化工程建设具有良好的政策优势、发展环境和技术支撑，拥有难得的战略机遇。面对投资主体多元化、业主需求多样化和工程市场国际化的复杂环境，在对项目进行深度理解与研判的基础上，以科学的设计原则为理论指导，借助顶层设计思维和系统的方法论体系，形成定制化、贴合发展实际的咨询设计方案，以满足各类主体的建设需求，形成区域内信息化建设的亮点与特色品牌，为大型信息化工程建设提供全过程高端定制化咨询服务。

参考文献

[1] 杨树红 . 城市更新背景下全过程工程咨询面临的问题与挑战 [J]. 北京规划建设，2022（2）：55-57.

[2] 陈斌. 浅谈对全过程工程咨询的认识与思考——学习《关于推进全过程工程咨询服务发展的指导意见》[J]. 建设监理，2020（5）：50-51.

[3] 胡欣，高明娜，范栩侨 . 全过程工程咨询服务能力系统动力学研究 [J]. 中国招标，2022（6）：38-42.

[4] 谢坚勋，张宗玮，潘德雄，等 . 设计主导型全过程工程咨询模式的探讨 [J]. 工程管理学报，2022，36（2）：29-34.

[5] 刘冬雪，刘佳星，梁芳，等 . 新型智慧城市整体框架研究 [J]. 邮电设计技术，2018（9）：61-64.

基于工业互联网的化工园区安全智能化管控平台设计与研究

乐志星　周　存　曹树林

摘　要：通过分析 JXDX 化工园区信息化建设现状，本文研究了当前化工园区信息化建设需求，基于工业互联网平台架构，设计与研究化工园区安全智能化管控平台在 JXDX 化工园区的应用，以提高 JXDX 化工园区安全智能化管控水平。

关键词：工业互联网；安全管理；智能化管控；化工园区

1　引言

根据中共中央办公厅、国务院办公厅于 2020 年 12 月印发《关于全面加强危险化学品安全生产工作的意见》，要求在矿产资源丰富和环境容量合理的地区，以“产业集聚”与“集约用地”为原则，清晰化工产业定位，确定集中区域或园区，逐步完善水、电、三废（废水、废气、废渣）处理等基础配套设施。在充分保障化工园区建设总体规划科学性和安全性的基础上，编制产业发展规划，确定危险化学品存储、生产和运输的专门区域和路线。

在国家信息化建设蓬勃发展的今天，生活和工作方式随着信息技术的发展都在发生着深刻的变化。与此同时，政府和人民群众对工业生产安全的重视程度也与日俱增，而化工产业由于生产材料和生产过程的特殊性，极易成为重大危险隐患。因此，各相关管理机构正在努力利用各种信息技术（尤其是物联网技术）打造先进的监测管控体系，实现在有限的人力下统筹管理，防患于未然。建设化工园区安全智能化管控平台是践行国家智慧城市信息化发展的需要；也是化工园区完善自身建设，优化营商环境的需要。化工园区安全智能化管控平台可帮助园区在信息化方面建立统一的组织管理协调架构、业务管理平台和对外服务运营平台。化工园区建立统一的工作流程，协同、调度和共享机制，通过云平台的整合，以云平台为枢纽，形成一个紧密联系的整体。

2　JXDX 化工园区现状

目前，JXDX 化工园区已入驻几十家化

工企业，涉及危险化学品生产、存储、使用及数量不等的易燃易爆、有毒和腐蚀性危险化学品，一旦发生泄漏、爆炸和火灾等意外事故，这些危险化学品将严重危害周边环境。

JXDX化工园区和目前国内大多数化工园区一样，园区管委会主要向园区企化工业提供基础设施，有少量的信息化、自动化设施。园区内没有统一的信息系统，各大企业的信息系统是独立的，数据库也是相对独立的，基本没有信息交换和共享。此外，化工园区缺乏周界管理、安全管理和应急管理等有效管控措施，园区管委会无法全面管控园区，无法针对园区各类突发情况及时调度。化工园区不同于其他园区，园区内的化工企业存储、生产、运输的危险化学品数量众多，危险源较为集中，一旦发生安全事故，将会对周边环境造成巨大破坏和对人员财产造成巨大损失。因此，对化工园区的企业进行安全智能化管控、对危险化学品生产和存储进行全过程管理、实时监测危险化学品运输车辆、管理危险化学品状态等难点已经成为当前园区管委会迫切需要解决的事情。

在多维感知和全面互联的基础上，化工园区安全智能化管控平台全面监测园区安全状态，以工业互联网和智慧应用为技术支撑，整合园区资源，实现人员、车辆、危险化学品、功能系统之间的智能互联，从而全面管控企业生产、园区管理等。

3 建设化工园区安全智能化管控平台建设方案

本次JXDX化工园区安全智能化管控平台以最新出台的《化工园区安全风险　智能化管控平台建设指南（试行）》和《危险化学品企业安全风险　智能化管控平台建设指南（试行）》为设计依据，整个管控平台主要服务于安全、环保、应急主管部门、园区管委会，以及园区入驻企业。

化工园区安全智能化管控平台按照工业互联网平台架构设计，主体采用B/S架构，总体架构规划按照“4+*N*”的规划设计理念，以提升化工园区安全风险管控能力。化工园区可通过“感知一张网、数据一中心、管控监测一张图、业务支撑*N*应用、安全保障一体系”补齐园区信息化建设的短板，最终形成“多维感知、全面互通、科学决策、智能管理”的园区管理体系，化工园区安全智能化管控平台总体架构如图1所示。

3.1 感知一张网

该平台通过视频监控、物联感知设备、电子标签、射频识别、车载定位等传感设备对园区内的企业、危险化学品运输车辆、管道进行实时、精准、高效的数据采集、转换、传输和存储。实时获取企业及园区设备设施的运行情况和环境变化，掌握安全态势。管理园区企业信息、门禁信息、人员信息、重点危险化学品状态信息、重点危险化学工艺生产信息和重大危险源信息，以一张网全面立体覆盖整个园区。

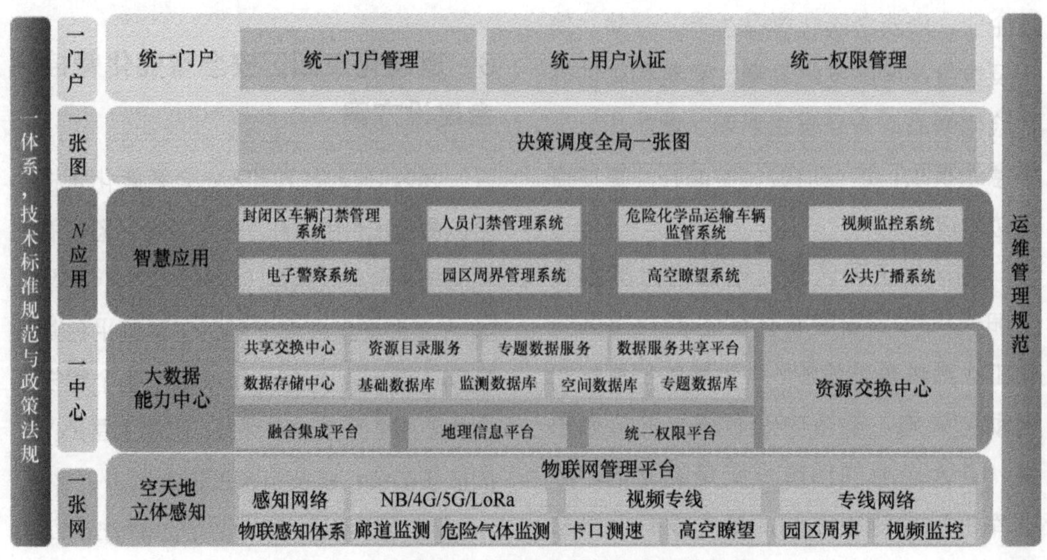

图1 化工园区安全智能化管控平台总体架构

3.2 数据一中心

以信息资源交换和共享为目的，建设集安全管控、智慧运营、应急指挥等功能于一体的化工园区数据中心，以“园区云”（计算云、数据云、服务云）实现安全智能化管控平台各应用系统之间的无缝对接和信息共享，满足安全智能化管控平台的协调管理和计算的要求，建成集信息展示、分析仿真、指挥调度、视频会商、辅助决策于一体的综合信息指挥调度平台，并通过建设地理信息系统逐步提升园区信息化的成果展示、分析应用能力，为实现化工园区业务管理信息化、功能服务精细化和产业发展智能化提供强有力的平台、系统和信息保障。

3.3 管控监测一张图

以企业摸排成果中各项数据及图像为基础，与国土基础图、天地图、道路车辆图叠加，形成园区基础图，整合园区设备、廊道数据，结合自然风向、降雨等基础数据，将其矢量图与园区基础图层叠加，深度挖掘海量数据，建立各种事故模型，进行突发事故模拟演示和预测，并提供相应的应急辅助决策，为最终实现安全智能化管控提供强有力的数据保障。

3.4 业务支撑 *N* 应用

（1）封闭区车辆门禁管理系统

车辆门禁管理系统自动/人工登记和控制进出的车辆，并根据实际情况进行危险品检查，杜绝违法、无证、不合格车辆进入园区。另外，该系统也可以通过车流量计算园区内停放车辆的数量，用于确定是否控制进入园区的车流量。

（2）人员门禁管理系统

人员门禁管理系统主要管控人员出入，通过人脸识别对出入人员进行自动登记或人工登记。另外，也可以通过人流量计算园区内访客人员的数量，控制人员的流量和导向。门禁权限的设置规范，可以规范园区人员的出入行为，管控居民区人员经过园区的出行路径。

（3）危险化学品运输车辆监管系统

根据园区的实际特点，危险化学品运输车辆监管系统采用先进的 GPS 定位跟踪技术，通过在园区出入口登记、发放及返还 GPS 定位仪，实现对危险化学品运输车辆的实时定位、跟踪、轨迹模拟等，全面监测危险化学品运输车辆的实时状态，从而减少“移动安全隐患”

（4）视频监控系统

视频监控是可视化管理的必要手段，整个视频监控系统包括前端视频监控子系统、网络传输子系统及后端智能显示子系统。前端视频监控子系统负责视频信息采集、编码，然后通过网络传输子系统传输到后端智能显示子系统，满足园区管理部门视频监控的需要，实现可视化管理。

（5）电子警察系统

电子警察系统能够对园区内机动车交通违法行为进行抓拍、记录和传输，以此保证园区内车辆遵守交通规则和管理制度。

（6）园区周界管理系统

化工园区将园区整体进行物理隔离，园区整体地形越优越企业边界围栏的完善度较高，仅需在出入口设置卡口，其余园区边界均可利用园区企业围栏封闭。

（7）高空瞭望系统

高空瞭望系统包含高空热成像监控系统、烟火智能识别系统和可见光智能系统等。化工园区在高处布置高空瞭望系统，配合摄像云台、火点精准定位技术、可见光相关功能，可实现整个园区的大范围精准安全监控。

（8）公共广播系统

公共广播系统在正常时段具有宣传、调度等作用，特殊时刻是紧急调度的最后手段，安全智能化管控平台接入公共广播系统，兼具其智能化和稳定性的特点，在化工园区调度和重大事项公示上起着举足轻重的作用。

3.5 统一门户

搭建统一权限管理和身份访问门户，园区管委会可以合理划分每个职员的岗位职责和权限责任边界，同时对权限分配机制及用户访问行为进行统一的入口管理，确保对人员连同访问权限做到事前预防、事中监测、事后溯源追责的全过程闭环管理。

4 化工园区安全智能化管控平台应用场景

化工园区安全智能化管控平台按照工业互联网平台架构设计，建立统一的标准规范体系和安全运维保障体系，保证系统平台的规范、安全和稳定运行。统筹园区管理实现全天候、全覆盖的日常监管，同时全程跟踪和落实园区中的各类报警事件，对应急响应和指挥提供高效、及时的全过程、全方位保障。通过动态监测园区基本情况、安全管理、园区环境、应急、封闭化等领域的运行指标，呈现园区运行的总体体征，打造“一屏全览”的园区运行全景图。汇聚各业务模块数据，依托空天地立体物联感知及视频监控等技术，结合大屏对园区综合运行态势进行可视化呈现。以各业务模式为载体，将现有业务流程融入可视专题设计中，通过图表数据联动直观呈现事件处置、业务办理，使业务交互更加直观和透明。

4.1 安全生产

本研究构建的化工园区安全智能化管控平台可实现“两重点一重大”（重点监管的危险化学品、重点监管的危险化工工艺、危险化学品重大危险源）监管、重点区域安全监管、特种设备管理、危险车辆管理、多重预防机制、危险隐患排查、危险作业管理等。该平台基于工业互联网平台架构支持生产安全的各项任务的开展，例如计划、申请、审批、执行、回放、数据共享等功能。

4.2 环境管理

采用工业互联网、云计算、大数据等新一代信息技术，开展环境监测网络建设和信息化系统建设，形成“五年内先进、十年不落伍”的环境管理体系，实现环境管理“一网感知、一网通办”，达到园区环境要素全面化、监测手段多维化、预警分析智慧化、管理模式创新化、决策指挥科学化，全面提升园区管委会的监管和决策能力。

4.3 应急管理

化工园区安全智能化管控平台应急指挥主要体现在应急值守、高危工位监测、应急事件报送、处置各类应急事件，以及预测预警和灾后重建工作等。该平台应急管理模块作为直面一线管理的前沿阵地，需充分发挥应急调度、协调资源的一线作用，能够大幅提高园区响应突发事件和解决事故的能力。应急管理模块具备隐患排查、监测预警、信息传递与发布、信息决策研判、救灾应急保障、灾后重建辅助等功能。

4.4 园区封闭管理

化工园区封闭管理实现对出入口的人员和车辆的监管，更需要管理进入园区后的人员车辆的安全行为，因此除了需要建设封闭系统、出入口管理系统，还需要建设视频监控、车辆定位、违章行为识别和信息发布等管理运维系统，实现真正的封闭安全管理。

4.5 园区物流管理

该平台可对物流运单进行管理，企业和化工园区能在线申请、审核、批准运单，运单信息包括委托人、接收人、承运人、车辆牌照、物资种类及数量、运输时间等，还可对危险货物托运清单信息进行统计分析和对违反规定的运输车辆自动报警。

5 结论

《“十四五”国家安全生产规划》提到，强化安全科技引领保障，推进安全生产信息化建设。安全是化工园区这一特殊类型园区最关键的要素，通过对环境管理及安全生产监督活动的信息化管理，实现发现问题、制定措施、执行整改、检查落实、跟踪监督的闭环管理，需切实落实园区环境管理及安全生产的主体责任，提升园区的整体管理水平。相关管理机构通过化工园区环境、安全、应急、封闭化管理信息，对园区的相关安环问题进行跟踪落实，履行对化工园区的相关监督管理责任。

化工园区安全智能化管控平台将建成一个统一协调指挥、结构完整、功能齐全、反应灵敏、运转高效、资源共享、保障有力，以及符合我国国情的安全、环保、应急、封闭管理等多位一体的应急响应体系，建成一个集信息收集、传输、反馈、分析，区域安全和环境质量监控，事故灾害预警、应急决策支持、有效调度指挥、快速处理处置、合理应急培训演练于一体的智慧管理平台，充分了解和掌握化工园区的运行状态，有效应对各类安全生产和环境事故，并为应对其他灾害提供有力的支持，为化工园区开辟一条健康、安全、可持续发展之路。

参考文献

[1] 陆成梁，陈启明，周平，等 . 化工行业安全发展规划的原则与内容 [J]. 武汉工程大学学报，2010，32（1）：81-86.

[2] 赵建国，栾玉廷 . 危化建设项目设立审查中选址上应注意的问题 [J]. 河北化工，2010（9）：69-70.

[3] 林楷 . 浅谈建立白料、红料集控区的重要性 [J]. 安全与健康，2012（10）：40-41.

[4] 杨继华 . 基于工业互联网平台的智慧化工园区建设 [J]. 中国仪器仪表，2021（12）：36-39.

[5] 孔庆华 . 化工园区智慧管理系统建设必要性研究 [J]. 粘接，2020，42（5）：142-145.

[6] 史胜春 . 安全智慧化工园区管理平台的设计与应用 [J]. 华北科技学院学报，2019，16（5）：91-99.

[7] 李天佑 . 智能监控卡口系统在平安城市的应用 [J]. 中国公共安全（综合版），2016（11）：161-166.

关于工业互联网标识数据管理方法的研究

何　静

摘　要：本文介绍了工业互联网的发展现状与架构方式，讨论了工业互联网的标识数据及其主要特点，分析了标识数据在区块链及 5G 背景下的新管理模式。

关键词：工业互联网；标识数据；区块链；5G

1 引言

数字化、网络化、智能化已然是科技发展的风向标，作为制造业数字化转型的重要实现途径，工业互联网推动了社会制造业迈向高质量发展，成为企业数智化转型的驱动中枢。

互联网发展至今，我们已经从消费时代逐渐步入工业互联时代。每个实体（例如，元器件、机器设备或者模型、算法等虚拟对象）都有被赋予的、唯一的身份编码，这个编码就是标识。作为实现工业互联网的重要枢纽，工业互联网标识将可标识的传感设备、元器件等工业系统对象联合互通，标识解析体系则借助标识中的 IP 地址等信息进行实体身份的分发、注册、管理、解析和路由，实现各类系统对工业互联网中的对象进行全生命周期管理。

作为建设工业互联网大数据体系的基础，标识技术可以跨越不同领域间的“信息鸿沟”，解决“信息孤岛”问题，是应用于工业互联网不同领域的基础共性支撑技术。在工业互联网平台中拥有海量且极具价值的数据，想要实现数据资源的联通、共享和协作生产，就需要对数据进行深层次的挖掘和对系统进行理解与分析，其中面临复杂的管理问题，这意味着对工业互联网标识数据管理的研究具有重要的意义。

2　工业互联网概述

2.1　工业互联网的概念

工业互联网也称工业物联网，是一个开放的、全球化的工业网络，其以工业企业为主体，以工业互联网平台为载体，将通信技术、计算机技术和运营/操作技术高度融合。当今，工业和计算机领域的绝大部分前沿技术如云计算、大数据、虚拟现实、人工智能等，都能在工业互联网中找到具体应用。

“网络是基础、平台是核心、安全是

保障”被视为工业互联网体系架构中的三大要素。

2.2 工业互联网架构模型

一般来说，工业互联网可从下至上分为四层模型，分别为边缘层、基础设施层（IaaS层）、平台层（PaaS层）和应用层（SaaS层）。工业互联网架构如图1所示。

（1）边缘层

作为连接工业互联网和底层物理设备的桥梁，边缘层主要负责对接不同厂商、不同协议设备，开展从物理层到平台层的数据采集与传输、异构设备协议解析与转换，以及多元数据分析与处理，以降低云计算以及传输负载的压力。

（2）IaaS层

IaaS层主要是一些与硬件服务器、虚拟化技术、5G网络及数据存储相关的基础设施，可以为工业互联网平台安全、稳定运行提供硬件支撑。

（3）PaaS层

PaaS层相当于一个开放、可扩展的工业操作系统。基于底层通用的资源管理、流程管理和运维管理模块，建立与开发工具、大数据和数据模型库相关的微服务组件，将不同行业、不同场景的工具/技术/知识/经验等资源，封装形成微服务架构，供各类开发者快速地定制、开发、测试和部署各类App。

（4）SaaS层

一方面基于工业PaaS层的工业操作系统，将传统的工业软件部署到工业互联网平台中，这个过程称为“云化”；另一方面，吸引更多的第三方软件开发企业入驻工业互联网平台，提供一系列与工业互联网服务相关的App，有效促进工业互联网在实际工业系统中落地应用。

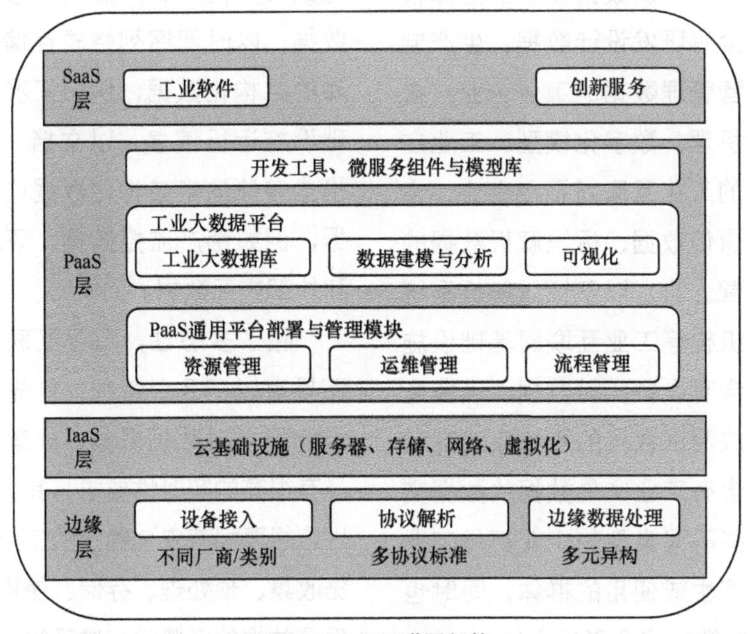

图1 工业互联网架构

2.3 我国工业互联网的市场前景

如今，数字经济被概括为创新之擎、发展之能、产业之本、经济之基，工业互联网作为实体经济实现数字化转型的核心基础，也迎来了发展契机。近年来，随着我国工业互联网体系的深入发展，各地均迎来了工业互联网建设的热潮，目前其网络、平台和安全三大体系基本建成。我国已全面建成工业互联网标识解析体系"5+2"国家顶级节点，上线行业和区域二级节点264个，覆盖31个省（自治区、直辖市）、39个行业，服务企业超过23万家，标识注册量突破2324亿。

3 工业互联网的主要标识数据

3.1 工业互联网的主要标识数据来源及类别

工业互联网标识数据涉及的主体较多，包括：含有研发设计数据、生产制造数据、经营管理数据的工业企业；含有平台知识机理、数字化模型、工业应用软件信息的工业互联网平台企业；含有工业网络通信数据、标识解析数据的基础电信运营企业，以及标识解析系统建设、运营机构等工业互联网基础设施运营企业；含有设备实时数据、设备运维数据、集成测试数据的系统集成商和工控厂商；含有工业交易数据的数据交易所等。这些不同类型的企业都是工业互联网数据产生或使用的群体，同时也是工业互联网数据安全责任主体。

一般来说，在工业互联网这个新模式新业态下，相关企业开展研发制造、管理应用服务等业务时，围绕业务需求、订单、计划、研发、设计、工艺、制造、采购、供应、库存、发货和交付、售后服务、运维、报废或回收等工业生产经营环节和过程，所产生、采集、传输、存储、使用、共享或归档的数据是工业互联网标识数据的主要来源。随着人工智能、机器学习、自然语言处理等技术的发展，对信息的内在价值可以进行更深层次的挖掘，获取价值信息，使工业互联网的标识数据合理流转，最后进行管理以及决策分析等。

3.2 工业互联网主要标识数据的特点

工业互联网数据与传统网络数据相比，种类更丰富、形态更多样，主要有：以关系表格式存储于关系数据库的结构化数据，例如生产控制信息和运营管理数据；以时间序列格式存储于时序数据库的结构化数据，例如工况状态和云基础设施运行信息；以文档、图片、视频格式存储的半结构化数据或非结构化数据，例如生产监控数据、研发设计数据和外部交互数据。

除了多态性，工业互联网标识数据还具有以下3个特征：首先是实时性，作业现场对数据采集、处理、分析等均具有很高的实时性要求；其次是数据可靠性，想要拥有安全稳定的工业生产，在数据收集、预处理、存储、使用等环节中要保证数据的完整性和准确性，数据质量的保证对于工业互联网数据是重中之重；最后是级联性，不同工业生产环节的数据间关联性强，一旦出现单个环节数据泄露或被篡改的现象，就有可能造成严重的级联影响。

4 标识数据管理新方法

4.1 基于区块链的工业互联网标识数据管理

在工业互联网标识数据管理中存在读取成功率较低的问题，另外，在工业互联网标识管理中存在架构、运营和隐私保护等若干风险。而区块链具备不易篡改、不可抵赖、可溯源的特性，能够有效地规避这些风险，国内学者提出了基于区块链的工业互联网标识数据管理方法。

首先，为了保证采用信息的真实性、完整性和保密性，需要建立分层管理机制，主要包括中心认证层、机构层、节点层和终端层，管理策略分层机制如图 2 所示。整个链路包括受管理服务器限制的一个链证书及其对应的链公钥；链证书的作用是通过管理服务器签发记账节点位置；链公钥的作用是在节点与其他节点对外传输数据时，对节点进行确认，并通过输入自身节点位置的方式对其进行校验。为避免在终端层出现接入错误或者恶意认证导致的数据损坏情况，将通过随机生成私钥的方式确认该节点的地址，新的节点会在加入区块链时向上层节点申请认证证书，可以对加密数据进行解密，这样可以得到每个数据的单独身份，为终端设备随意接入及恶意替换、破坏所带来的终端数据污染问题提供了很好的解决方案。

操作标识发生交易后，可以通过请求记账节点的方式参与验证。在进行区块验证和上链后，即可返回交易结果，通过区块链网络请求本次标识信息。

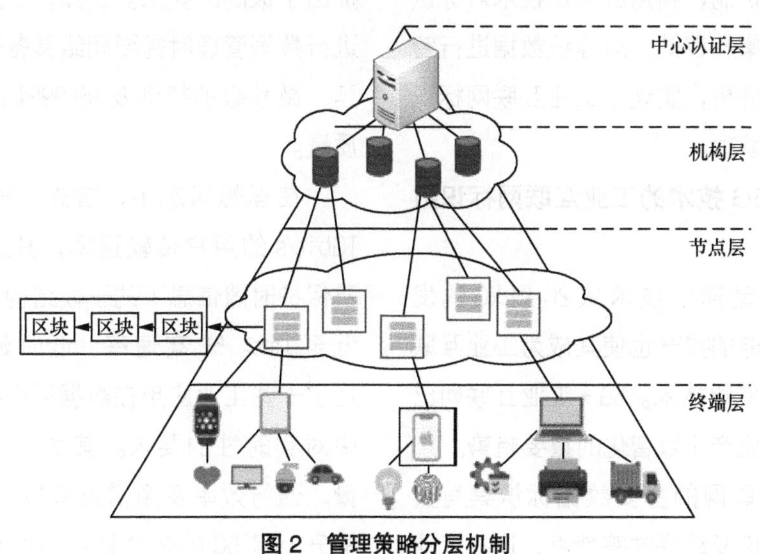

图 2 管理策略分层机制

参与节点创建交易后，请求记账节点和其他参与节点验证此次交易。当一个新的区块被创建并得到其他节点的验证，此次交易被写入链中。用户可以通过调用区块链平台的软件开发工具包（Software Development Kit，SDK）接口函数访问区块链并请求所需的标识数据，有效防止数据被篡改。

整个节点注册和交易流程如图3所示。

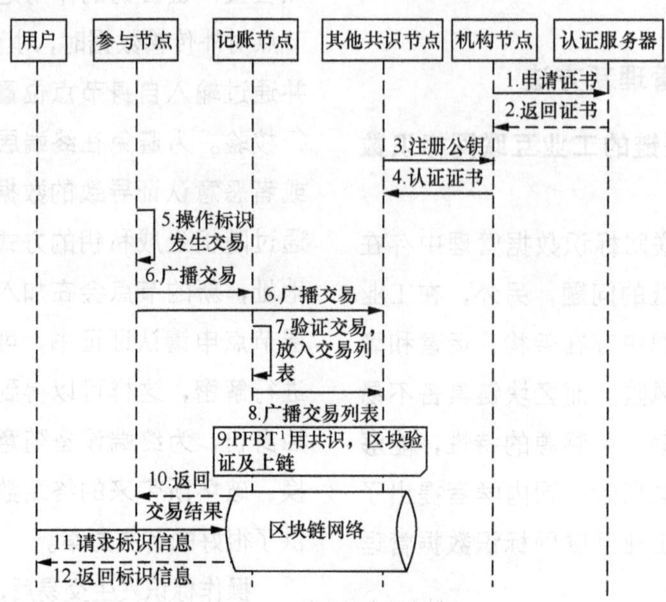

注：1. PFBT（Practical Byzantine Fault Tolerance，实用拜占庭容错）。

图3 整个节点注册和交易流程

综上所述，通过结合区块链技术，建立分层管理机制，利用区块链技术对标识数据进行采集和存储，对标识数据进行智能化管理与分析，实现了工业互联网标识数据的科学管理。

4.2 基于5G技术的工业互联网标识数据管理

随着移动通信技术从2G到5G的发展，网络性能的提升也使其成为工业互联网中的关键使能技术。5G+工业互联网已成为赋能工业产业数智化的重要趋势。

工业互联网的主要数据标识具有实时性、可靠性及级联性等特点，这在工业互联网标识数据管理方面对网络通信技术提出了极高的要求。例如，部分工业应用进行数据管理时需要网络具备毫秒级的时延、微秒级的抖动及99.999%的网络传输质量。

在理想状态下，首先，5G能够达到1Gbit/s的用户传输速率，其上下行传输及保护时隙信息下的子帧结构也将时延降低至1ms。5G高速率、低时延的特点满足了一些工业应用在数据采集和管理过程中对实时性的要求。其次，5G的系统容量、通行效率及频谱效率与4G相比大幅提升，且5G的安全稳定性能有效防止标识数据管理环节中数据泄露、被篡改，避免了工业应用在标识数据管理环节中出现的级联故障。

如今，“5G+ 工业互联网”的产业标准工作不断得到推进和落实，目前已有十余项工业互联网标准立项。

5 结束语

如今，新一轮科技和产业变革发展方兴未艾，工业互联网平台作为新工业数字经济时代信息和工业化深度融合的产物，想要为社会工业产业的发展提供价值，那么就要科学管理、深层挖掘其产生的海量数据。因此，在建设工业互联网体系过程中，互联网标识数据的管理是其关键支撑，研究探索工业互联网标识数据管理方法，对拓展工业互联网的应用有着极其重要的意义。

参考文献

张长青 . 基于 5G 环境下的工业互联网应用探讨[J]. 电信网技术，2017（1）：29-34.

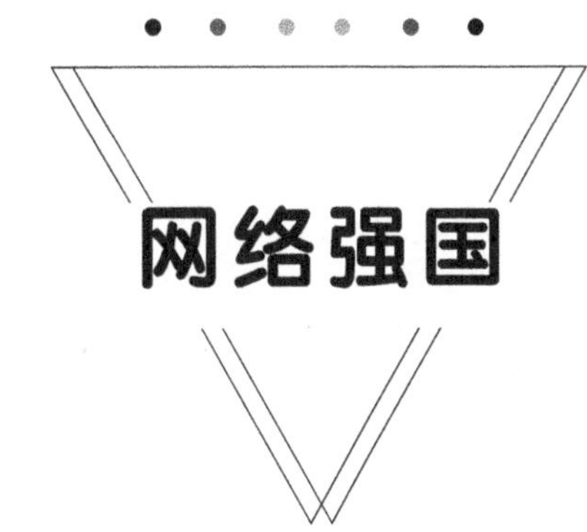
网络强国

R17 版本中 5G 核心网功能增强浅析

梁雪梅　方晓农

摘　要：R17 版本主要致力于增强 R16 版本中引入的概念和功能，同时引入少量的新特性，主要包括红帽（RedCap）、网络智能化增强、定位功能增强和非地面网络等。本文首先介绍了 3GPP 的 5G 核心网标准化进展，然后阐述了 R17 版本的 5G 网络架构，最后对 R17 版本主要的功能增强进行浅析。

关键词：红帽；网络智能化增强；定位功能增强；非地面网络

1　3GPP 的 5G 核心网标准化进展

在 3GPP 的 5G 标准中，R15、R16、R17 版本已经冻结，R18 版本正在进行中。

5G R15 版本主要面向 5G 增强型移动宽带（enhanced Mobile BroadBand，eMBB）业务场景，定义了非独立组网（Non-Standalone，NSA）方式和独立组网（Standalone，SA）方式及多个 option 演进方向，其中 SA 方式采用服务化架构（Service Based Architecture，SBA）；完成 4G/5G 互操作、网络切片、边缘计算、控制面与用户面分离、统一数据库、会话与业务连续性模式选择、基于流的服务质量（Quality of Service，QoS）控制、基于 IP 多媒体子系统（IP Multimedia Subsystem，IMS）的语音业务回落 4G 等一系列功能。

5G R16 版本主要面向超可靠和低时延通信（ultra-Reliable and Low Latency Communication，uRLLC）业务场景、垂直行业和固移融合，引入了 uRLLC 中的用户面冗余路径机制、3GPP 与 Non-3GPP 的统一接入、时间敏感网络、非公共网络、5G LAN、蜂窝物联网（Cellular Internet of Things，CIoT）和终端信令优化等概念和功能。

5G R17 版本于 2022 年 6 月被冻结，主要致力于增强 R16 版本中引入的概念和功能，同时引入少量新特性，主要包括红帽（RedCap）、网络智能化增强、定位功能增强和非地面网络等。

2　R17 版本 5G 网络架构

根据 3GPP TS 23.501 标准规范，R17 版本中的 5G 网络架构如图 1 所示。

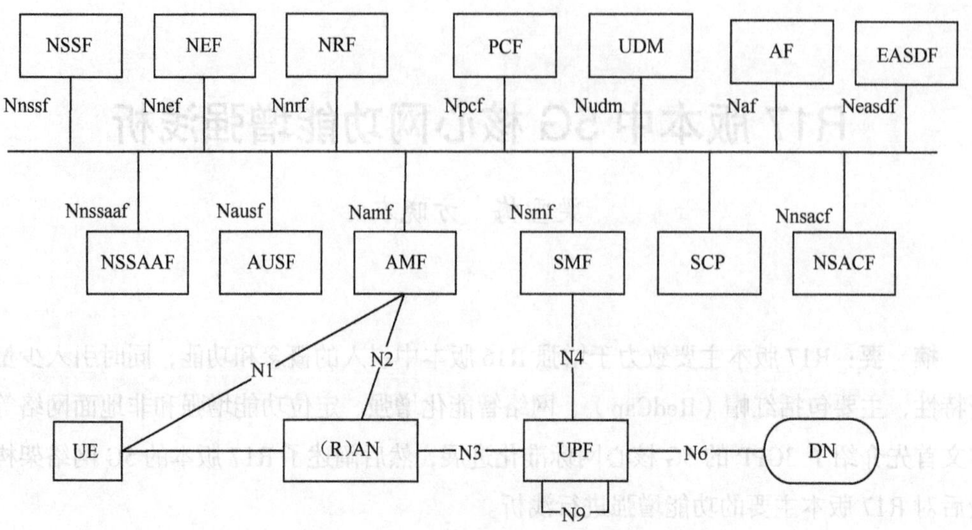

图1　R17版本中的5G网络架构

与R16版本相比，R17版本新增的主要网元功能（Network Function，NF）介绍如下。

① 网络切片接入控制功能（Network Slice Admission Control Function，NSACF）：负责监控每个网络切片的注册终端数、分组数据单元（Packet Data Unit，PDU）会话数；支持基于事件的网络切片状态通知，并向使用者网元报告。

② 边缘应用服务器发现功能（Edge Application Server Discovery Function，EASDF）：负责根据会话管理功能（Session Management Function，SMF）指令处理域名服务器（Domain Name Server，DNS）消息，包括接收来自SMF的DNS消息处理规则、与终端交换DNS消息、将DNS消息转发到中心DNS或本地DNS进行DNS查询、将接收到的DNS相关信息上报给SMF、缓存/丢弃来自终端或DNS服务器的DNS消息等。

3　R17版本主要的功能增强

R17版本主要致力于增强R16版本中引入的概念和功能，同时引入少量新特性，主要包括RedCap[1]、网络智能化增强、定位功能增强和非地面网络等。

3.1　RedCap

针对5G的中高速物联网，R17版本引入了RedCap技术。RedCap通过降低带宽、降低多输入多输出（Multiple-Input Multiple-Output，MIMO）层数、放宽下行链路调制阶数等措施，实现降低天线和射频组件的成本和功耗，满足工业无线传感器、视频监控、可穿戴设备等终端需求。

RedCap支持的物联网应用场景主要有以下3个。

1.RedCap（Reduced Capability，降低能力，也称“红帽”）。

① 工业无线传感器：例如压力传感器、湿度传感器、温度计、运动传感器、加速度计和执行器等。

② 视频监控：应用于智慧城市和垂直行业等。

③ 可穿戴设备：例如智能手表、电子健康相关设备、医疗监控设备、增强现实/虚拟现实（Augmented Reality/Virtual Reality，AR/VR）眼镜等。

与4G长期演进（Long Term Evolution，LTE）中速物联网标准相比，RedCap终端的功能更简化，更节能，成本更低，可连接5G核心网。RedCap有望替代4G LTE中速物联网，支撑更庞大的物联网市场。

5G核心网网元需要增强以下功能以实现RedCap终端接入。

① 接入和移动性管理功能（Access and Mobility Management Function，AMF）：接收终端的NR RedCap指示，记录RAT type为NR RedCap，支持切换和会话建立时在信令中传递NR RedCap指示，向终端下发eDRX参数和寻呼优化参数。

② SMF：为NR RedCap的数据网络名称（Data Network Name，DNN）建立PDU会话，进行会话管理，并在计费消息中携带NR RedCap指示字段用于计费。

③ 策略控制功能（Policy Control Function，PCF）：下发物联网的业务规则。

④ 用户面功能（User Plane Function，UPF）：转发RedCap终端会话的上下行业务流，并执行物联网的业务规定。

⑤ 统一数据管理（Unified Data Management，UDM）：支持对NR RedCap的签约。

3.2 网络智能化增强

R17版本中的eNA 2.0示意如图2所示。

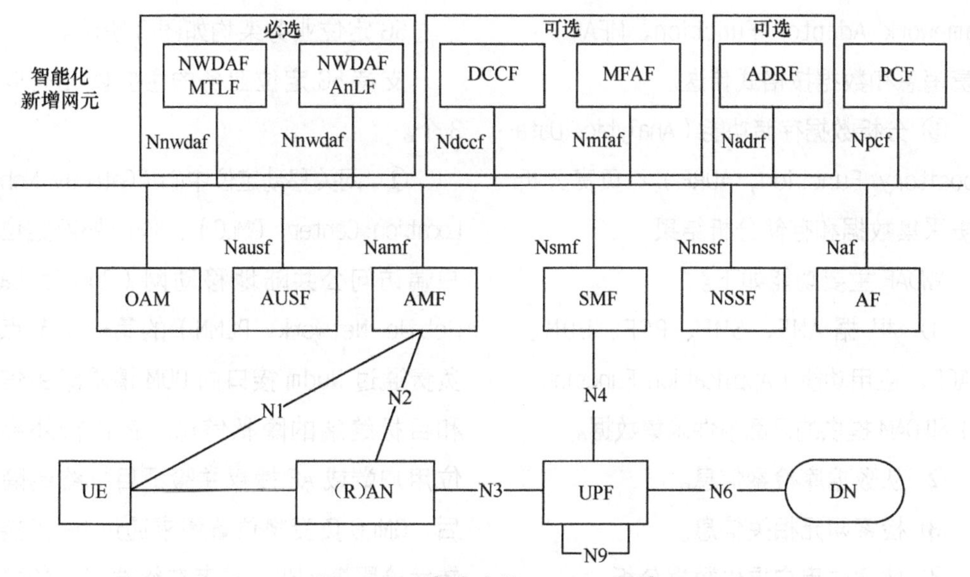

图2 R17版本中的eNA 2.0示意

网络数据分析功能（Network Data Analytics Function，NWDAF）为5G核心网

网元和操作维护管理（Operation Administration and Maintenance，OAM）提供数据分析功能。

在R17版本中，NWDAF拆分为以下两个逻辑功能。

① 分析逻辑功能（Analytic Logical Function，AnLF）：负责执行推理得到分析信息，即根据用户需求分析得到统计或预测信息，并对外提供分析服务。

② 模型训练逻辑功能（Model Training Logical Function，MTLF）：负责训练机器学习模型，并提供经过训练的机器学习模型服务。

另外3个可选网元的功能如下。

① 数据采集协调功能（Data Collection Coordination Function，DCCF）：负责协调采集的数据直接与NWDAF交互。

② 消息框架适配器功能（Messaging Framework Adaptor Function，MFAF）：负责消息和数据按格式传送。

③ 分析数据存储功能（Analytics Data Repository Function，ADRF）：负责分析历史采集数据和存储分析结果。

NWDAF主要功能如下。

① 根据AMF、SMF、PCF、UDM、NSACF、应用功能（Application Function，AF）和OAM提供的订阅事件采集数据。

② 从数据库检索信息。

③ 检索网元相关信息。

④ 按需向用户提供数据分析。

⑤ 提供分析ID相关数据。

⑥ 通过DCCF采集、分析数据（可选）。

⑦ 采集、分析来自MFAF的数据（可选）。

⑧ 存储、检索来自ADRF的信息（可选）。

在R17版本eNA 2.0架构中，网元功能拆分将支持更加灵活的部署，可以更好地满足电信运营商的部署要求。NWDAF拆分为AnLF和MTLF，训练功能可以部署在云端，推理功能可以部署在本地，提升训练和分析效率。DCCF/MFAF可选，负责采集协调提升采集效率。ADRF可选，负责分析采集数据和存储分析结果。

3.3 定位功能增强

定位业务应用场景广泛，例如工业物联网的自动导引车（Automated Guided Vehicle，AGV）、物流行业的货物定位和紧急救援的专用终端等。

5G定位业务架构如图3所示。

支持5G定位业务的主要网元有以下3个。

① 网关移动定位中心（Gateway Mobile Location Center，GMLC）：作为外部定位用户端访问公共陆地移动网（Public Land Mobile Network，PLMN）的第一个节点，负责通过Nudm接口向UDM请求路由信息和目标终端的隐私信息。在执行外部定位用户端或AF授权并验证目标终端隐私后，GMLC负责将位置请求通过Namf接口转发给服务AMF，或者在终端漫游的情况下通过Ngmlc接口转发给另一个PLMN中的GMLC。拜访地GMLC（Visited GMLC，

VGMLC）是指目标终端拜访地的 GMLC；归属地 GMLC（Home GMLC，HGMLC）是指目标终端归属地的 GMLC，负责控制目标终端的隐私检查。

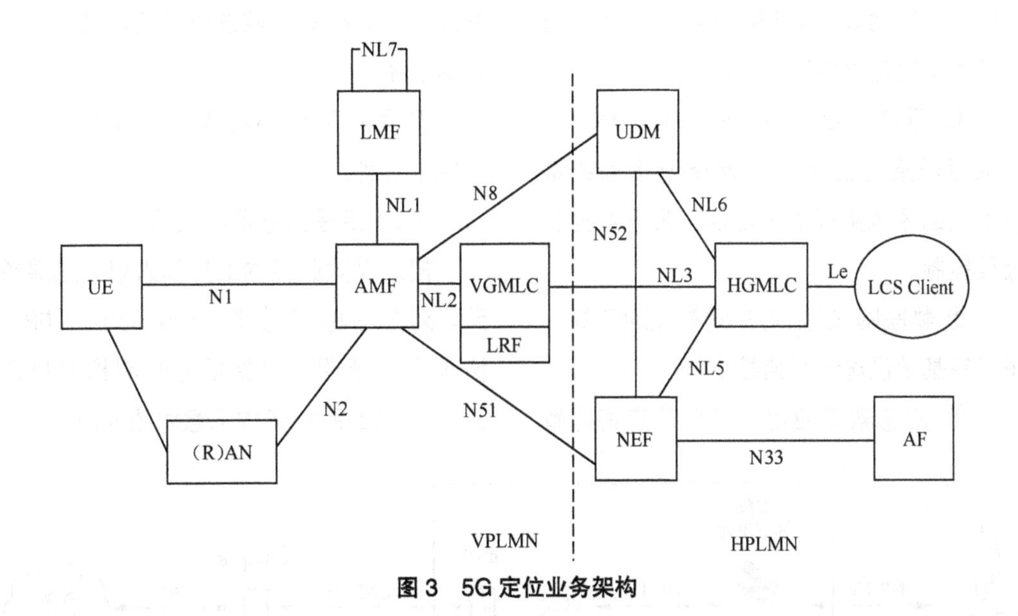

图 3　5G 定位业务架构

② 定位检索功能（Location Retrieval Function，LRF）：负责检索或验证定位信息，为发起 IMS 紧急会话的终端提供路由和相关信息。

③ 定位管理功能（Location Management Function，LMF）：负责管理注册或访问 5G 核心网终端的位置所需的整体协调和资源调度，计算或验证终端的最终位置和速度，并预估定位精度。LMF 通过 Nlmf 接口接收来自服务 AMF 对目标终端的位置请求。LMF 与终端交互以交换定位信息。

与 R16 版本相比，R17 版本中的定位功能在高精度/低时延和室内定位方面进行了增强，二者的比较见表 1。

表 1　R16 与 R17 版本定位功能的精度/时延要求比较

3GPP 版本	精度要求	时延要求
R16	室内＜3m（80%） 室外＜10m（80%）	＜1s
R17	工业物联网＜0.2m（90%） 其余＜1m（90%）	＜100ms

在室内定位方面，R17 版本支持室内相对位置计算，支持室内相对位置输出，支持绝对坐标或相对坐标输出。

这些增强要求 5G 核心网网元 GMLC 和 LMF 进行功能升级，同时下沉部署。

3.4　非地面网络

非地面网络（Non-Terrestrial Network，NTN）是指包括卫星、无人飞机系统（Unmanned Aircraft System，UAS）和

高空平台（High Altitude Platform Station，HAPS）在内的通信系统。NTN在R16版本中提出了研究报告，在R17版本中立项。NTN可以帮助5G网络实现卫星接入，应用场景主要包括以下4个。

① 垂直行业应用：在农业、林业、矿业等垂直行业中，5G网络未覆盖或覆盖不足的区域实现语音通信、视频监控和远程控制。

② 物联网应用：对车辆等交通工具、桥梁等基础设施进行监控。

③ 应急救灾应用：当自然灾害导致通信基础设施遭到破坏时，卫星接入可以作为应急方式实现通信。

④ 边远地区覆盖：对于沙漠、山区、海洋、南北极等区域进行覆盖，助力实现全球漫游。

卫星接入5G核心网的系统架构一般有以下3种。

（1）卫星信号透明模式

搭载有效载荷的卫星作为射频远端单元，对5G的新无线电（New Radio，NR）协议完全透明。卫星信号透明模式接入5G核心网的系统架构示意如图4所示。

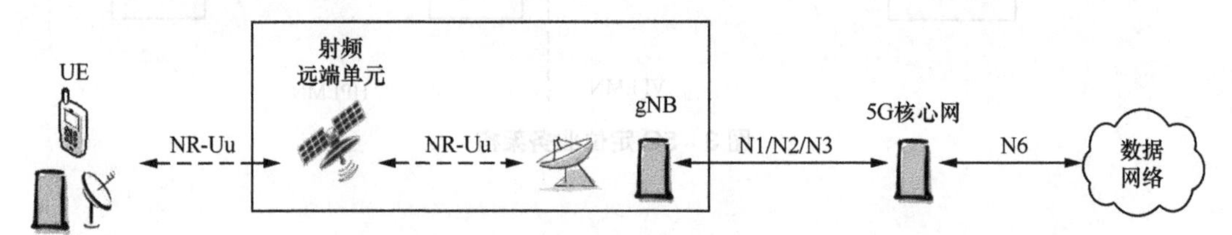

图4　卫星信号透明模式接入5G核心网的系统架构示意

（2）卫星信号再生模式

搭载有效载荷的卫星作为5G基站（Next Generation Node B，gNB），卫星无线电接口（Satellite Radio Interface，SRI）在地面5G核心网和卫星gNB之间传输N1/N2/N3接口协议。卫星信号再生模式接入5G核心网的系统架构示意如图5所示。

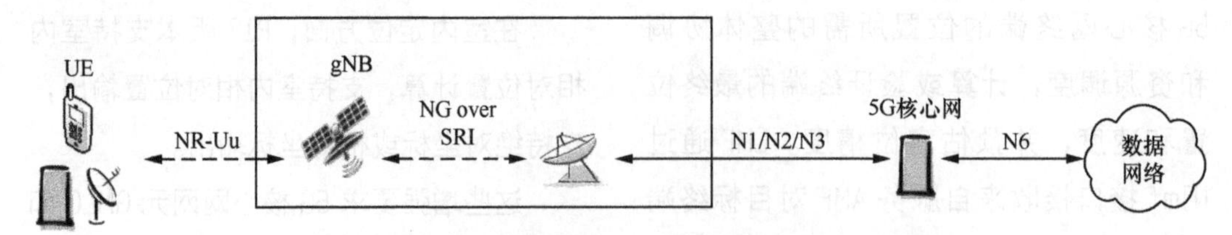

图5　卫星信号再生模式接入5G核心网的系统架构示意

（3）卫星信号再生+gNB中心单元/分布式单元（Central Unit/Distributed Unit，CU/DU）分离模式

搭载有效载荷的卫星作为gNB-DU，部分NR协议由卫星处理。SRI在地面gNB-CU和卫星gNB-DU之间传输F1接口

协议。卫星信号再生＋gNB CU/DU 分离模式接入5G核心网的系统架构示意如图6所示。

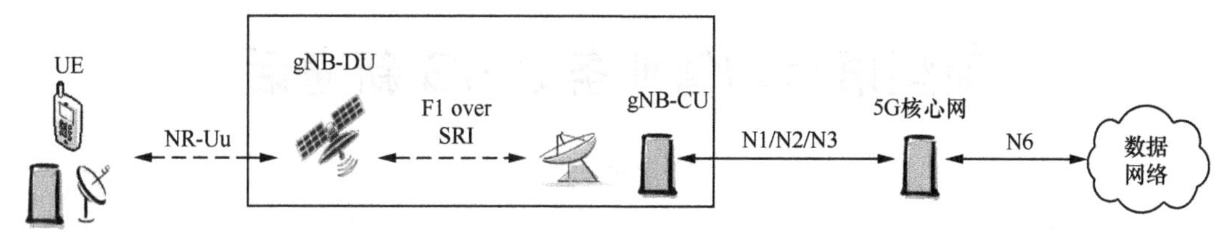

图6 卫星信号再生+gNB CU/DU 分离模式接入5G核心网的系统架构示意

NTN的卫星接入类型包括低地球轨道（Low Earth Orbit，LEO）卫星、中地球轨道（Medium Earth Orbit，MEO）卫星、高椭圆轨道（Highly-Eccentric-Orbit，HEO）卫星。5G核心网功能需要相应增强，具体包括：通过UDM签约控制卫星接入权限；移动性管理增强，适应大范围的跟踪区管理、寻呼优化；计费增强，标识卫星接入计费等。

4 结束语

3GPP的5G标准中，在R16版本的基础上，R17版本中的5G核心网功能进一步增强，可以支持RedCap、网络智能化增强、定位功能增强和非地面网络等，可以助力toB业务和toC业务。为了标准的落地实施，业界产业链上下游需要共同努力，共建生态，共创5G的美好明天。

参考文献

[1] 梁雪梅，方晓农．R16版本中5G核心网的新概念[J]. 电信工程技术与标准化，2020，33（9）：11-18.

[2] 3GPP. Technical Specification Group Services and System Aspects; System architecture for the 5G System (5GS): TS 23.501 V17.7.0[S]. 2022.

[3] 3GPP. Technical Specification Group Services and System Aspects; 5G System enhancements for edge computing: TS 23.548 V17.5.0[S]. 2022.

[4] 3GPP. Technical Specification Group Services and System Aspects; Architecture enhancements for 5G system (5GS) to support network data analytics services: TS 23.288 V17.7.0[S]. 2022.

[5] 3GPP. Technical Specification Group Services and System Aspects; 5G System (5GS) location services (LCS): TS 23.273 V17.7.0[S]. 2022.

[6] 3GPP. Technical Specification Group Radio Access Network; Study on NR positioning enhancements: TR 38.857 V17.0.0[R]. 2021.

[7] 3GPP. Technical Specification Group Services and System Aspects; Release 17 Description; Summary of Rel-17 Work Items: TR 21.917 V17.0.1[R]. 2023.

[8] 3GPP. Technical Specification Group Services and System Aspects; Study on architecture aspects for using satellite access in 5G: TR 23.737 V17.2.0[R]. 2021.

新型语音增值业务之 5G 新通话

黄元元

摘　要：本文从 5G 新通话的提出背景、可发展的业务模型及电信运营商如何布局新业务进行研究，并提出相应的建议，可为该项业务的运营团队提供参考。

关键词：5G 新通话；核心网；电信运营商

1　引言

移动通信从 1G 发展到 5G，电信运营商提供的语音业务发生了深刻的变化。1G 时代，人们只能进行语音通信，通信质量不佳。2G/3G 时代，电信运营商通过电路域方式提供通话。从 4G 开始，语音实现方案就与 2G/3G 网络不一样了，不通过电路域网络提供语音业务和其他增值业务，而是通过 IP 多媒体子系统（IP Multimedia Subsystem，IMS）将语音业务承载在 IP 网络，即长期演进语音承载（Voice over Long-Term Evolution，VoLTE）的方式。5G 语音实现方案延续了通过 IP 网络承载语音业务的方式，通过 5G 网络（无线网 + 核心网）和 IMS 承载语音业务，该种方式称为新空口承载语音（Voice over New Radio，VoNR）。

随着移动互联网的发展，OTT 厂商推出了即时消息和互联网电话（Voice over IP，VoIP）业务。即时消息功能包括文字消息聊天、文件传输、闪屏振动，以及语音通信、视频通信等。VoIP 业务实现了声音以数据包的形式在 IP 数据网上的实时传递，支持语音、传真、视频和数据等业务。这些业务基于流量计费，与电信运营商基于时长收费的模式相比接近于免费，因此对电信运营商的语音业务造成很大的冲击。

面对 OTT 厂商的竞争，电信运营商需要发展新的业务模式才能增加用户黏性，提升业务收入。5G 新通话可以满足当下交互式通信需求，增强人与人之间通信的趣味性和社交性，增加服务显示类交互，是面对面沟通的延伸。

5G 新通话定位为基础通话业务的升级和特色应用，是以通话为入口的平台产品。5G 新通话以电信运营商专有的号码资源为根基，以拨号键盘为入口，释放通话流量的价值。5G 新通话的“新”体现在以下 3 个方面：一是点亮通话屏，表达自我，传递情感，实现内容变现；二是智能翻译让沟通无障碍，实现效率变现；三是通话中闭环交易，打造业务平台，实现流量变现。

5G 新通话业务可以增强电信运营商的语音业务能力，提供个性化的语音能力，同时在政企市场也有较大的发展空间。

2 5G 新通话业务模式

5G 新通话主要有超高清视频通话、智能通话和交互式通话 3 种业务模式。

2.1 超高清视频通话

与 OTT 厂商免费的视频通话相比，5G 新通话具有终端拨号键盘原生入口、号码实名认证、随时可达、永远在线、更高清的画面（720P/1K）等优势。电信运营商可将高清视频通话纳入套餐，鼓励用户使用，培养用户的使用习惯。通过细分用户类型，电信运营商定向推广体验，借助技术优势，可增强用户的偏好。在业务发展阶段，电信运营商应有针对性地选择潜在用户邀约体验业务。经过分析，建议以人群和每用户平均收入（Average Revenue Per User，ARPU）值为分类标签，推动体验用户业务。

2.2 智能通话

在视频通话中，电信运营商通过智能识别、人像抠图、视频合成等技术，从背景、人像、特效打造个性化的趣味通话体验，不仅有趣好玩，还彰显个性。背景可以从默认的图片升级为动态视频、定制化的个人/企业背景；人像可以从静态图片升级为表情捕捉、动作跟随的动态头像；特性有表情雨、手势动效、3D 动效等。电信运营商通过技术能力构筑互动能力，提升用户使用业务的体验感。

除了定制个性化的业务，智能通话还提供支持语音转写、在线翻译、大字体显示、文字通话记录等各种便捷应用。老人或听力障碍人群，在日常生活和交流沟通中，通过语音识别及转写、屏幕显示等应用，可以解决感观功能下降带来的沟通障碍，提升生活的幸福指数。外贸从业人员及外国人士，在日常的工作、学习、生活等场景中，借助在线翻译应用，可用母语进行交流，无障碍融入当地环境。在户外嘈杂的环境中，用户可以通过字幕显示、文字通话记录功能等应用进行沟通。

2.3 交互式通话

用户在通话过程中利用视频通道向对端传递屏幕、文件、视频等多媒体内容，即使不打开视频通话，只须一端支持即可。电信运营商可对个人用户免费，吸引用户增加电话使用率；对于企业用户，可按通道溢价收费。交互式通话典型应用场景有以下 3 个。

① 营销外呼：营销人员可通过电话营销快速吸引用户，展示企业形象和介绍产品，提高营销转化率。例如，在金融顾问、房产经纪、汽车销售时，实时内容辅助同屏产品推介，快速让用户产生兴趣，在通话中即时闭环事务，提升转化率。

② 快递外卖：快递、外卖小哥在电话通知用户的同时，可通过单向的视频显

示所在的位置、周边环境及产品的外观、摆放位置等，提高用户的满意度，减少投诉。例如，在报修水电气、家庭宽带等生活服务时，用户可以准确传递现场信息，维修人员可以有效远程协助/指导，提升一通电话问题解决率。

③ 情感沟通：交互式通话可为情感沟通提供更丰富的体验，增加用户的使用率。例如，分享家庭生活和旅游照片、视频，远程指导老人使用手机，远程辅导小孩作业。在通话中增加点赞、评论、发红包的功能，有趣的内容即时分享一起看，丰富互动体验的同时也增加用户的使用率。

3 5G新通话技术实现

为了实现5G新通话的功能，3GPP在R16版本中引入数据通道的概念。基于IMS APN提供专有承载能力，除了建立信令、语音、视频承载网，还可以单独建立5G新通话承载，以保障实时的交互通信业务。5G新通话新增数据通道承载示意如图1所示。

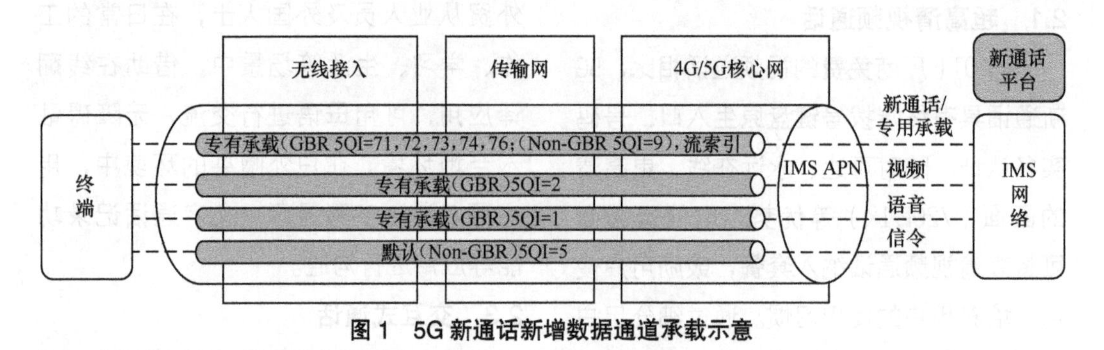

图1 5G新通话新增数据通道承载示意

3.1 终端侧

5G新通话业务要求终端芯片支持数据通道，通话界面中新增支持5G新通话业务的业务呈现及用户交互。现阶段，终端芯片还未普及该功能，可通过在终端上安装第三方App，在通话界面上临时插入交互按钮，以实现交互功能。为了推动终端产业链成熟，早日实现终端原生支持交互界面，建议联合标准组织、电信运营商、监管机构、手机厂商、芯片厂商从以下3个方面推动：一是在标准组织立项，协同推进网络和终端的规范；二是成立产业联盟，推动国家的相关政策落地实施；三是与终端厂商探索合作机制，加快终端生态成熟。

此外，电信运营商还可以考虑通过引入终端分成方式快速促进产业链的成熟。

3.2 网络侧

为了同步实现5G新通话业务，网络侧需要做相应的改造。5G新通话网络架构如图2所示。

为了实现5G新通话的功能，网络侧需要做以下4点改造。

① 电信运营商现网IMS网络需要升级。

② 新建新通话平台。基于通信的基础业务平台，可提供桌面共享、远程标记、实时翻译、智能标注等业务；可对

音/视频、5G 新通话专用媒体通道控制和管理；同时需要管理用户的签约信息。

③ 新通话媒体面网元，提供融合媒体通道、媒体处理、媒体增强等功能。

④ 运营管理平台，实现新通话 AS 服务的统一接入和管理、用户管理、内容的制作和审核、计费管理、业务监控、数据统计和运营支撑等功能。

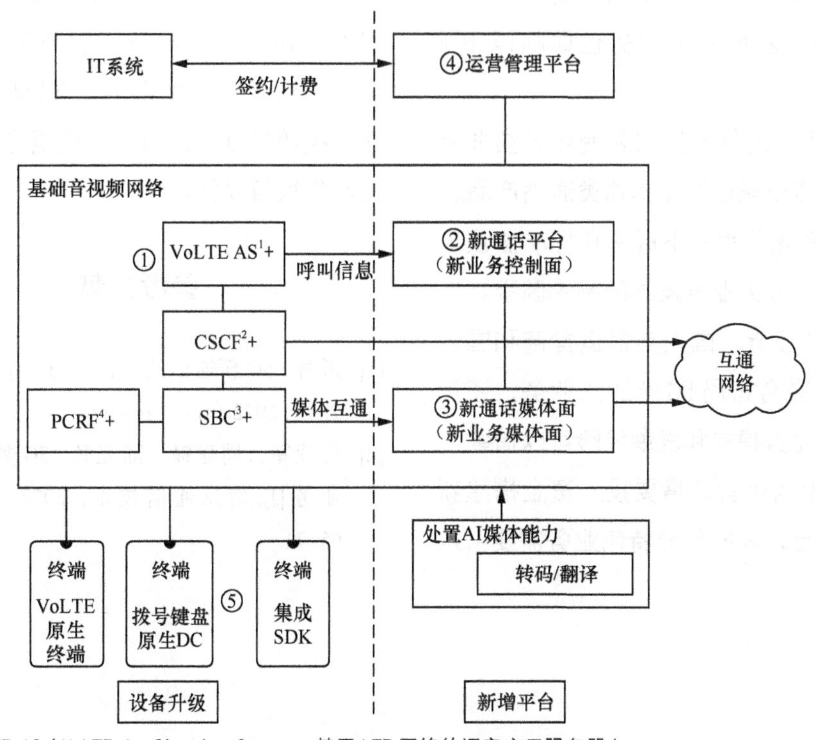

注：1. VoLTE AS（VoLTE Application Server，基于 LTE 网络的语音应用服务器）。
2. CSCF（Call Session Control Function，呼叫会话控制功能）。
3. SBC（Session Border Controller，会话边界控制器）。
4. PCRF（Policy and Charging Rules Function，策略与计费规则功能）。

图 2　5G 新通话网络架构

4　结束语

为了抢占 5G 新通话业务的市场，国内电信运营商联合华为、中兴等设备厂商，率先在业界推出业务体验。

2022 年 4 月 12 日，中国移动举办“5G 新通话，预见新未来”5G 新通话产品发布会，在业界正式推出“5G 新通话产品”，提供 5G VoNR 超清通话、5G 视频客服、AI 语音识别（中英文实时翻译、科技助老）、屏幕共享、远程协作、与虚拟数智人通话等特色功能。

2022 年 4 月 26 日，中国电信、中国联通宣布，基于双方共建共享的 5G 网络，实现互联互通的 5G 新通话超清视频语音通话服务。2022 年 5 月 17 日，中国联通正式发布 5G 新通信产品，基于全球最大的5G共建共享商用网络，在全国125个城市开通5G VoNR服务。

虽然电信运营商已经推出5G新通话体验业务，但是新通话业务能不能成为下一个“杀手锏”，还需要市场的检验。总体来讲，发展此项业务也面临以下4个挑战。

① 用户的体验反馈和使用习惯非常重要，毕竟市场已有微信这类通话产品。

② 终端芯片的不成熟和标准协议未完全冻结，成为业务发展的制约因素。

③ 在业界，国内电信运营商和国内设备厂商联合布局5G新通话业务，还没有成功的业务模式和发展经验可以借鉴。

④ 电信运营商需要投入资金搭建新的通话平台，同时部分特色业务需要引入第三方应用平台，例如，为了实现实时翻译功能，且保障翻译功能的准确性，可以引入语音识别技术强的科大讯飞语音识别平台。

虽然挑战无处不在，但5G新通话的“新”还是会为电信运营商带来新的机会。电信运营商能否借助5G新通话，重新掌控拨号键盘入口，稳住语音基本盘，让我们拭目以待。

参考文献

[1] 孟月. 5G新通话的“新”与“辛”[J]. 服务外包. 2022（6）：66-69.

[2] 杨建军，周建锋，陆光辉. 5G赋能新通话业务[J]. 信息通信技术，2022，16（3）：65-71.

基于随机森林的5G无线通信信号弱覆盖区域识别方法

樊国庆

摘　要：目前，5G无线通信信号弱覆盖区域多采用单层级的识别模型，能够在合理的范围内获取识别结果，但是精准度不高，因此本文提出对基于随机森林的5G无线通信信号弱覆盖区域识别方法的分析与研究：首先，对信号识别的需求和标准进行数据采集与识别环境预处理，设定定向识别节点；其次，综合随机森林技术，构建多层级的信号识别结构；最后，采用多阶信号集成处理实现区域识别。测试结果表明，本方法在实际应用的过程中识别速度快、误差可控、识别范围较大，具有实际的应用价值。

关键词：随机森林；5G无线通信；信号覆盖；区域识别

1　引言

通常情况下，通信信号的接收与设定的识别装置和覆盖区域环境存在直接关联。现阶段，随着我国5G通信技术的发展和普及，明显提升了部分区域的通信效果，为人们的生产与生活提供了极大的便利。但是，由于部分地区较为偏远，存在部分区域5G通信信号识别的效果不佳，尤其是信号弱覆盖区域，加之外部环境的影响，经常会出现信号中断和失联等问题，这影响了弱覆盖区域通信信号的识别效果。

为了提高5G无线通信信号弱覆盖区域识别的效果，提高信号识别的速度，本文研究了一种基于随机森林的5G无线通信信号弱覆盖区域识别方法，并且进行了实验验证分析。该识别方法引入了随机森林技术，结合实际的通信信号识别需求和标准，构建更灵活、更多变的识别结构，并对信号的变动设定相关的识别层级，逐步细化最终的识别结果，为后续关联工作的执行奠定基础。

2　构建随机森林的通信信号弱覆盖区域识别方法

2.1　数据采集与识别环境预处理

为确保通信信号的识别效果，需要对实际的识别需求和标准进行相关数据的采集和信号识别环境的预处理。先定位一个5G无线通信信号弱覆盖区，设定多个采集信号识别波段，构建定向的信号采集周期。设定基础信号识别指标和参数见表 1。

表 1　设定基础信号识别指标和参数

测定指标	初始测定标准值	弱覆盖区测定标准值
识别耗时 /s	1.03	1.01
波段单向识别次数 / 次	12	16
随机识别比	2.07	3.19

在此基础上，在识别区域内部布设信号感应装置，营造稳定、安全的识别环境，同时定期同步更新数值、信息及识别指令，实现对识别环境的预处理，为后续的信号识别工作奠定基础。

2.2　设定定向识别节点

根据上述搭建的基础信号识别环境，综合随机森林技术布设通信定向识别节点。与传统的识别节点布设形式相比，基于随机森林技术节点的关联程度相对更高，阶梯层级的方式也增加了定向识别的灵活性。同时，针对 5G 无线通信信号弱覆盖区域的识别情况，布设对应的识别点位，并测算对应的通信信号的识别点位间距，具体公式如下。

$$G=(m+n)^2\times\alpha n-\frac{\sqrt{m+1}}{2} \quad (1)$$

式中，G 为识别点位间距；m 为预设信号识别范围；n 为信号堆叠范围；α 为定向识别次数。综合上述测定，将计算得出的识别点位间距作为弱覆盖区域的识别点位设定标准。基于此，对 5G 无线通信信号覆盖方向进行各个区域识别节点的关联，逐渐形成网格式的识别结构，进一步强化识别节点的应用能力和效果。

2.3　构建随机森林通信信号识别模型

利用上述设定的识别节点进行信号采集，再利用 5G 无线通信的覆盖程序，综合随机森林技术构建动态化的识别模型。随机森林通信信号识别模型原理结构示意如图 1 所示。

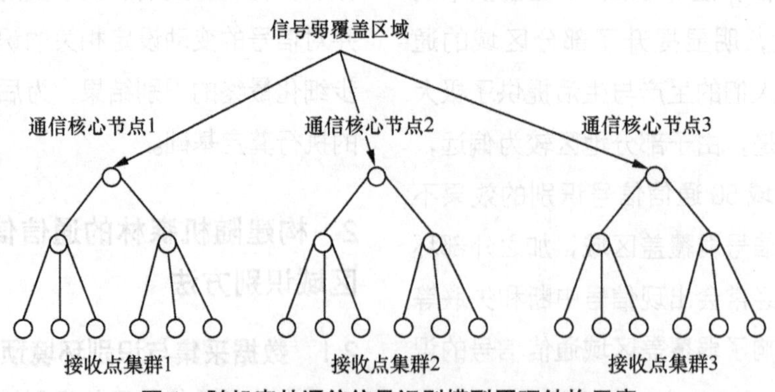

图 1　随机森林通信信号识别模型原理结构示意

由图 1 可知，本研究完成对随机森林通信信号识别模型原理结构的设定和关联。在此基础上，将设定的信号识别节点结构与模型结构关联，适当识别转换比为

1.2，对得出的识别结果进行修正处理，避免出现较大的识别偏差，为此形成随机森林定向信号识别体系，以获取基础性识别结果。

2.4 多阶信号集成处理实现区域识别

利用构建的随机森林信号识别模型，采用多阶信号集成处理方法实现区域识别。将5G无线通信信号弱覆盖区域划定为多个波段，将通信信号的依据特征和用途划定为对应的识别等级，利用多阶集成的处理程序，综合设计识别层级。

利用随机森林技术将识别结果进行筛选和随机处理，最大限度地降低存在的识别偏差。在随机森林的识别结构下，强化模型的识别定位能力，降低识别集成误差，可以进一步确保信号识别结果的精准性和可靠性。

3 方法测试

本研究主要是对5G无线通信信号弱覆盖区域随机森林识别方法的实际应用效果进行分析与验证，选定A区域作为测试的目标对象。

3.1 测试准备

利用随机森林技术搭建基础性信号识别测试环境。将5G无线通信信号弱覆盖区域划定为4个测试区段，每一个区段均需要设定对应的识别检测节点，形成具有关联性的日常检测网。

在此基础上，接收点与关联性的日常检测网之间需要建立信号覆盖传输通道和区域，根据上述获取的数据和信息计算识别单元距离，计算公式如下。

$$Q = h^2 - \sum_{x=1}\left(0.5t + y^2\right) \times \vartheta \qquad (2)$$

式中，Q为识别单元距离；h为信号覆盖区域；t为随机识别偏差；y为检测定向定位；ϑ为节点间距。根据上述测定，将最终得出的识别单元距离设定为模型的识别标准，综合设定节点完成测试环境的搭建。

3.2 测试过程和结果分析

在搭建的测试环境中，利用随机森林技术测定5G无线通信信号弱覆盖区域识别方法。先在测定区域内部设置5个识别区段，并设定对应的信号识别接收点，分别对5个识别区段进行编号，对应的编号分别为1、2、3、4、5。综合随机森林技术设定3个测试周期，每一个周期为3h，并计算误识率，计算公式如下。

$$A = \left(\int u\mathrm{d}u - \frac{1}{R + 0.2J} \times \varphi\right)^2 - uR \qquad (3)$$

式中，A为误识率；u为基础识别范围；R为信号覆盖弱区域；J为堆叠点位；φ为定向识别偏差。综合上述测定，不同方法的误识率对比分析见表2。

表2　不同方法的误识率对比分析

测定识别周期	基于脉冲噪声环境的误识率	基于通信信号识别的误识率	本文研究方法的误识率
周期1	25.61%	28.71%	12.02%
周期2	20.63%	25.66%	14.82%
周期3	22.74%	21.64%	11.73%

由表 2 可知，用本文研究方法得出的误识率相对较低，表明在实际应用中识别速度快、误差可控、识别范围较大，具有应用价值。

为了进一步验证设计的基于随机森林的 5G 无线通信信号弱覆盖区域识别方法的性能，以通信信号弱覆盖区域识别时间为测试指标，该指标值可以直接通过计算机自带软件统计，识别时间越短，则表明识别方法的识别速度越快，即识别效率较高。不同方法的识别时间对比见表 3。

表 3　不同方法的识别时间对比

识别区段	基于脉冲噪声环境的识别时间 /s	基于通信信号识别的识别时间 /s	本文研究方法的识别时间 /s
1	2.31	1.45	0.92
2	2.52	1.39	0.93
3	2.47	1.50	0.95
4	2.63	1.55	0.90
5	2.45	1.42	0.91

根据表 3 的不同方法的识别时间数据可以看出，本文研究方法的识别时间最低，识别时间整体低于 1.0s，最高识别时间仅为 0.95s，验证了本文研究方法有效降低了 5G 无线通信信号弱覆盖区域识别时间，具备更高的应用价值。

4 结束语

本文分析和验证了基于随机森林的 5G 无线通信信号弱覆盖区域识别方法。与传统识别方法相比，本文研究方法更加灵活与多元化，在复杂的通信信号弱覆盖环境下，可以精准识别定位，减小信号调制失误的概率。另外，综合非协作信号与 5G 无线通信信号的关联，它可以扩大对应的识别范围，优化整体的信号识别结构，推动我国通信行业和相关技术的创新、升级，具有重大的实用意义。

参考文献

[1] 严宇平，洪雨天，陈守明，等. 基于参数估计的配电网载波通信异常信号识别方法 [J]. 电测与仪表，2022，59（10）：123-129.

[2] 陈宣，李怡昊，陈金立. 基于知识图谱和 Softmax 回归的干扰信号识别方法 [J]. 中国电子科学研究院学报，2021，16（9）：856-861.

[3] 王彬，王海旺，李勇斌. 脉冲噪声环境下的水声通信信号调制识别方法 [J]. 信号处理，2020，36（12）：2107-2115.

[4] 仇梓鑫，赵知劲，占锦敏. 基于特征提取的通信信号识别算法 [J]. 杭州电子科技大学学报（自然科学版），2020，40（3）：1-6.

[5] 彭岑昕，程伟，李晓柏，等. 一种基于 STFT-BiLSTM 的通信信号调制方式识别方法 [J]. 空军预警学院学报，2020，34（1）：39-45.

6G 网络物理层技术与安全性分析

刘超凡　李　新

摘　要：本文从技术内容、应用方式、安全性等方面详细介绍了两个最可能应用到 6G 网络物理层的新技术——无蜂窝大规模多输入多输出技术和智能反射面，以及分析了 6G 物理层可能受到的攻击方式，从空间域、频域和时域 3 个方面，列举了可用于 6G 网络物理层相关的安全技术，分析且比较了这些技术。

关键词：6G；物理层；无蜂窝大规模多输入多输出；智能反射面；安全性

1　引言

ITU-T 发布的《FG NET-2030 网络构架》为未来 6G 网络的建设提供了诸多指导思想。6G 需要一个安全网络架构，向云和边缘发展原生基础的趋势有望在 6G 网络中继续存在。6G 网络虽然利用 AI 及机器学习制造出看似更安全的系统，但也更容易受到攻击者的攻击——攻击者可能会通过窃听、物理访问等手段注入恶意数据来误导 AI 模型做出错误决策，降低网络的吞吐量或增加时延，使用户终端出现广泛中断的现象，最终导致系统网络的崩溃。

4G 和 5G 的研究重点是吞吐量、可靠性、时延和服务用户数量等核心网络的指标，较少关注安全、保密和隐私等问题。目前的 5G 网络仍然使用基于 RSA 公钥密码系统的传统加密算法来保障传输安全性和保密性。网络复杂程度将会明显提升，尤其是随着智能终端的普及，一些不良信息将越来越普遍，如果仅仅依靠诸如 RSA 公钥密码系统等加密解密、信任管理、认证技术来解决信息安全威胁是远远不够的。

物理层安全性也越来越重要。物理层位于移动通信的底层，主要负责选频、生成载波频率、检测和调制信号，以及接收来自空中的无线信号接口并将解调后的数据流传输到上层，其是在无线信道上实现可靠和高速数据传输的关键，是实现未来 6G 网络安全的基础与关键。为了实现比 5G 更丰富的应用场景并保证可靠的安全性，6G 在物理层技术上需要有新的突破。目前，大量的研究人员已经着手 6G 网络中物理层技术及其安全性的研究，其中，最受研究界关注的两个物理层技术是无蜂窝大规模多输入多输出（Multiple-

Input Multiple-Output，MIMO）和智能反射面（Intelligent Reflecting Surface，IRS）。

2 6G 网络物理层技术分析

2.1 无蜂窝大规模 MIMO 技术

（1）无蜂窝大规模 MIMO 技术

众所周知，用户设备（User Equipment，UE）在小区中心和在小区边缘之间性能的巨大差异是传统蜂窝网络的主要缺点。以基站为中心的传统大规模多输入多输出（mMIMO）基站为了覆盖远端的大量用户，电信运营商通常将笨重且昂贵的 mMIMO 基站安装于高处（例如，建筑物顶部），向周围用户辐射。因此，不同用户之间的接收信号强度存在很大差异。

而无蜂窝大规模 MIMO（Cell-Free massive MIMO，CF-mMIMO）是一种无线网络部署架构的新形式，被认为是传统多蜂窝 mMIMO 系统在未来 6G 网络物理层的演进。CF-mMIMO 系统主要采用以用户为中心的思想，即无论 UE 在网络中位于什么位置，都能实现 UE 性能一致的无缝切换。

在 CF-mMIMO 系统中，天线不是以集中的方式分布而是分布在网络内的不同位置中，大量分布式无线访问接入点（Access Point，AP）使用相同的时频资源为多个移动台（Mobile Station，MS）提供服务。每个 AP 配备的天线很少，这些 AP 都通过电缆连接到一个中央处理器（Central Processing Unit，CPU）并使用时分双工（Time-Division Duplexing，TDD）协议通过回程网络进行协作，以便导频信号在上行链路和下行链路信道上传输，用于执行必要的基带信号处理操作。CF-mMIMO 系统的基本构架示意如图 1 所示。

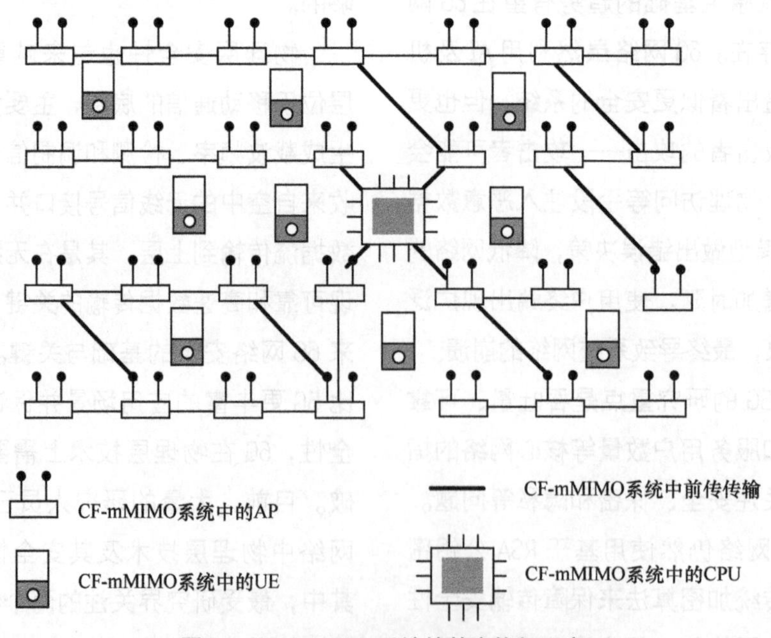

图 1 CF-mMIMO 系统的基本构架示意

在 CF-mMIMO 系统中，天线分布在大量 AP 上，每个 UE 周围一定会存在许多个距离较近的 AP，用户能够与多个 AP 实现性能令人满意的通信接入。由于天线被安装在空间分离的 AP 上，因此 CF-mMIMO 系统可以实现大规模衰落分集来提高系统的性能。采用 CF-mMIMO 架构并不意味着会提高宽带应用中的峰值速率，但其性能已优于传统的小型蜂窝和 mMIMO。

当 UE 试图接入传统 mMIMO 系统中的一个小区时，UE 通常会根据接收到的所测量的同步信号选择信号最强的小区，并且会受到来自相邻小区的干扰。相反，在 CF-mMIMO 系统中，UE 试图接入无小区网络，所有相邻的 AP 都支持 UE 接入网络。为此，研究人员也必须重新定义传统的小区识别程序，包括同步信号和系统信息的广播方式。类似地，需要一种适用于无小区网络的新随机接入机制，使随机接入过程中的一些消息可以在多个 AP 上传输和处理。

同时，CF-mMIMO 系统能够确保用户与用户之间接入网络的公平性。与传统 mMIMO 类似，CF-mMIMO 系统的性能会受到缺乏足够多的正交导频序列的严重影响，这阻止了在没有干扰的情况下获取信道状态信息（Channel State Information，CSI）的可能性。因此，使用正确设计的导频分配算法对于确保高负载网络中的良好性能是至关重要的，这也是未来研究人员需要突破的一个难点。

（2）CF-mMIMO 系统应用方法——无线电条带

未来，6G CF-mMIMO 系统的具体应用方式可以利用无线电条带技术实现。无线电条带是由爱立信于 2019 年移动世界大会上展示的新技术。这是一种类似带状的有源超大规模阵列，由电源、电缆和天线构成，形状如同带状。简单来说，就是制造出小且灵活的天线并集成到透薄的胶带中，构成无线电条带。随着工作频率的逐渐升高，无线电条带中的天线阵列可以设计得非常小，发射功率也可以降到很低，例如，载波频率在 5.2GHz 的频段，天线的尺寸仅有 2.8cm。无线电条带具有功耗低、易于安装、成本低的诸多优点，可以轻松地安装在体育场馆、地铁车站等场所。

无线电条带构成多天线接入，在无线电条带中，一个天线单元及其 APU（天线 + CPU）就是一个 CF-mMIMO 系统中的 AP。无线电条带内部集成了功率放大器、移相器、滤波器、调制器，以及 A/D（模拟 / 数字）和 D/A（数字 / 模拟）转换器等，无线电条带上的各个 AP 可以实现相干协作，因而无线电条带可以构成分布式 MIMO 系统，尤其适合无小区接入，完美切合 CF-mMIMO 系统的特性。可应用于 CF-mMIMO 系统的无线电条带示意如图 2 所示。

（3）CF-mMIMO 系统安全分析

CF-mMIMO 系统最大的安全问题是系统内采用的无线电条带等设备始终被安装在明显且暴露的物理位置，破坏体积较小的无线电条带要比破坏体积更大的传统

mMIMO基站更容易。本地主动攻击者可能会以物理访问的方式攻击基站并干扰内部参数。此外，由于无线电条带的尺寸小，使用复杂的加密方法来提供无线电条带和中央基带处理单元之间的数据机密性也是不太可能实现的。

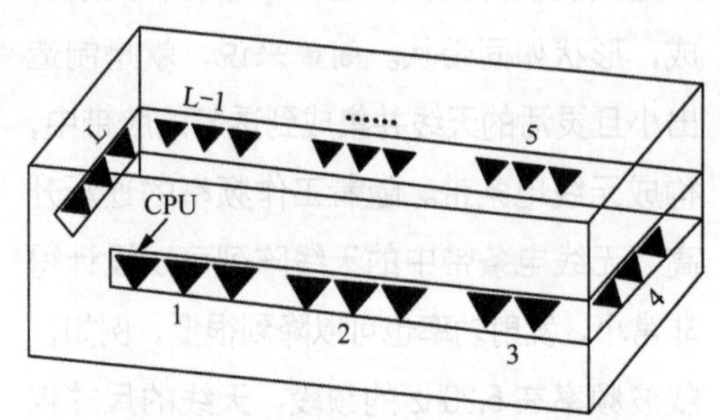

图2　可应用于CF-mMIMO系统的无线电条带示意

2.2　智能反射面

（1）IRS技术简介

为了提高无线网络的性能，研究人员在6G网络中提出了一个信道环境可控的智能信息网络概念，其中IRS是解决阻塞问题并实现毫米波和太赫兹网络不间断无线连接且可能应用在6G物理层的关键技术。通常，IRS是一种平面天线阵列，由大量低成本的无源反射元件组成，其中每个元件都可以在不消耗发射功率的情况下，实时智能地重新配置入射信号的幅度、相位、频率和极化，然后反射指定的合法用户的接收器，以增强信号并抑制干扰。6G IRS通信网络基础模型示意如图3所示。

（2）IRS的优势

① 近无源。IRS由大量低成本的无源反射元件组成，仅用于反射信号，不需要传输信号。因此，IRS几乎是被动的，并且在理想情况下不需要任何专用能源。

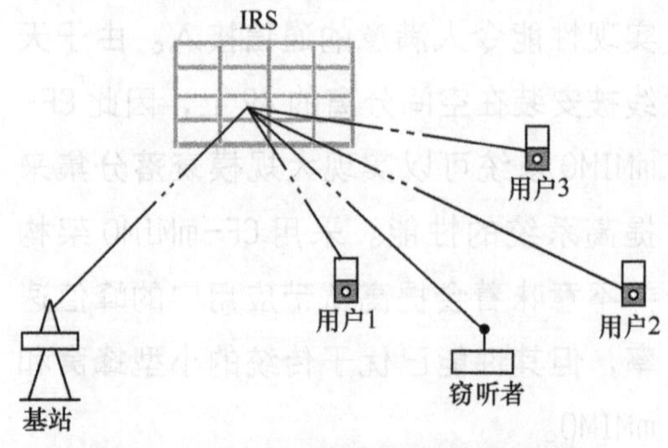

图3　6G IRS通信网络基础模型示意

② 可编程控制。IRS可以通过程序控制无线电波的散射、反射和折射，从而克服自然无线传播的负面影响。因此，IRS辅助的无线通信可以智能控制入射信号的波前，例如，相位、幅度、频率甚至极化，而不需要复杂的解码、编码和射频处理操作。

③ 兼容性好。IRS只需要改变网络协议即可融入现有的通信网络，不需要改变硬件设施和软件。同时，IRS具有全频段响应，可以在任何频率工作。

④ 易于部署。IRS具有体积小、重量轻、易安装和易拆卸的优势。因此，IRS可以轻松部署在建筑物的外墙、广告牌、工厂和室内空间的天花板等地方。IRS凭借其部署和重新配置的灵活性、低实施成本和低功耗，有望提高6G无线网络的传输性能，可以视作在6G网络中实现物理层技术智能化的一项潜力技术。与传统网络性能相比，基于IRS的无线网络性能提升见表1。

表1　基于IRS的无线网络性能提升

表现	基于IRS的无线网络
传输速率	可达到传统无线网络的1.9倍
时延	比传统无线网络低20%
能量效率	可达到传统无线网络的3倍
频谱效率	比传统无线网络高40%

与其他类似的技术相比，IRS技术体现出来的各项优势也与众不同，基于IRS的无线网络与其他相关技术的比较见表2。

表2　基于IRS的无线网络与其他相关技术的比较

技术类型	半/全双工	功率预算	噪声	兼容性	干扰	硬件复杂程度	能量消耗
IRS	全双工	被动式低能耗	无噪声	非常高	非常低	非常低	低
放大转发中继	半/全双工	主动式高能耗	加性噪声	低	高	高	高
解码转码中继	半/全双工	主动式高能耗	加性噪声	低	高	高	高
反向散射通信技术	全双工	主动式超低能耗	加性噪声	低	高	低	非常高

（3）IRS安全性分析

在IRS系统中，可以利用波束成形和人工噪声插入干扰等技术维护6G物理层通信的安全。然而，当合法用户和窃听者的链接高度相关时，使用这些技术实现的保密概率也是有限的。在这种情况下，IRS可以用于建设性地向用户添加波束成形信号，同时破坏性地向窃听者添加干扰波束以防窃听。由于信号在非视线路径中传播，窃听者很难检测到信号的入射角。然而，控制IRS相位的IRS控制器可能会被主动攻击者破坏，而将信号波束聚焦到非预期用户，从而引起网络混乱，导致数据流失。如果IRS的位置暴露，被动攻击者也可以将自己定位在IRS附近以利用相关信道窃听。这也是采用IRS作为6G网络物理层技术的最大安全隐患。

3　6G网络物理层安全技术分析

要想提高6G网络的安全性、保密性和隐私性，首先需要通过技术手段来保证6G网络物理层的安全。无线网络的物理层位于网络的底层，主要负责选频、载波频率生成、信号检测和调制，接收来自空中的无线信号接口并将解调后的数据流传输到上层。

从物理层的传输特性可以知道，攻击者对物理层的攻击类型主要包括干扰、窃听和流量分析。目前，研究人员主要从空间域、频域和时域角度出发研究6G网络物理层安全技术。

3.1　空间域技术

空间域技术包括定向天线、波束成形和人工噪声技术等。定向天线技术在一个或多个特定方向上具有较高的发射功率，具有传输距离远、覆盖范围广的特点。当接收到信号时，定向天线使主波束与有用信息的方向对齐，并使其他波束与干扰信号对齐。定向天线可以减少或消除干扰信号，避免或降低干扰，达到抗干扰的目的。

随机参数和随机天线技术则基于波束成形的原理。这种技术利用发射天线阵列的冗余来有意地随机化信号。信道参数与默认随机系数的乘积为固定值，不影响解调。这种随机阵列传输方案通过证明窃听者盲解卷积的不确定性来保证无线传输具有固有的低拦截概率。

人工噪声技术是指发射机利用一些可用功率来产生人工噪声，将有用的信号和人工噪声同时传到接收机，接收机可以利用串行干扰消除技术去除干扰信息，目前可用的人工噪声技术有非正交多址技术。

3.2 频域技术

频域技术（尤其是扩频技术）是应用较多的物理层防御技术。它通常利用载频的宽广范围和可变性来减少或避免载频频带的干扰。扩频原理是用伪随机序列调制发射信号，并在接收端用相同的序列解调信号，得到原始信号。

根据扩展窄带信号的方法，扩频可分为以下几类：跳频扩频（Frequency-Hopping Spread Spectrum，FHSS）、直接序列扩展频谱（Direct Sequence Spread Spectrum，DSSS）、跳时扩频（Time Hopping Spread Spectrum，THSS）、啁啾扩频（Chirp Spread Spectrum，CSS）等。在这些技术中，FHSS和DSSS比其他扩频技术具有更好的抗干扰性能。

3.3 时域技术

时域技术主要包含信道编码技术，这种技术已普遍应用到无线通信网络，通过增加冗余的方式提升了通信的可靠性，具有非常强的纠错能力，并且技术复杂度并不高，仍可以在未来的6G网络中普遍应用。

3.4 小结

定向传输技术（波束成形和定向天线）只能在一定程度上增强窃听攻击的弹性，而不能有效消除窃听攻击的威胁。但是，随着天线技术的发展，防御性能可以逐步提高。

随机参数、随机天线和FHSS可以通过加权系数、信道参数和载波频率的随机化，使窃听者不能有效地解调正确的信息。这些安全技术具有很强的抗窃听能力。

添加人工噪声可以增加信道的多样性，使窃听信道的质量远低于合法信道的质量，从而影响窃听者的信息解调。这种安全技术更加灵活，实用性较强。

采用这些全新的物理层技术及相关的安全保护技术势必会给6G网络的性能及安全性带来质的飞跃，但也会在具体的实际应用上面临诸多困难。如何进一步节省成本，设计出更切实际的应用方案仍是研究人员需要解决的难题。

参考文献

[1] FG-NET-2030.Network 2030 A Blueprint of Technology, Applications and Market Drivers Towards the Year 2030 and Beyond [R]. 2019.

[2] FG-NET-2030.Technical Specification on Network 2030 Architecture Framework[R].2020.

[3] Dang S P, Amin O, Shihada B, et al.What Should 6G

Be?[J].Nature Electronics, 2020(3): 20–29.

[4] Ylianttila M, Kantola R, Gurtov A, et al.6G WHITE PAPER: RESEARCH CHALLENGES FOR TRUST, SECURITY AND PRIVACY[R]. 2020.

[5] 王东明 . 面向 6G 的无蜂窝大规模 MIMO 无线传输技术 [J]. 移动通信，2021，45（4）：10–15.

[6] Zhang Y, Zhou M, Qiao X, et al.On the Performance of Cell-Free Massive MIMO With Low-Resolution ADCs[J]. IEEE Access, 2019(7): 117968–117977.

[7] Buzzi S, Anarea C, Fresia M, et al.Pilot Assignment in Cell-Free Massive MIMO based on the Hungarian Algorithm[J].IEEE wireless communications letters, 2021(10):34–37.

[8] Shaik Z H, Bjrnson E, Larsson E G. Cell-Free Massive MIMO With Radio Stripes and Sequential Uplink Processing [J].2020 IEEE International Conference on Communications Workshops, 2020.

[9] Zhao J.A Survey of Intelligent Reflecting Surfaces (IRSs): Towards 6G Wireless Communication Networks[J]. Computer Science. 2019(7): 10–17.

[10] Long W X, Chen R, Moretti M, et al.A Promising Technology for 6G Wireless Networks: Intelligent Reflecting Surface[J].Journal of Communications and Information Networks, 2021(6): 1–16.

[11] Fang W D, Li F R, SUN Y Z, et al.Information Security of PHY Layer in Wireless Networks [J]. Hindawi, 2016(10): 30–35.

[12] 韩帅，董增寿，李美玲 . 基于 NOMA 的人工噪声物理层安全性能研究 [J]. 太原科技大学学报，2020，41（5）：352-357.

[13] Matthaious M, Yurduseven O, Ngo H, et al.The Road to 6G: Ten Physical Layer Challenges for Communications Engineers[J].IEEE Communication Magzine, 2020(9): 30–33.

6G网络关键技术分析与研究

刘超凡　李　新

摘　要：本文首先描绘出6G网络可能会实现的四大应用场景，接着详细分析了可以高效支撑这四大应用场景的3项关键技术——人工智能（AI）/机器学习（ML）、区块链和量子通信，最后简要描述了6G网络应用将面临的挑战以及发展策略。

关键词：6G；应用场景；AI；区块链；量子通信

1　引言

随着人们对智能业务的需求不断增加，6G将从单纯追求高传输速率的传统架构，向以万物智能连接为核心的新架构转变。6G有可能将海陆空天通信集成到一个更可靠、更快速并且可以支持超低时延的强大网络中。未来，6G网络需要发挥关键作用，为用户提供新的应用场景：超大移动宽带（ultra Mobile BroadBand，uMBB）、超大规模海量机器通信（ultra Machine Type of Communication，uMTC）、超高精度通信（ultra High Precise Communication，uHPC），以及完全覆盖海陆空天一体化的3D覆盖（3D Coverage，3DC）网络，以此来缓解现有5G网络性能不足的问题。

2　应用场景

与5G的分类一样，有相似需求的6G用例可能被归类为统一的应用场景，6G可以分为以下4类应用场景。

2.1　uMBB

明确主体应用场景下的用例需要比5G的用例更高的数据速率及更大的带宽。由于网络和设备的智能化趋势，6G网络中绝大多数设备都会和AI相结合，设备所需的数据速率可能极高。满足所需数据速率增加的基本策略是确保带宽和提高频谱效率等，在uMBB场景下探索和使用亚太赫兹或太赫兹频率范围是必要的，例如采用极限超大规模天线（extreme-mMIMO）、可重构智能超表面（Reconfigurable Intelligence Surface，RIS）等技术来提高覆盖范围，容量和能量利用率也同样备受关注。

2.2　uMTC

与5G的使用场景相比，uMTC场景下的用例要求每个空间同时连接的数量要多得多。由于6G网络需要满足海陆空天一体化的全方位通信覆盖，网络内智能设备的数量相较于5G网络激增，不同的工业互联网应用和触觉互联网应用将导致网络中存在不同的流量特性。

2.3 uHPC

与5G的使用场景相比，uHPC场景下的用例需要更低的时延、更高的可靠性、更精确的同步或更准确的定位，所以在uHPC场景中，研究人员需要从降低回传和优化定位技术，来进一步开发网络切片、时间敏感网络（Time Sensitive Networking，TSN）和移动边缘计算（Mobile Edge Computing，MEC）等内容。

上述3类场景在6G网络中既可以单独应用，也可以相互结合来应用。

2.4 3DC

3DC是6G网络相较于之前几代网络所独有的应用场景，在此场景下的用例需要集成地面陆地移动和非地面卫星通信，包括水下通信、陆地上的超密集网络（Ultra Dense Network，UDN）、低空无人机、卫星等通信手段，实现海陆空天一体化的通信覆盖。

综上所述，6G的四大应用场景比5G的应用场景有更高的技术指标要求，单靠5G现有技术无法提供有力支撑。下面介绍3项应当着重发展的、可为未来6G网络提供有力支撑的技术，分别是AI/ML技术、区块链和量子通信。

3 6G网络潜力技术分析

3.1 AI/ML技术

4G通信系统没有人工智能的参与，现有的5G通信系统仅支持部分或非常有限的人工智能应用。但是，未来6G通信系统将全面支持AI，实现6G通信系统与AI的全面融合。AI智能是6G自治网络的根本特征，6G网络拥有复杂的空中接口、庞大的网络拓扑结构，终端用户较5G有巨大增长，各类应用场景对数据速率要求极高，6G网络必定需要AI技术提供最佳的解决方案，同时，在6G通信中引入AI技术将简化和改进实时数据的传输，可以提高传输效率并降低通信步骤的处理时延。AI技术可以通过允许动态调整，优化使用网络和计算资源来提高网络性能，AI赋能的6G网络将提供无线电信号的全部潜力，并实现从认知无线电到智能无线电的转变，其网络管理能力也可以将频谱效率比5G提高3～5倍。因此，6G通信系统最关键的引入是AI技术。

（1）解决信道模型缺陷

ML作为AI技术的一个分支，是分析数据、理解传播过程和构造非线性模型的有力工具，可以在6G网络处理模型缺陷问题方面发挥重要的作用。然而，6G网络固有的复杂性阻碍了利用分析表达式分析网络的可能性，这可能是由信道或网络设备中复杂的非线性等原因造成的。ML提供了一种处理非线性模型的有效方法，以及对处理方式提供可行的解决方案。而传统的信道估计器的性能依赖于信道模型，几乎不可能以解释的形式来展示真实的信道，这时基于ML的信道估计器就是一个很好的解决方案，即使是在复杂多变的无线信道环境中，也可以通过训练过程提供很好的性能。但是，使用ML进行信道估计也是存在缺点的，例如，用于ML设备离线学习训练数据的特征往往与真实的信道数据不匹配，这可能导致在实际应用中设备性能有所损耗，如何解决这一问题也是研究人员需要解决的。

（2）处理算法缺陷问题

ML同样可以处理算法缺陷问题，在当前的蜂窝网络中，许多优化算法虽然从理论上分析特征良好，但实施起来不切实际，预计ML可以为实施更高效、更实用的解决方案铺平道路。

（3）提高网络决策能力

ML可以大幅提高RIS和非正交多址接入（Non-Orthogonal Multiple Access，NOMA）这两项技术的上限，RIS和NOMA可能在未来的6G中广泛应用。RIS可以重构电磁波，可以在障碍物阻挡目的地时传递信息。RIS可以与ML集成，让RIS通过配置各种传感器获取环境信息，而ML可以智能学习动态参数，降低基于RIS网络的计算成本。

ML与NOMA技术相结合，可以智能定义基站的控制策略并提高决策能力。基于ML的解决方案可以适应实时场景变化和本地化特征，更加灵活且兼具包容性。

3.2 区块链

区块链是一种分布式账本，可以实现网络内历史事件的追溯和自动化的网络管理。该技术可以在网络中为所有参与个体提供信任、透明、安全和自治的技术支持。

（1）频谱管理与共建共享

6G应用需要大量的频谱、计算能力及其他可用资源和基础设施。由于数据速率与可用带宽成正比，6G的带宽极大，如何利用好带宽资源是电信运营商亟须解决的难题，频谱共享可以很好地解决这一难题。为了最大限度地利用频谱，任何频段的许可频谱所有者和未许可频谱的电信运营商都可以在不同的条件下通过部署在区块链上的智能合约自行协调和合作。

如今，国内各大电信运营商积极落实5G共建共享政策，事实也证明，5G共建共享极大地降低了电信运营商的建造成本，提高了5G建设效率。而未来，6G的建设成本预计高出现有5G的建设成本，利用区块链技术实现6G技术的共建共享成为未来各大电信运营商降低6G建设成本的一种可行方案。

（2）基于区块链的数字服务

区块链中的智能合约技术允许计算机代码在触发特定事件时自动执行。区块链可以自动通过智能合约进行管理，智能合约是存储在区块链上的计算机程序，可用于定义合约义务并启用当满足要求的条件时，在同行之间转移资产。基于区块链技术，电信运营商在网络内可以实现计费、供应链管理和漫游等各种操作的自动化。由于区块链是分布式账本结构，所有数据信息是透明且不易篡改的，这种特性可以防止电信网络中的欺诈流量，从而使电信运营商在网络安全方面节省大量的带宽和资源投入，最终间接增加电信运营商的收入。应用区块链智能合约来验证和清算账单可以使电信行业节省大量的人力、物力和时间，减少烦琐的账单后审计过程。通过这个过程，电信行业可以实现会计和审计过程的自动化。

（3）身份管理应用

一般在移动通信网络中，用户的身份信息是由电信运营商集中管理的，这是一种传统的中心化管理模式。而对于6G网络，由于其支持多种异构网络互联互通，可能存在多个管理实体。首先，每个管理实体需要掌握各自网络内用户的终端信息、系统信息等数据；其次，各管理实体之间需要基于信任凭证来建立信任关系，以实现跨领域协作；最后，在uMTC应用场景中，需求引发配电、频谱等网络资源管理共享、计算资源分配等是主要难点。

区块链可以通过应用智能合约管理电信运营商和用户的关系，为这些领域的6G网络提供解决方案，最终实现跨行业应用。

3.3 量子通信

量子信息技术（Quantum Information Technology，QIT）可以分成量子通信、量子计算、量子传感与度量等，量子力学又为量子通信、量子计算提供理论基础。在未来的6G网络中，量子通信和量子计算相辅相成，彻底改变经典网络处理模式。量子技术可以使AI和区块链技术相融合，形成量子无线人工智能技术（qWAI）和量子区块链技术（qChain）。

（1）量子空间信息网络（qSIN）

6G网络是一个覆盖海陆空天一体的3DC网络，空间通信作为6G网络未来发展的重点，将有数千颗卫星部署在不同的空间轨道上，形成网状的空间信息网络（Space Information Network，SIN）。

采用量子技术赋能SIN所形成的qSIN具有双重优势：一方面，两个卫星节点之间以及卫星节点与地面站之间的量子通信已经得到实践证明，使用免费空间光学作为量子通道已经具备理论性，远程卫星节点的纠缠分布在经过研发人员仔细设计后，量子计算机的强大卫星节点可以为其他卫星节点和地面站提供量子计算服务；另一方面，卫星节点可以作为信任节点或量子中继器帮助和改进量子通信。

（2）量子通信结合无线人工智能（qWAI）

预计6G某些应用场景需要处理大量数据，并且需要短时间内非常强大的计算能力以及优化计算时间的能力，这类场景单凭AI技术中的ML可能很难实现。随着数据量的扩大，ML算法需要大量的计算资源，推理和训练属于计算密集型工作且过程缓慢，所以数据处理需要很长时间。此时，量子计算在解决某些特定问题上的速度优势就能体现出来。

量子计算可以结合ML算法利用量子叠加、量子纠缠等量子物理学的基本概念来执行计算任务，即量子机器学习，可以用于优化6G通信网络。机器学习与量子计算的结合已被视为6G网络的推动者。

在6G AI的应用中还可以使用量子密

码学进行量子安全保护，然后引入新颖且更有效的无线 AI 算法，qWAI 有广阔的应用前景。

（3）量子辅助区块链（qBC）技术

作为 6G 的使能者，区块链技术可应用“去中心化”身份验证、分布式无线资源共享等，但区块链技术也延续了一些潜在的问题，例如恶意节点的安全攻击、共识协议导致的低交易速度、透明性导致的隐私泄露等。这些问题可以通过 QIT 来解决或减轻，称为 qBC 技术。例如，量子通信可以用于提高区块链节点之间的通信安全性；纠缠量子位的不可分离性可以用于模拟块之间的链接关系，纠缠量子位也可以用于设计新的共识协议，而不会引入高通信开销，进而提高交易速度。

4 未来挑战与发展策略

4.1 未来挑战

（1）硬件复杂性

下一代移动通信将融合多种通信设备，其芯片复杂度将大幅上升，6G 通信网络将覆盖 3GHz～60GHz 的大带宽。因此，为了能够与该频带中的任何频率通信，天线、射频滤波器、放大器都必须相应地重新设计，6G 芯片需要多个 RF 和信号处理链，同时还需要考虑节能、功耗等问题，这最终将增加芯片的尺寸与复杂度。

同时，为了应对超低时延需求较大的场景，例如，自动驾驶汽车和医疗/健康应用，需要在非常短的时间内完成数据的通信，要达到只有几毫秒的时延是非常有挑战性的。

（2）安全问题

AI 任务通常会产生繁重的计算负载，并且通常在具有任务定制硬件的服务器上进行设计、训练和使用。考虑到智能物理终端设备的迅速普及，这些网络边缘的设备将设计和使用大量人工智能应用程序。鉴于目前的移动通信网络，用户隐私、数据安全、无线链路容量/时延是基于移动 AI 的应用程序的主要关注点。

在过去的几年中，物联网设备的数量呈指数级增长。这些设备包括个人物联网、医疗保健物联网和工业物联网，它们相互连接形成网状网络，6G 有望推动物联网设备大规模运营。随着物联网设备连接到互联网，大规模分布式拒绝服务（Distributed Denial of Service，DDoS）攻击可能会更加普遍。这种大规模的 DDoS 攻击将成为 6G 物联网系统最大的安全威胁，可能导致网络中的安全、隐私和信任问题。因此，这对于 6G 网络安全同样是一个挑战。

4.2 发展策略

6G 网络的发展在底层上需要高端芯片的支持，为了实现其低时延和超高可靠性，具有高性能处理能力的超低功耗电路和功能强大的超低功耗高端芯片都是至关重要的。芯片生产商应不断发展芯片技术，在功耗、尺寸上突破瓶颈，以满足未来 6G 应用场景的需求。

现有的 AI 产品已经在目前的 5G 网络中初露头角，区块链技术已经具备成熟理论，但量子计算需要进行长期演进方可成为一种相对成熟的6G技术。每个3GPP演进阶段都会根据技术和商业成熟度逐步推出一种或多种解决方案。在每个6G演进阶段，可能会部署一种或多种量子技术，从小范围开始，逐步扩展到大规模普及，例如，量子通信技术可能首先部署在6G核心网，然后逐步扩展到边缘等其他位置，其间需要电信运营商和厂商不断研究和探索。

参考文献

[1] 陈学军. 面向6G的可重构智能表面应用场景研究[J]. 广东通信技术，2022，42（5）：23-27.

[2] 徐樑，蔡宾. 基于5G＋时间敏感网络的工业互联网应用探讨[J]. 广西通信技术，2021（3）：1-5.

[3] 刘超凡，李新，贝斐峰. 建立绿色6G网络的关键因素及挑战[J]. 电信快报，2022（2）：20-24.

[4] 代玥玥，张科，张彦. 区块链赋能6G[J]. 物联网学报，2020，4（1）：111-120.

[5] 魏云良，王超. 区块链技术在4G/5G基站共建共享中的应用[J]. 江苏通信，2022，38（5）：63-66.

[6] 解光军，庄镇泉. 量子神经网络[J]. 计算机科学，2001（7）：1-6.

新一代政企专线承载网络部署策略研究

张国新　魏贤虎　王　凡

摘　要：针对现有OTN专线承载网络中存在的时延性能差、业务开通效率低及网络智能化程度低等问题，本文提出新一代政企专线承载网络组网策略，给出了100Gbit/s、200Gbit/s、分组增强型OTN、OTN集群、ROADM/OXC等传输新技术应用建议，并将相关成果应用在某电信运营商政企专线承载网络的商用部署中。结果表明，新一代政企专线承载网络具有显著的经济效益和社会效益。

关键词：政企专线；光传送网；可重构光分插复用器；光交叉连接

1　引言

早期，电信运营商政企组网型专线主要由同步数字体系（Synchronous Digital Hierarchy，SDH）/多业务传送平台（Multi-Service Transport Platform，MSTP）网络承载，为政企用户提供2Mbit/s～2.5Gbit/s的电路。随着国家“提速降费”政策及用户自身提速的需求，SDH/MSTP网络已经不能很好地满足业务发展的需要。电信运营商自2013年开始逐步引入光传送网（Optical Transport Network，OTN）技术组网，以实现对原有SDH/MSTP专线承载网络的替代。但由于仍然沿用原有的组网模式，存在低时延范围小、网络层级多的问题，且不支持业务天级开通、带宽动态调整和时延视图等能力；同时在新功能开发方面也存在诸多困难，无法很好地满足金融/媒体专网及其他政企精品专线等产品的需求，需要引入传输网新技术组建新一代政企专线承载网络。

2　政企专线需求特性

政企专线业务是各大电信运营商竞争的焦点，不同行业的政企专线业务，在电路颗粒、流量流向、地理分布等方面存在较大差异，对网络时延及可靠性也存在不同的需求。当前，政企高价值专线业务主要包括党政军专线、金融专线和互联网大带宽专线等，它们各有其自身业务特性：党政军专线需要提供高等级保障，电路颗粒主要为100Mbit/s以下；金融专线为高价值用户，需要高度关注网络时延，电路颗粒主要为100Mbit/s以下，主要分布在北京、上海、深圳、武汉、东莞、合肥、佛山等热点金融城市；互联网大带宽专线为高收入用户，主要为大型互联网公司、云服务商，电路体量大、整体收益高，电路颗粒主要为100Gbit/s，集中于互联网公司所在的大中型城市之间，其主要特征体现为无保护需求，但对交付周期有一定的要求，普遍是3个月内。

3 OTN专线承载网络问题分析

早期OTN专线承载网络建设时沿用SDH/MSTP网络组网方式，采用光电分离的解耦合模式，整个系统由独立式OTN电交叉设备和波分复用（Wavelength Division Multiplexing，WDM）传输系统组成。独立式OTN电交叉设备之间通过WDM传输系统提供的10Gbit/s、100Gbit/s波道作为底层组网通道，形成一张网格型网络，所有OTN电交叉设备采用单独的网管进行管理，与传统WDM系统分属不同的管理域。独立式OTN组网示意如图1所示。

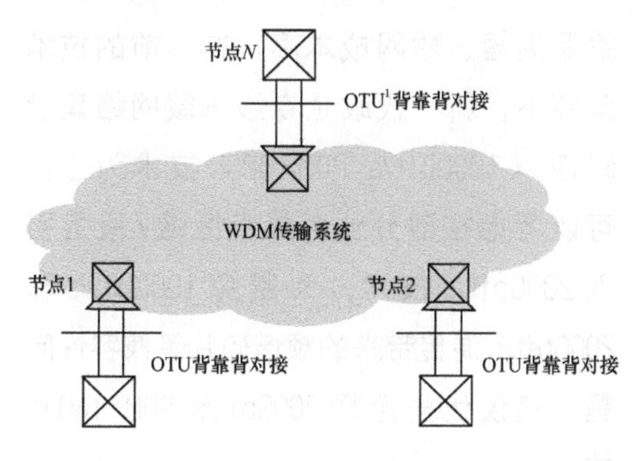

注：1. OTU（Optical Transform Unit，光转换单元）。

图1 独立式OTN组网示意

此类网络主要存在以下4个问题。

① 时延性能差：OTN组织架构受限于WDM传输系统，普遍采用省际+省干+城域三级架构，低时延范围较小。此外，独立式OTN电交叉设备与传输WDM系统之间采用电层OTU背靠背对接，在一定程度上会引入额外时延。

② 业务开通效率低：端到端业务开通需要跨网层跨设备厂商，协同效率低，比较依赖人工操作，无法高效实现。

③ 100Gbit/s互联网业务承载受限：原有OTN专线承载网络主要定位于承载10Gbit/s以下小颗粒业务，网络容量受限于OTN电交叉容量，对于近年来大量出现的100Gbit/s互联网专线业务，无法实现高效统一承载。

④ 网络智能化程度低：原有网络设备及网管功能相对较弱，不具备时延可视、时延选路、用户自服务、带宽按需调整和业务自动发放等能力。

4 新一代政企专线承载网络部署策略

4.1 组网策略

不同行业的专线业务对底层承载网络的需求存在一定的差异，为满足各类专线业务的高效接入及传送，政企专线承载网络建议按照“广覆盖平面+超高速子网+低时延子网”的立体网络架构进行规划设计，为各类专线业务提供差异化的承载能力。

（1）广覆盖平面

政企专线承载网络按照网状结构进行

设计，可以提供丰富的系统路由，并且为业务的灵活调度和保护恢复提供保障。作为政企专线承载网络的物理底座，在规划建设时应充分匹配底层光缆路由，按照多路由、广覆盖的模式进行规划设计，基于网格架构逐段预部署电层资源，可以提供任意节点间小颗粒业务的端到端快速响应。

（2）超高速子网

超高速子网主要定位于百度、阿里巴巴、腾讯和美团等互联网用户的需求承接，为此需要在互联网用户的集中区域组建超高速子网，在波道配置需求较高的热点段落按照“大站快车模式”新增独立光层，其余段落共享广覆盖底座的光层资源。超高速子网结合互联网用户分布和业务预测适度超前部署光层平台，预留光层频点，电层资源按照应急扩容方式建设，以满足互联网用户快速开通的需求。

（3）低时延子网

低时延子网重点服务于金融专线等高价值用户，一般主要围绕重点金融城市构建，基于政企专线网络基础底座，按照最短路由策略配置直达波道，满足金融低时延专线业务的需求。对于追求极致低时延的高价值用户，可以通过优化组网模式进一步降低时延，将骨干和城域光层打通（或骨干直接延伸到用户机房）减少网络层级，减少端到端电路电层处理次数，每减少1个节点可降低时延100～200μs。

4.2 新技术应用策略

（1）100Gbit/s、200Gbit/s技术

100Gbit/s技术主要有四大关键技术，具体为偏振复用（Polarization Division Multiplexing，PDM）、正交相移键控（Quadrature Phase Shift Keying，QPSK）、相干接收和数字信号处理（Digital Signal Processing，DSP）。100Gbit/s技术采用超长距前向纠错编码，传输距离可以达到1500～1600km。目前主流的200Gbit/s技术主要有偏振复用正交振幅调制（Polarization Division Multiplexing－16 Quadrature Amplitude Modulation，PDM-16QAM）和偏振复用正交相移键控（Polarization Division Multiplexing-Quadrature Phase Shift Keying，PDM-QPSK）两种。200Gbit/s PM-16QAM技术采用50GHz通道间隔，和100Gbit/s相比，频谱效率和单纤容量可增加一倍，无线电中继传输距离一般为500～600km等效跨段，和100Gbit/s PDM-QPSK的光层可以完全兼容。200Gbit/s PDM-QPSK采用75GHz通道间隔，和100Gbit/s相比，频谱效率和单纤容量有所提升，无线电中继传输距离一般为1000～1200km。200Gbit/s技术相较于100Gbit/s技术，传输距离短、建网成本高，在当前的技术条件下，新一代政企专线承载网络建设时应以100Gbit/s PDM-QPSK技术为主，可以考虑在部分业务热点区域/段落引入200Gbit/s技术，为避免100Gbit/s和200Gbit/s混传带来的频谱碎片等兼容性问题，建议优先选择200Gbit/s PDM-16QAM技术。

（2）分组增强型OTN技术

分组增强型OTN设备具有光数据单元

（Optical Data Unit，ODU）交叉、分组交换和虚容器（Virtual Container，VC）交叉等处理能力，可以实现对时分复用（Time-Division Multiplexing，TDM）技术和分组业务的统一传送。采用统一线卡能够在同一个波长中统一承载 OTN、SDH 和分组等业务，而且可以自由灵活地为不同的业务分配带宽，同时能够提供多种不同类型和容量的管道以适配多种业务。统一线卡集成了分组、SDH 和 OTN 的处理模块，统一线卡功能如图 2 所示。

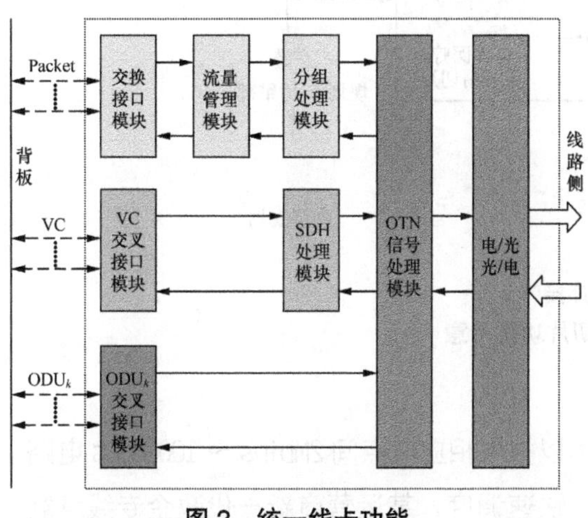

图 2　统一线卡功能

主流电信运营商在网存量小颗粒传输专线主要通过 SDH 网络承载，随着主流设备厂商 SDH 技术的停用，在建设新一代政企专线承载网络时，建议统一采用分组增强型 OTN 技术替代，实现多种颗粒、多种接口类型专线业务的统一承载。

（3）OTN 集群

OTN 集群通过将站点内多个孤立的 OTN 设备相互连接，形成共享资源池，能够在网络结构变革中给电信运营商带来诸多价值：一方面可以减少规划难度，只需要关注支路板和线路板各自的带宽，而且基本做到板卡随意插，同一方向可以放入一个子架，规划简单且易于维护；另一方面可以共享槽位，充分利用业务板卡带宽，节省投资。考虑到机房占用及集群机架间高速电缆的连接成本，在新一代政企专线承载网络建设时，建议业务量大、线路方向多的节点部署优先引入 OTN 集群技术。

（4）ROADM/OXC 技术

可重构光分插复用器（Reconfigurable Optical Add-Drop Multiplexer，ROADM）网络实现了光网络在光层面的自动调度和恢复，但传统 ROADM 网络面临的最大问题是设备间连纤非常复杂，这对网络后期的维护管理提出了极大的挑战。光交叉连接（Optical Cross-Connect，OXC）技术相对于传统 ROADM 技术，在网络扩展性、维护便利性、设备集成度等方面具有较大的优势。在新一代政企专线承载网络建设中存在 100Gbit/s 波道级出租电路承载需求，在网络规划时建议统一引入 ROADM/OXC 技术，以增强网络的扩展能力，提升业务开通效率。考虑到 OXC 技术尚未大规模应用，成本相对较高，建议优先在业务量大、线路方向多的节点部署 OXC，其余节点以 ROADM 技术为主。

（5）OSTN 切片技术

目前，一些重要的政企用户存在强烈的网络自主服务诉求，需要提供专网专维，例如网络质量可视、业务自发放、海外故障定界定位等能力，以此增强用户体验，支撑电信运营商从无差异的管道到有差异化网络服务水平协议（Service Level Agreement，SLA）的业务。光专用传送网络（Optical Special Transport Network，OSTN）技术可以实现基于网元、单板、端口和波长等维度进行网络切片，将一张物理网络逻辑上切分为多张不同的业务网。在建设新一代政企专网时，建议引入OSTN切片技术进行网络资源切片，以满足各类政务、金融、教育和医疗等不同行业用户的差异化管理需求。OSTN切片功能示意如图3所示。

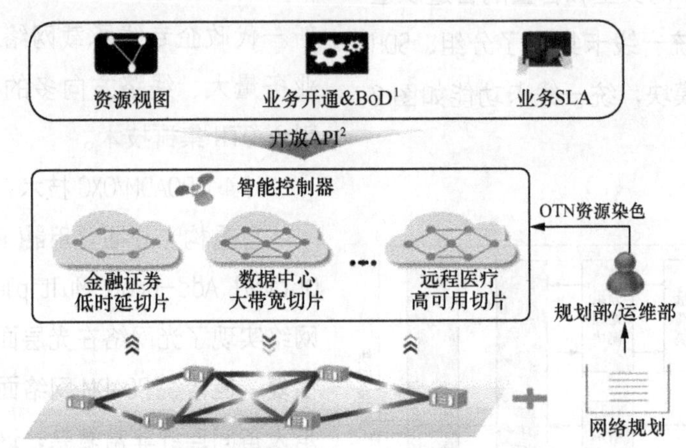

注：1. BoD（Bandwidth on Demand，按需分配带宽）。
2. API（Application Programming Interface，应用程序接口）。

图3 OSTN切片功能示意

5 某电信运营商政企专线网络部署案例

为实现各类专线业务的统一高效承载，面向政企用户，以云/互联网数据中心（Internet Data Center，IDC）为中心构建一张“广覆盖平面＋超高速子网＋低时延子网”的立体网络，实现政企专线的全球一体化融合承载，按需引入200Gbit/s、96/120波、OXC、OTN集群、OSTN等新技术，提升网络容量，提高承载效率。全网采用集成OTN设备组网，按照“广覆盖＋超高速＋低时延”的立体架构进行规划设计，可以提供相应节点间2Mbit/s～100Gbit/s电路快速调度，某运营商新一代政企专线承载网络组网示意如图4所示。

该网络在以下4个方面实现了创新。

①“骨干＋城域”一体化、多层逻辑组网架构创新：采用“骨干＋城域”一体化组网，OTN延伸到城域汇聚层，统一规划建设，统一维护管理。在一体化组网的基础上，采用“广覆盖＋超高速＋低时延”的多层逻辑组网架构，满足不同专线业务对底层承载网络的差异化需求。

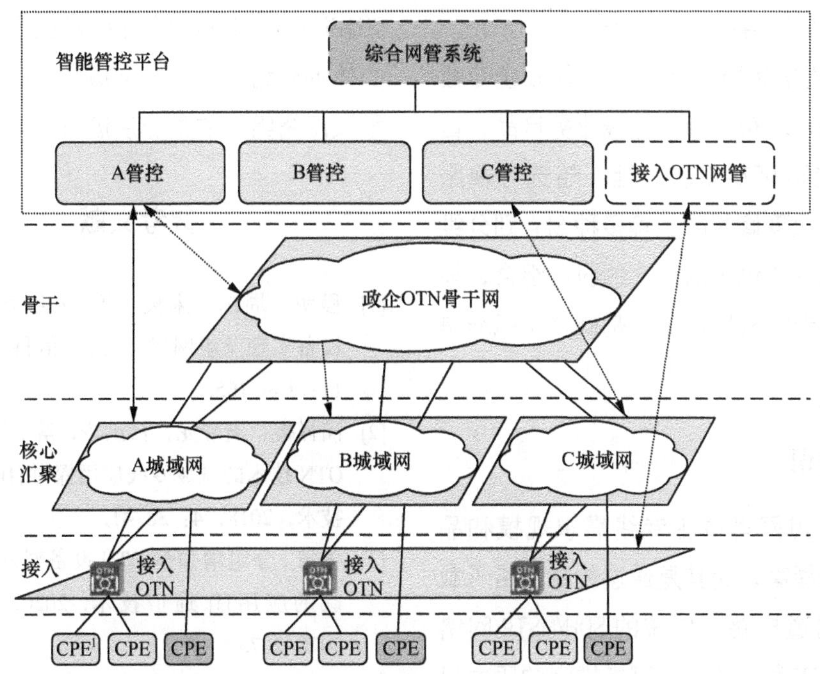

注：1. CPE（Customer Premises Equipment，用户驻地设备）。

图 4　某运营商新一代政企专线承载网络组网示意

② 分组增强型 OTN 技术创新：引领 OTN 多业务承载技术创新，实现对大带宽 OTN 专线业务、分组业务和 SDH VC 业务的统一承载，提升了多业务承载的效率，它所提供的基于以太网或灵活速率光数字单元的调速功能，为向用户提供随选服务奠定了技术基础。

③ 光电层网络协同调度承载方案创新：鉴于已建设网络的光 / 电层分离，缺乏协同性，创新性地提出基于 ROADM/OXC、OTN 集群的光电协同调度方案，综合考虑调度效率、功耗、占地等因素，为不同速率专线业务适配最佳的调度方案，实现统一调度，其规模应用能有效提升资源的使用效率和网络的可扩展性。

④ OSTN 切片技术创新：针对用户网络自主服务和专网专维的需求，创新引入 OSTN 切片技术，差异化地满足数据中心大带宽、金融证券低时延等不同用户的差异化 SLA 需求，提供独立的网络资源视图。

该网络自投产以来，有效提升了某电信运营商政企专线承载网络的性能，带来了较大的经济效益，主要体现在以下两个方面。

① 建设新一代政企专线承载网络时，采用了新的组网模式及组网架构，整体网络时延比原有网络降低了 20% 以上，全国主要城市间实现了 30ms 以内低时延圈，上海—深圳、上海—东莞、上海—郑州、上海—北京、上海—大连等重要金融方向时延指标业内领先，显著提升了该电信运

营商在金融证券行业的竞争力。

② 电信运营商基于新一代政企专线承载网络，发布了精品专线业务产品，首次引入电路可用率、时延、随选可视服务、平均故障修复时长等多种SLA划分维度，为用户提供灵活可选的服务组合，与传统传输专线相比，产品基础资费标准得以提升。

6 结束语

随着组网型政企专线需求规模和品质的不断提高，尤其是通过传输网络承载的刚性管道电路，传统的SDH/MSTP网络在容量、带宽、效率和可靠性上的压力日渐增大。本文结合各类政企组网型专线需求特性，并基于当前传输网新技术发展情况，提出了新一代政企专线承载网络组网和应用策略。可以预见，100Gbit/s、200Gbit/s、分组增强型OTN、OTN集群、ROADM/OXC和OSTN等传输网新技术以及立体的网络架构，将会成为未来政企专线承载网络组网的主流演进方向。

参考文献

[1] 程明，周洲，朱俊，等.分组增强型OTN设备实现及组网研究[J].电信科学，2014，11：159-165.

[2] 满祥锟，支春龙，吕洪涛，等.分组增强型OTN技术的城域专线应用探讨[J].邮电设计技术，2018，4：38-41.

[3] 于涛.分组增强型OTN设备对政企专线承载的应用[J].通信技术，2020，53（8）：2070-2075.

[4] 徐胜军，邓庆林，刘华.基于集群架构的OTN设备管理系统的实现[J].光通信研究，2021，（1）：25-29，78.

[5] 叶胤，袁海涛，江树臻.ROADM和OTN技术在干线传输网络的应用研究［J］.电信技术，2016，11：34-38.

边缘算力架构及应用场景分析

严正侃　卢　磊　杨　康

摘　要：分散“去中心化”的边缘算力可以满足各类用户不断涌现的低时延、大带宽、强安全等方面的特性化需求。本文分析了边缘算力的 4 类应用场景，包括边缘云虚拟云网关、云化网络附接存储、游戏云桌面、家庭安全防护等的实现思路及优势特点，并提出边缘算力的部署建议。

关键词：边缘算力；云计算；边缘云；低时延；大带宽

1　引言

云计算将所有的计算资源，包括服务器、存储、带宽等，通过虚拟化技术集成起来，采用软件实现自动化、统一化管理，实现资源的共享和自动配置，运行于云计算平台上面的应用不需要为烦琐的硬件资源而烦恼。这有利于提高资源利用率，实现应用的快速部署，使应用能够更加专注于自己的业务，有利于创新并降低成本。当前，为了实现这种效果，云计算多采用集中部署方案，因此，算力也相对集中。

随着云计算技术的发展，未来算力分布将呈现“两级化”趋势：一方面，国家规划了八大算力网络国家枢纽节点，充分利用西部的绿色能源和自然环境优势实现“东数西算”；另一方面，随着云虚拟现实、互动直播、智能制造、机器视觉、交互等业务的推广，对时延提出了较高的要求，又将驱动算力走向边缘化。在此趋势下，亚马逊、天翼云、阿里云、华为云、微软云等先后发布了边缘云产品。

电信运营商在边缘算力部署上拥有天然的优势。其拥有数以万计的边缘数据中心，并能为用户提供多种类的快速接入服务，这都是 OTT（非电信运营商的互联网应用提供商）云所不具备的资源优势。在边缘数据中心的基础上打造面向商业/面向个人/面向家庭全方位的综合接入与应用服务的边缘生态，是充分发挥用户千兆接入优势、填充网络带宽、助力业务转型升级的关键，这也将是电信运营商云业务的核心竞争优势，大数据技术/通信技术/信息技术的全方位融合将在边缘生态中实现。

2 边缘算力的特点

按照部署位置的不同，云计算可以分为集中规模部署的中心云和分散“去中心化”的边缘云。集中规模部署的方式，有利于在发挥云计算高可靠性、高可扩展性、按需服务的特点基础上，通过规模效应获取更低的成本优势，这也是当前通用的算力部署模式。与此同时，随着企业、家庭甚至个人对云计算业务接受程度的不断提高，人们已不满足于集中型云资源所带来的灵活算力、便捷部署等优势，也开始不断提出时延、带宽、安全等方面的特性化需求。分散“去中心化”的边缘云，以更贴近用户的方式部署，在边缘侧打通网络、计算、存储、应用等核心能力。边缘算力用更快的服务响应，满足用户在实时业务、应用智能、安全与隐私保护等方面日益增长的需求。

边缘算力的部署，可以为云计算服务带来以下三大价值。

（1）超低时延

边缘算力一般部署在贴近用户数据、业务侧的边缘数据中心，用户可以通过极简的网络，例如城域网、专线、5G用户平面功能等，将数据源与边缘算力直连，缩短数据通路，减少经过网络设备的数量，实现路由直达，避免绕转。且因用户与边缘算力之间的物理位置相近，使内容源最大限度地靠近终端用户，甚至可以让终端直接访问到内容源，从根本上缩短了端到端的业务响应时延。

（2）超大带宽

根据研究，未来将有70%的互联网内容可以通过类似于内容分发网络（Content Delivery Network，CDN）的方式在靠近用户的城域网范围内终结。基于边缘算力部署方案，可以将用户私有的相关内容存储到用户端的边缘数据中心，流量可以在本地卸载，节省了用户和数据中心算力之间的互联网传输资源，进而为电信运营商节省了70%的网络建设投资。

（3）强安全

随着互联网的飞速发展，用户对网络信息安全的要求与日俱增。将用户私密数据存储在边缘算力上，可以大幅降低数据泄露的风险。同时采用分布式边缘算力存储数据的方式，可将元数据分散，在物理层面规避了大规模数据泄露的风险。

3 边缘算力基础架构

边缘算力的部署类似于中心算力的部署，本质上依然可以划分为两层：一是基础设施层，即基础设施即服务（Infrastructure as a Service，IaaS）层，囊括了计算、存储、网络硬件，还包含虚拟化组件、安全设施组件，能为用户提供所需的算力基础设施；二是应用服务层，即为用户直接提供服务的平台、应用部署，还为终端用户提供定制化的边缘算力服务。

边缘算力须在同一架构的边缘云资源池上综合承载，采用标准化适配，以适应快速推广和部署，云资源还可在不同的应用间灵活调度，并实现动态扩缩容。建议资源配置如下。

（1）IaaS 层资源配置

① 计算虚拟化：专用、通用、加速硬件及虚拟机、裸金属、容器等计算虚拟化。

② 存储虚拟化：块存储、对象存储等存储设备及存储虚拟机化。

③ 网络虚拟化：数据中心网关、叶脊网络等网络设备，以及物理网卡虚拟化技术（例如，SR-IOV 技术，即 Single-Root I/O Virtualization，单根 I/O 虚拟化）、DPDK（数据平面开发套件）、虚拟交换（Open VSwtich，OVS）等网络虚拟化功能。

④ 基础设施管理：包含虚拟资源和物理资源管理，可以统一管理和调度。

（2）平台即服务（Platform as a Service，PaaS）层配置

① 通用 PaaS：针对第三方应用通过欧洲电信标准化协会标准接口提供 NET、域名系统（Domain Name System，DNS）、负载均衡（Load Balance，LB）等通用 PaaS 能力。

② 增强 PaaS：根据市场行业需求开发解决用户问题的 PaaS 能力，例如，原生定位、上行压缩等能力。

③ 行业 PaaS：其他企业针对特殊行业提供的 PaaS 平台。

（3）软件即服务（Software as a Service，SaaS）层配置

① 面向个人应用的 App：云游戏、高清视频等应用。

② 面向商业应用的 App：视频监控、工业视觉、云办公等应用。

③ 面向家庭应用的 App：Cloud VR、家庭监控、家庭影音等应用。

边缘算力典型架构示意如图 1 所示。

边缘算力的边缘云部署架构与传统云资源池架构类似，资源池内部采用计算、存储、管理三平面分离架构。资源池内计算、GPU（图形处理器）、存储等硬件通过各平面接入交换机进行连通，最终通过核心交换机或路由器，作为统一出口与外部网络或云资源池对接。同时，资源池可以按需配置相关网络管理、防火墙、负载均衡、IPS（入侵防御系统）等设备，便于对边缘云资源池进行管理和安全防护。

边缘算力在边缘云资源池上通过资源池内部网络进行灵活调度，业务通过外部网络或其他云资源池接入，实现算力输出和算力调度。

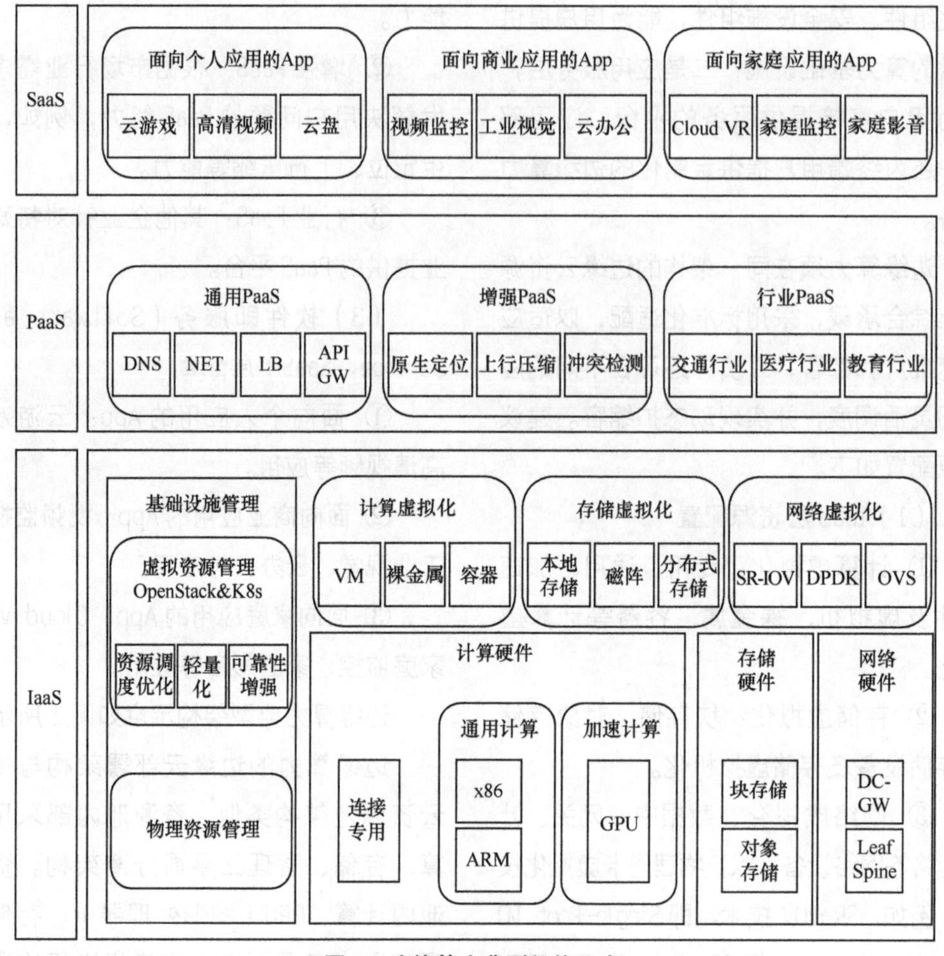

图1 边缘算力典型架构示意

4 边缘算力应用场景分析

4.1 边缘云虚拟云网关场景

虚拟用户驻地设备（virtual Customer Premises Equipment，vCPE）即为家庭原有光猫功能云化部署在边缘云侧，通过虚拟扩展局域网（Virtual extensible Local Area Network，VxLAN）技术或IPv6段路由技术将用户家庭网络和vCPE二层打通，家庭局域网延伸到边缘云内，做到用户先入云、后上网。用户可自行服务，查看终端信息，进行设备配置等。

vCPE的实质是构建以边为基础的云边协同服务体系，通过对接入宽带的重构，在用户和互联网之间创造出一个新空间，并向用户/生态合作伙伴提供差异化的云网融合服务。

采用vCPE的接入方案，对于边缘算力有以下意义。

① 接入云化——接入直入边缘云，在边缘云内实施互联网访问分流，从而

实现传统宽带和边缘云宽带服务的自然解耦，互联网接入成为云宽带服务的一部分。

② 先云后网——边缘云与用户内网直连，边缘内叠加应用注入全新价值元素，与基于互联网接入构建的应用形成差异化优势。

③ 以应用为核心——从边缘云内应用为核心，组织用户价值供给，接入成为应用内含元素，由应用灵活定义，与云资源一体化供应。

④ 重塑生态——云云互通合作生态，围绕边缘云内应用群，重构云宽带用户生态，与互联网应用的合作由“简单的接入+应用”提升为“应用+应用”，提升生态合作的层次。

⑤ 宽带随行——实现边缘固网，接入多接入边缘计算（Multi-access Edge Computing，MEC），借助移动通信网络，实现宽带可携行，保证宽带与移动环境体验一致。

vCPE 可以实现内网设备云化替代，利用边缘云拉通用户内网，实现用户内网设备云化替代，例如，可实现云网络附接存储（Network Attached Storage，NAS）等应用。vCPE 可以赋能视频服务，围绕接入加边缘处理能力，基于云边协同挖掘视频类服务机会，例如，软件定义摄像机、云监控可以与边缘算力更紧密结合。vCPE 可以实现云边两级开放体系，提供云边两级开放，即边缘应用/业务开放两级开放合作模型，提供面向不同用户群、不同场景化的全方位应用生态。

vCPE 可以让终端用户与边缘算力之间实现二层互通，为扩大边缘算力适用范围、拓展边缘算力应用范畴提供了前提条件，是解决用户终端获取边缘算力的一种有效手段。

4.2 云化网络附接存储场景

传统 NAS 简单来说就是连接在网络上具备资料存储功能的装置，因此也称为“网络存储器”。随着家用智能设备的增多，各类终端的数据存储需求也在不断增加，在云盘、网盘等业务飞速发展的同时，因为私密、安全、性能、价格等各种原因，一部分家庭用户考虑部署私人 NAS 为自己的各种网络终端提供统一的数据存储空间。传统云盘服务与传统 NAS 相比，各有其鲜明的特点，传统云盘在使用便捷性、产品定价上较为领先，而传统 NAS 在私密安全性、访问速度等方面更具优势。

在此基础上，作为边缘算力的组成部分，结合了云盘和 NAS 二者优点的云 NAS 场景，可能成为终端用户的更优选择。以云资源、家庭光宽带为基础，依靠云网关或内网穿透技术，汇聚家庭数据、设备和内容，打造智慧家庭生态。

云 NAS 场景本身整合了云盘和 NAS 二者的优势，在使用便捷性上类似于普通云盘，不需要进行复杂的本地 NAS 配置调测，即可将云 NAS 盘映射到本地终端，同时也可以通过互联网访问云 NAS，满足移动终端远程访问数据的需求。在访问高速性上，结合家庭宽带接入，可以实现下载网速 100Mbit/s、上传网速 90Mbit/s

的千兆接入，实现多终端实时流畅播放云NAS的高清影音。在私密安全性上，云NAS可按照个人账户封装访问入口，不再像云盘一样将访问入口完全暴露在公网上，大幅降低了数据泄露风险。云NAS也可以通过互联网入口访问互联网或其他云盘，通过提前下载的方式，为终端用户提供类似于CDN的服务，实现边缘算力与集中算力的融合服务。

云NAS能提供多样化的应用场景，当前较为成熟的有家庭影音娱乐，存储并播放高清视频、无损音乐、游戏等；家庭办公设计，存储设计素材、在线办公、云桌面等；家庭共享中心，例如家庭相册、短视频、系统等的存储备份；家庭智慧中心，例如安防监控、智慧门铃、智能家居等的存储。

4.3 游戏云桌面场景

传统云桌面一般采用集中云部署，用户通过互联网访问集中云，调取相应的计算、存储资源组成云桌面为用户提供服务。传统云桌面由于部署在集中云资源池，通常与用户不在同一个城域网内，用户访问云桌面时，往往需要通过互联网绕转。因此，用户通过云桌面获取互联网远端访问时，最终接收到的时延往往是本地直接访问的两倍甚至更多。

同时，云桌面通常配置的虚拟处理器，内存相对较少，使云桌面一直更适宜于进行本端数据处理或时效性不高的网络类业务。一旦用户需要使用低时延、高帧率的应用时，传统云桌面就无法胜任，这也是云计算机/云桌面无法推进云游戏产品运营的原因。

采用边缘算力部署游戏云桌面可以在一定程度上消除终端用户对云游戏的顾虑。首先，将游戏云桌面部署到边缘算力，能保证用户与游戏桌面缩小到同一城域网承载范围内。在此基础上，通过新型城域网的承载方案，又能较传统城域网有效降低设备跳数50%以上，借助新型城域网的叶脊架构网络无阻塞的特性，可以完美适配高波动率、大带宽类型的业务。用户端可以直接通过无源光纤网络接入家庭宽带，通过城域网就近接入边缘算力游戏云桌面。经过新型城域网络技术加持和边缘算力调优，用户操作游戏云桌面可以保持稳定时延3ms，稳定码流90Mbit/s，无卡顿现象，已能满足普通用户电竞级游戏的体验需求。

此外，在普通游戏云桌面的基础上，由于VR/AR设备本身的特性，要求实际操作体验时，如果采用云端访问的方式，对时延和带宽有更高的要求。目前，多数的VR/AR游戏均采用本地资源访问的方式。而由边缘算力承载VR/AR云端数据部署后，用户端与云端数据的互访将排除骨干网的干扰因素，极大地提升时延、带宽和稳定性。在此基础上，用户也可在VR/AR云游戏、VR/AR云健身等场景中获得更好的体验，有助于相关业务场景的产品推广。

4.4 家庭安全防护场景

随着家庭中各类智能设备、物联网设

备等不断研发更替，家庭中可以访问互联网的终端设备不断增多，互联网数据泄露事件也在与日俱增，因而用户对家庭安全防护的要求也在不断增加。但网络安全、信息安全的防护对普通用户来说门槛较高，普通用户很难自行配置硬件或软件的防火墙、漏洞扫描、行为管理等设备监管家庭中的终端。而公共部署的安全防护资源也无法深入家庭内网进行扫描防护。

在此基础上，利用边缘算力，结合vCPE场景，可以通过边缘算力上部署的安全防护组件，为用户家庭内网提供相应的上网流量防护、上网行为管理、家庭内网扫描等安全能力。

家庭安全防护整体架构示意如图2所示。

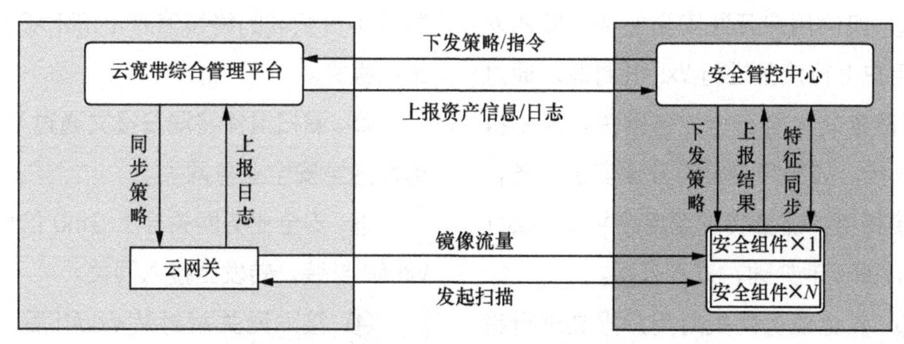

图2　家庭安全防护整体架构示意

（1）云宽带综合管理平台

管理云网关，接收安全管控中心下发的策略/指令，同时上报用户内网资产信息，上报策略执行后形成的日志。

（2）云网关

处理用户正常上网业务的流量；根据云宽带综合管理平台同步的策略对流量进行镜像；建立边缘云至家庭内部的隧道；根据策略生成对应的日志，并上报至云宽带综合管理平台。

（3）安全管控中心

业务对接管理；安全组件管理；特征库/规则库更新和同步；态势感知展示。

（4）安全组件

执行安全管理中心下发的策略；对镜像的流量进行解析、归并、处理等；处理结果上报；与安全管理中心同步特征库/规则库；发起内网扫描等。

家庭安全业务流量流向示意如图3所示。

① 用户终端发出报文，光猫打第一层虚拟局域网（Virtual Local Area Network，VLAN）标签到光线路终端（Optical Line Terminal，OLT），在OLT上打外层VLAN标签后，报文从A-Leaf进入局域网侧SRv6隧道，LAN侧SRv6隧道在接入网关终结。

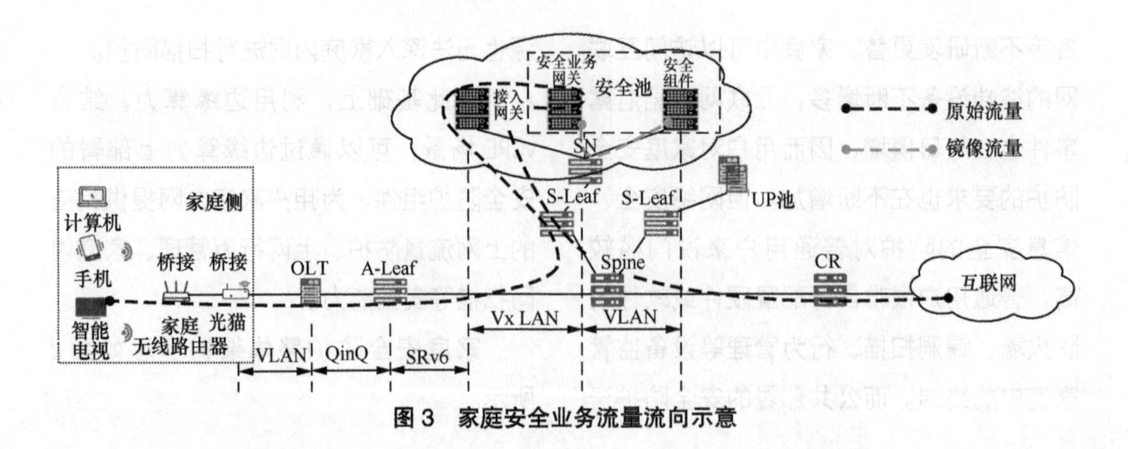

图 3　家庭安全业务流量流向示意

② 如果用户开通安全业务，接入网关对用户上行流量进行 VxLAN 封装，通过 VxLAN 隧道转发至安全业务网关，随后执行下一步。如果用户没有开通安全业务，则直接将用户流量转发至用户平面（User Plane，UP）池处理，进入公网。

③ 安全业务网关对用户报文进行镜像，并将 QinQ（双层 VLAN）剥离，将用户流量镜像以及源网络地址转换（Source Network Address Translation，SNAT）后发送至安全池安全能力组件。

④ 安全能力组件向云宽带综合管理平台获取宽带账号和网络地址转换 IP 地址（NAT IP）的对应关系之后，对用户的镜像流量进行分析，此时流量为用户 LAN 侧原始流量，终端可通过 IP 和介质访问控制（Medium Access Control，MAC）区分。

⑤ 如果此时流量命中封堵策略，则安全业务网关直接进行封堵动作。

⑥ 下行方向，流量方向相反。

家庭内网扫描业务流量流向介绍如下。

① 如果用户订购了家庭内网扫描服务，安全池中的漏扫组件将根据从云网关管理平台获取的终端信息（IP&MAC）构造漏扫报文。

② 漏扫组件将漏扫报文通过 VLAN 隧道发送至安全业务网关。

③ 安全业务网关补上 QinQ 信息进行 VxLAN 封装，转发至接入网关。

④ 接入网关解封装 VxLAN 后，通过 SRv6 隧道转发至 A-Leaf，之后经过 OLT 转发到家庭终端侧。

⑤ 终端收到报文后，发出响应报文，响应报文通过 OLT、A-Leaf 发送至接入网关。

⑥ 接入网关将响应报文 VxLAN 封装后转发给安全业务网关。

⑦ 安全业务网关解封装 VxLAN 后，转发给能力池漏扫组件。

⑧ 漏扫组件收到报文后，对终端进行脆弱性检测，检测后将结果发送至安全管控中心。

部署家庭安全防护产品后，家庭内部的各类设备的互联网访问请求、设备漏洞将形成报表告知用户。同时，安全防护产品可智能阻断处理相关的非法访问、暴力破解等问题，提升用户家庭网络信息的安全。

5 结束语

边缘算力的发展在于探索不同用户对边缘算力的需求，更确切地说是探索边缘算力业务场景的可能性，借此创造新的用户需求和业务发展增长点，发挥出电信运营商边缘数据中心资源的优势。

从边缘算力的资源层面来说，可以从粗颗粒度划分为云网资源和业务资源：云网资源包括边缘云池（虚拟化、计算、存储等）、网络接入（新城、旧城、传输、接入网等），这部分技术架构、工程方案等均已较为成熟，且是电信运营商目前正在使用或推进建设的成熟方案；业务资源主要是为用户提供服务的业务平台以及串联业务的编排、开通等流程。本次描述的边缘算力应用场景以 vCPE 作为切入点，将 vCPE 所在的边缘云与家庭用户内网组成大二层网络，进而让云 NAS、游戏云桌面、家庭安全防护等业务可以更高效地与用户家庭中的硬件实现互通和调用。云网资源和业务平台均为现有资源或产品，而灵活编排、调度、开通云网和业务资源是边缘算力应用场景的重点和难点。

在边缘算力应用场景的描述下，家庭用户可能成为边缘算力的重要需求方之一，且这种需求在现网技术条件下可以获得满足。但就目前各类相关试点、验证、实验等情况，暂未出现可以真正规模部署的边缘算力业务，后续还应针对不同类型用户的边缘算力需求持续加以探索、研究、试点对应的编排、开通等，才有望将边缘算力产品化、工程化，找到真正的建设方向。

参考文献

[1] 边缘计算产业联盟，网络 5.0 产业和技术创新联盟（N5A）. 运营商边缘计算网络技术白皮书 [R]. 2019.

[2] 雷波，宋军，曹畅，等 . 边缘计算 2.0：网络架构与技术体系 [M]. 北京：电子工业出版社，2021.

[3] 边缘计算产业联盟 . 边缘计算产业观察 [R]. 2021.

算力网络部署方案探析

钟　橙

摘　要：本文旨在研究算力网络部署方案，分别从算力基础设施、网络基础设施、算网使能层和算力网络安全 4 个方面进行研究。

关键词：算力网络；网络部署；顶层设计

1　引言

行业数字化生产需要实时和准确的算力服务，以及安全的网络保障。大型应用场景也需要通过算力网络实现服务优化、效率提升、数据管理等功能。人工智能跨区域协同逐步成为趋势，算力网络成为关键支撑。

算力网络的研究方向包括算力高效、算网协同、算网自智、绿色安全，建议人工智能先行先试，作为算力网络多样性布局的基础，为实现算网一体、引入算网使能层和数据的管理控制功能打下坚实的基础。

2　算力基础设施部署

构建算力网络的算力基础设施应该兼顾自身业务发展、全国算力需求和国家“东数西算”战略，具备布局合理、架构先进、云边高效协同、自主可控的四大特点，从而打造绿色、高效、安全的算力基础设施。

2.1　合理布局

（1）做强中心算力

国内现有的数据中心与国家数据中心的整体布局是基本匹配的，但是存在“多而不强”的情况，建设相对分散，使建设和维护的效率偏低，且数据中心 PUE 偏高，单机架能耗偏低，与业界领先水平相比仍有进一步提升的空间。受国家政策指引，建议数据中心节点的布局考虑国家规划，集约化建设大型 / 超大型数据中心。针对省级节点要考虑引入绿色节能的技术进行升级改造。

（2）做深边缘算力

边缘侧软硬件的多样性提升了运营和运维的工作复杂度、工作量和成本，收敛硬件形态和操作系统可以带来显著的收益并提升效率。边缘侧需要拥有覆盖范围广的站点资源，可以考虑复用现有的基站、空调和网络接入机房，进行算力在边缘侧的下沉，覆盖更多的地市、区（县）、乡镇和企业园区等。人工智能中心训练能力增强，带动赋能边缘推理能力增强，最终达到做深边缘算力，构建智能、泛在的边缘网络。

2.2 架构先进

（1）算力网络面临的挑战

未来，算力网络建设面临算力提升和能效优化两大挑战。首先是算力的瓶颈，算力网络需要电信运营商提高自有算力在社会总算力的比重，然而随着摩尔定律的失效，CPU与内存、CPU与I/O之间的增长速率已经出现矛盾，亟须新的计算架构来打破现有矛盾；其次是能效的瓶颈，摩尔定律失效后严重依赖通过提升CPU、GPU功耗来提升性能，算力的增长带来能耗和热耗的增长与国家绿色低碳的要求已经产生矛盾，在有限的能源供应前提下，更优的计算能效意味着更大的算力发展权。

（2）算力计算架构重组

针对算力瓶颈，需要采用多种跨领域技术方案的组合，将现有的CPU、内存、存储、I/O打破重组，实现架构创新。

① 算力卸载：传统云数据中心的CPU有20%左右的开销消耗在大量与业务不直接相关的存储、网络控制、虚拟化、数据加密等协议处理上，通过DPU将这些处理卸载到外设部件完成，让CPU专注于业务处理，从而提升整机性能，这需要计算、网络、存储、云虚拟化跨域协同创新来实现。

② 存算协同：传统计算系统以CPU为中心，所有计算任务需要将数据搬迁至CPU上处理，数据搬迁的过程大幅限制了应用性能，通过存算协同技术可以实现数据在数据存储端直接处理，从而提升效率，这需要存储和计算跨域协同创新。

③ 多样性算力融合：算力资源是多样性的，不同的算力资源适合处理不同的计算任务，例如，用NPU处理神经卷积网络的性能是用CPU算力实现的数十倍。通过多样性算力融合开发平台，可以自动对应算力需求，将适合NPU处理的任务分配给NPU，适合CPU的分配给CPU，适合GPU的分配给GPU，达到整体性能最佳化。这需要多样算力单元与应用开发平台协同创新。

④ 算网跨域创新：数据中心流量包括DC内和DC外两大类，一般80%的DC流量是DC内流量，不到20%是DC外流量，DC内DCN的研究优化长期被忽略。通过算网跨域创新，构建DCN专有集群网络协议栈，可大幅降低集群内互联通信的时延，从而提升交互性能。

（3）集群计算解决方案

集群计算全栈模式是集成交付以上跨域创新技术的有效模式。

算力网络走向任务式服务必然要关注具体任务场景有效算力的提升，从而提高服务价值。除了通过架构创新突破基础算力瓶颈外，集群计算解决方案还面向主流的业务场景，提供软件与硬件深度协同优化的方案能力，进一步释放算力。以大数据任务场景为例，通过多核并行、访存时延优化、内存空间优化，提升了任务处理5～10倍的吞吐量。大数据、分布式存储、数据库等主流业务场景可以完成全栈性能调优。

2.3 云边协同

现在，云VR/AR在越来越多的场景中应用，VR/AR超过20ms时延会使用户产生眩晕，影响体验。采用云边协同的方案，在边缘进行渲染，降低时延的同时节省了带宽费用，可以使用户得到更好的体验。云边协同方案是未来的重要发展方向，边缘计算除了提供通用算力，还需要提供AI算力，并且与5G也会有深度融合。未来不仅是云、边、端的协同，还会与AI、5G深度协同。

（1）边缘云现状

电信运营商目前的边缘算力包括CDN、5G MEC、移动边缘云等多种类型的边缘云。多类型的边缘云并存且分布广泛，但是相对独立，无法形成合力；同时，现在的边缘云最多下沉到区（县），还无法满足未来车联网等对泛在算力的需求。在将算力进一步下沉的同时，电信运营商须实现云边协同的统一调度。

（2）边缘云发展趋势

未来需要算力进一步下沉，面向算力网络的边缘计算，必须具备中心算力与边缘算力的协同、通用算力与AI算力的协同、连接与计算的协同，通过3个协同真正实现算力一张网。根据不同场景，分布式云架构可以支持不同规模的边缘云形态，例如，边缘云服务架构与中心云保持一致，可以持续升级演进。容器云原生批量任务调度引擎可以提升AI训练作业30%的性能和大数据作业51%的性能。

2.4 自主可控

算力底座的自主可控需要考虑从底层的芯片到整机，再到编程语言以及基础软件等全栈自主可控，把算力网络基础设施打造成自主可控的标杆，同时在自主可控建设的过程中构建一套完整的软件标准和生态。

2.5 人工智能优先部署

（1）人工智能重要性

2012—2019年，人类对AI算力的需求增长了30万倍，平均每100天对AI的算力需求就会翻倍，远远超出摩尔定律的预测，但是AI实际增长的算力却非常有限，需求和供给之间形成一个巨大的鸿沟。而且随着网络模型越来越大，网络模型参数量一旦超过十亿规模，就很难用现有的资源实现，需要建设一定规模的AI集群来完成工作能力构建。

纵向联网：AI需要解决从训练到推理的协同，将训练结果快速地推到边缘生产场景，并从边缘生产场景中获取数据提升训练结果的准确性；同时维护海量的边缘设备以及多级系统的场景，都需要对AI进行联网。

横向联网：AI的3个要素是数据、算法和算力，为加速AI成果创新，共享数据集合训练成果及应对超大模型的训练，需要对AI中心进行联网来解决上述问题。

当前，AI也有一些瓶颈亟须解决，

从而释放AI生产力。例如，需要将训练端成果推送到推理生产端，并将边缘数据反馈给训练端来提升训练精度；海量边缘设备的统一部署运维、协同；自动驾驶、智慧交通等多级协同的场景都需要云、网、边、端纵向联网来解决。多个AI中心联网协同调度完成超大模型、联合学习等算力；多AI中心之间共享预处理模型、数据集，需要AI中心横向联网来达到算力的有效协同，最终起到降本增效、节能减排的作用。

（2）人工智能解决方案

从算力需求和当前技术的成熟度来看，建议算力网络从AI先行先试，把AI作为算力网络的创新“靶场”，分3步完成AI网络建设。第一步，建议试点建设AI计算中心，并将AI计算中心接入政府现有的AI算力网络，共享政府AI网络已有的数据集、算法、模型和应用。第二步，加入AI算力网络推进组构建AI算力网络的产业生态和标准体系，并基于云边协同的框架共同打造行业场景化解决方案，实现以中心带动边缘的纵向联网，以训练带动推理的业务模式。第三步，随着AI产业发展，建议电信运营商构建自身的AI算力网络，并与政府AI算力网络实现并网计算和系统发展，算力网络场景也从AI向高性能计算和通用计算场景延伸，在此基础上构建可信交易模式和利益分享机制等。

商业模式从算力运营、行业方案构建、生态链3个步骤进行演进。算力运营定位于政府扶持的产业，可以打通科研、产业、商业整条链路的协同。行业方案上建议AI中心基于已有的大模型及各个已沉淀的行业，构建自己的行业场景化解决方案，以整体方案销售的形式变现。在生态链方面，建议电信运营商通过自身的AI算力网络，促进数据、模型、应用的分享流通，构建自身的生态体系，获取整个AI生态的边际价值。

3 网络基础设施部署

3.1 超融合数据中心网络

超融合数据中心网络具备通用算力、高性能算力和AI算力，从而实现一网承载。以IP为底座，通用计算、高性能计算、存储三网融合，全云化演进。通过自主创新实现供应链可控、技术可控、生态可控，最终达到无损以太“0丢包”，释放算力。

3.2 算路网元

算路网元具备弹性扩展和分区部署的能力。基于我国地理区域及网络发展规模，结合前期大规模网络的算路网元开发实践经验，建议大区部署，也可以结合后续情况对组织运维模式进行适当调整。算路网元分为全国跨区算路和片区算路两类。前者提供统一登录、分权分域、API统一；片区内计算任务分解，片区内算路拆分到对应片区算路实例；可以实现跨片区路径获取、E2E路径计算功能。后者提供片区内路径集中计算功能、片区内路径资源池上报功能、片区内业务路径闭环自愈功能。

3.3 应用感知

构建算网一体的感知体系，实现算力的最优调度。网络通过五元组或AI识别应用、增加标记，进入应用级切片、隧道，提供相应的SLA保障。应用和终端直接携带应用标识和应用算力需求标识。网络、安全增值业务通过服务链进行编排，可实现网络和云内安全功能的一体化提供。基于统一的算力标识，应用和终端携带算力信息网络设备支持计算优先的算力路由；网络识别应用算力，综合网络和算力信息实现路由。

3.4 运力底座

为了匹配算网的要求，光传送网先行。光传送网满足“东数西算”的时延底线要求，光电协同组网打造稳定低时延圈。光电协同具有以下优势。

① 时延优：政企光传送网已经实现枢纽间时延＜20ms，省内政企光传送网时延＜10ms；增加直达链路，持续优化时延。

② 确定性：用户一跳直连算力节点，稳定低时延，保证带宽。

③ 高可靠：节点方向多，智能光网络可提供多次断纤保护。

④ 分钟级发放：初步具备政企业务自动发放能力，支持分钟级业务开通。

⑤ 能力开放：通过管控系统为算网大脑开放多种能力。

利用以上优势，光电协同可以夯实算网时延，具备全颗粒、组大网的能力。

4 算网使能层构建

在算力和网络之上，定义了算网使能层，算网使能层的定位就是把开放的网络因子、算力因子、数据因子进行统一的标识和度量，向上传递给算网大脑，向下把算网大脑的策略下发到网络和算力。算网使能层能力分为算力使能、数据使能和网络使能。

4.1 算力使能

算力资源标识全局管理，采用“业务度量”体现算力价值。裸算力相当于两个网络，有效算力可以相差3倍，所以需要定义算力标识对象。算力标识对象见表1。

表1 算力标识对象

标识对象	标识符	备注
算力主体	实体名称字符串	用于描述算力主体信息
区域	区域名称字符串	用于描述枢纽信息
数据中心	数据中心名称字符串	用于描述枢纽内数据中心信息
功能域	功能域名称字符串	数据中心内AI功能域
	功能域名称字符串	数据中心内HPC功能域
	域名称字符串	数据中心内大数据功能域
	功能域名称字符串	数据中心内云功能域
	功能域名称字符串	数据中心内容器功能域
	功能域名称字符串	数据中心内暂未定义功能算力域（通用算力）
节点（Node/VM/容器）	IP地址字符串	描述节点（物理机/虚拟机/容器）信息
部件	部件规格字符串	描述节点物理设备规格

4.2 数据使能

算力网络需要构建多维度、统一的数据标识，制定算网数融合的精准调度策略。

① 基础信息：名称、逻辑路径、大小、格式等。

② 物理存储位置：地域、机房、机架、存储节点等。

③ 存储介质：HDD/SSD/带库/蓝光等。

④ 访问方式：块/文件/对象/HDFS/KV/SQL 等。

⑤ 可靠性信息：RAID/副本策略、备份策略等。

⑥ 安全信息：谁创建、谁拥有、谁访问、读/改日志等。

⑦ 自定义信息：监控数据的空间信息（经纬度、机位、卡口）和时间信息等。

4.3 网络使能

依照业务可用、可信、可控三层多维度进行度量和能力开放：业务可用包含带宽、时延、可用度、开通效率、丢包率和抖动；可信包含加密、隔离度和认证；可控包含可控制、可管理和可监测。

5 算力网络安全

5.1 安全要求

算力网络作为支撑国家产业数字化转型和数据交易的计算底座，对网络安全提出了新的要求。

① 算力网络支撑企业数字化转型，行业对数据在存储、传输和使用的安全方面有新的要求，安全资产从网络安全变成数据安全。

② 计算环境从私有云的独享模式变为公有云的多租户模式，在公网环境下，网络安全、算力隔离、数据隔离挑战加大，需要算网基础设施提供全程可信的运行环境。

③ 电信运营商要提供数据使用的合规审计记录，确保数据不被泛用和滥用。

5.2 算力网络安全防护体系

算力网络安全要围绕数据的“运行环境、防护对象和行为审计”，构筑全程可信的安全防护能力。

（1）环境安全

环境安全即算力网络基础设施安全，包括网元安全和网络通信安全。

网元安全要基于内生安全的理念做到安全加固、可信校验、安全检测和主动闭环响应。网络通信安全则要确保网络通信的全程可信，包括接入可信和连接可信。连接可信是通过对应用的业务感知，为应用建立一条安全业务链来保证连接的安全，并通过流标签、路由协议加密逐层确保安全。通过网络可信路径对传输路径进行动态评估，实时调整。

（2）资产安全

资产安全即数据安全，关键技术有数据标记、隐私技术等。

数据标记包括数据的分类分级管理以及数据的流转控制，确保不同安全等级的数据在数据的传输、转发和存储的合规，并提供审计功能。

隐私技术主要用在数据共享的场景中，一个典型应用场景是企业租用算力网络资源来完成计算任务时，为了保证数据的隐私性，可以采用动态机密或机密计算对数据做加密传输；另一个应用场景是在满足信任及行业规范要求的前提下，多个企业间的数据在算力网络融合分析、联合建模，提升数据的价值，这种情况下需要用到多方计算或联邦学习技术，以确保数据安全。

（3）行为安全

行为安全即数据安全管理协同，关键技术包括数据的态势感知和审计溯源等。

随着算力交易的开展，审计溯源不能仅用于移动内部做安全管理，还需要开放给第三方和交易方用于审计，以确保数据的使用合规。在算力网络的初期，通过构建不易篡改的日志记录系统，为算力网络日志的完整性和可信运行提供公共、透明的审计，以符合外部监管机构对审计追责的要求。在第三阶段算力并网时，还可以通过区块链提供审计功能。

5.3 算网安全演进

结合算力网络场景，算力网络安全分为3个阶段。

① 阶段一（2022—2023年）：典型业务为东数西存和集群计算。此阶段应以算力网络安全为主，构建“内生＋可信”的算网安全架构，同时推动数据安全标记的标准化，并就数据安全的关键技术做技术试点。

② 阶段二（2024—2025年）：典型业务为东数西算和实时性业务。此阶段以数据安全和安全管理为核心，例如部署隐私计算的加密节点，以及数据态势感知和审计系统。

③ 阶段三（2026年以后）：典型业务为算力并网和跨域计算。此阶段以跨域计算安全为主，部署区块链安全、联邦安全协同，以及基于区块链的审计功能。

IPv6+ 背景下电信运营商城域云网架构演进趋势浅析

刘乔俊　关宏宇　杨　清

摘　要：本文通过分析 IPv6+ 背景下电信运营商城域云网架构的演进趋势，提出了电信运营商城域云网演进策略，并通过分析电信新型城域网，将网络演进方向与新兴信息技术深度融合，从技术驱动、云网融合、安全保障等方面浅析电信运营商承载网络的演进趋势和关键技术。

关键词：IPv6+；城域云网架构；新型城域网；网络演进

1　引言

目前，国内 IPv6 规模部署已经取得重要成果，国家 IPv6 发展监测平台网站显示，截至 2023 年 6 月，我国 IPv6 互联网活跃用户数已达 7.631 亿，约占我国网民的 71.51%；IPv6 终端活跃连接数 16.799 亿，IPv6 终端活跃连接数占比约为 73.39%；我国已经具备 IPv6 从高速发展到高质量发展的市场环境和业务生态环境。

同时，以基于 IPv6 的段路由（Segment Routing over IPv6，SRv6）、IPv6 封装的位索引显式复制（Bit Index Explicit Replication IPv6，BIERv6）和应用感知的 IPv6 网络（Application-aware IPv6 Networking，APN6）为代表的一系列 IPv6+技术创新，结合以太网虚拟专用网（Ethernet Virtual Private Network，EVPN）、灵活以太网（Flexible Ethernet，FlexE）等新技术发展，为电信运营商的网络演进提供了强大的技术支撑。

在业务驱动上，随着新一轮科技革命和产业变革兴起，5G、人工智能、云计算、大数据等新一代信息技术产业迅速崛起。社会经济各层面的数字化转型加快升级，推动融合云（云计算）、网（网络）、边（边缘云）、端（终端）、安（安全）、用（应用）的新 DICT 业务高质量发展，满足不同用户提出的大带宽、低时延、广连接、算力下沉和精确服务等需求。

在技术发展和业务需求的叠加驱动下，基础电信运营商积极探索云网融合的新型通信基础设施建设模式，将云、网、边、端、安、用等数字化要素和 AI、物联网等新一代信息技术深度融合，打造云网融合的安全、绿色新型信息基础设施，满足不同行业应用场景的定制化需求。IPv6 规模商用部署和 IPv6 + 创新可实现网络能力提升，赋能行业数字化转型，打造新一代高质量网络底座，全面建设数字经济、数字社会和数字政府的“新基座”。

近年来，中国联通、中国电信先后提出智能城域网、新型城域网等新型城域云网架构，构建面向云网融合、固移融合网络演进的标杆案例。本文分析了在 IPv6 + 背景下基础电信运营商城域云网架构的演进趋势，以中国电信新型城域网为例，从技术驱动、云网融合、安全保障等方面进行浅析。

2 新型城域云网演进关键技术

2.1 城域内 Spine-Leaf 网络架构

我国基础电信运营商城域内的传统承载网可分为承载固网业务的 IP 城域网和承载移动网络的 IPRAN/PTN，均为树形架构，方便南北向流量的收敛、汇聚、转发。但是，伴随 5G、边缘云的发展，云计算和边缘数据中心的下沉将传统南北向的业务流量转变为东西流向，城域网也将由树形拓扑、三层架构转为全互连的、无阻塞的脊叶（Spine-Leaf）组网架构。

新型城域网架构在城域内引入 Spine-Leaf 组网架构，可利用 Spine-Leaf 网络扁平化、易扩展等特性，实现 Spine、Leaf 设备间无阻塞流量转发。组建城域 Spine-Leaf 标准架构，实现灵活的组件加载；通过网业分离，简化城域网转发设备的网络功能，降低扩容成本；构建扁平化网络架构，实现 T 比特级流量的高速转发。

城域 Spine-Leaf 组网架构搭建灵活可扩展的新型城域云网，引入基于城域 POD（Point of Delivery，原意为交付单元，可延伸为城域云网资源的集合）、云网接入点（Point of Presence，POP）、出口功能区的“积木式”架构，可实现城域网用户接入能力及云网融合业务承载能力的跨越式发展。云网 POP 构建云网络与基础网络标准化对接架构，构建云网同址的云网 POP 基础设施，包含云出口和网边缘，推动云网一体化发展。云网 POP 随云布局，标准化、模块化构建，物理通道预配置，实现云计算资源池的快速入网。新型城域网 Spine-Leaf 组网架构如图 1 所示。

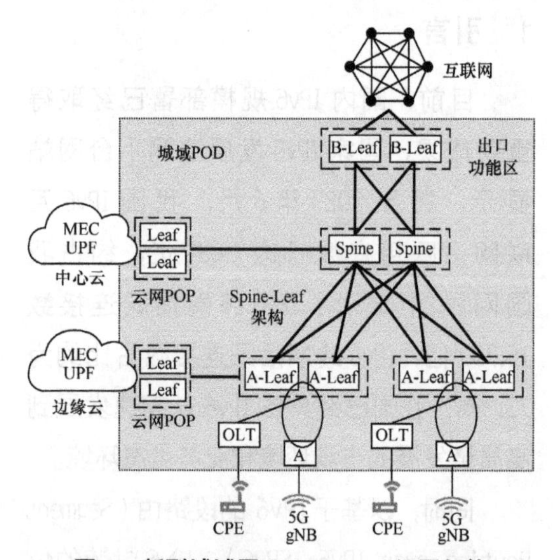

图 1 新型城域网 Spine-Leaf 组网架构

2.2 新型承载技术的引入

新型城域网架构以基于 IPv6 的 SRv6 作为基础转发协议，EVPN 业务承载协议，提升设备配置简化与自动化能力。应用 FlexE 技术，面向政企提供端到端网络切片。城域网内业务融合承载，分业务不同控制点处理；网络1+1+*N*硬切片实现通道差异化；分业务VPN隔离实现网络和业务安全。

新型城域网架构通过引入SRv6/EVPN/FlexE实现宽带、移动终端、政企专线、IPTV、Cloud VR及其他增值业务的统一承载。在新型城域网内，全业务部署EVPN over SRv6，进行VPN隔离，基于SRv6网络可编程能力，实现业务路径的定制、自动化配置和智能调度。为保证新旧网络的平滑过渡，可部署SRv6和MPLS提供双平面业务承载，实现与原IP城域网、IPRAN对接，保障传统MPLS VPN业务承载需求，逐步平滑演进。网内部署FlexE，根据业务需求形成*N*个硬切片，结合SRv6实现数据转发，同切片内通过QoS区分不同行业用户的优先级，实现差异化业务承载。

2.3 广域网络SDN控制器

新型城域网软件定义网络（Software Defined Network，SDN）控制器作为城域内网络流量调度的核心节点，对IPv4/IPv6流量调度、智能选路及业务快速开通有着重要作用，可实现云网融合业务省内全流程自动开通和业务感知可视、基于多场景（SLA、拥塞等）的业务智能优化调度；同时，与上级骨干网络SDN控制器和编排器两级联动，实现跨域业务协同算路、基于多场景的业务端到端智能优化调度，全面提升云网融合业务的智能化运营水平。

新型城域网SDN控制器逻辑拓扑如图2所示。SDN控制器通过Underlay、Overlay两张逻辑网络，可进行IPv4/IPv6流量智能调度，自动为流量成分寻找调度目标链路，实现拥塞避免和流量负载均衡；基于选路结果生成边界网关协议（Border Gateway Protocol，BGP）路由策略，通过BGP连接向现网路由器发送优选路由。

2.4 安全原子能力池化

安全原子能力包括Web应用防火墙、下一代防火墙、入侵防护系统、网络安全审计、漏洞扫描、Web漏洞扫描、堡垒机、日志审计、数据库审计、防病毒、终端检测与响应、网页防篡改等常用的安全能力。通过各类安全设备软硬件解耦的方式，部署集中和近源两种安全原子能力池，形成全网统一即插即用的云化、池化、安全原子能力。安全原子能力池是安全能力集约化部署的具体体现，是通过将网络和信息安全的硬件能力池化部署，软件能力云化部署，并抽象为原子化能力，利用安全能力管理平台统一管理、统一编排、灵活调度、动态扩容、按需下沉的集约化安全能力集。

建设安全原子能力池，集成防火墙、入侵检测、防病毒、安全审计、漏洞管理和主机安全等原子安全能力，可实现安全能力的资源化、服务化和目录化，按需快速开通调用；向云/IDC/专线侧输出可调用的安全能力，安全能力资源共建共享，集约化建设运营；通过SRv6/PBR/VPN/GRE隧道等技术引流，将访问互联网的出入流量经由安全原子能力池完成安全防护，实现安全能力编排。

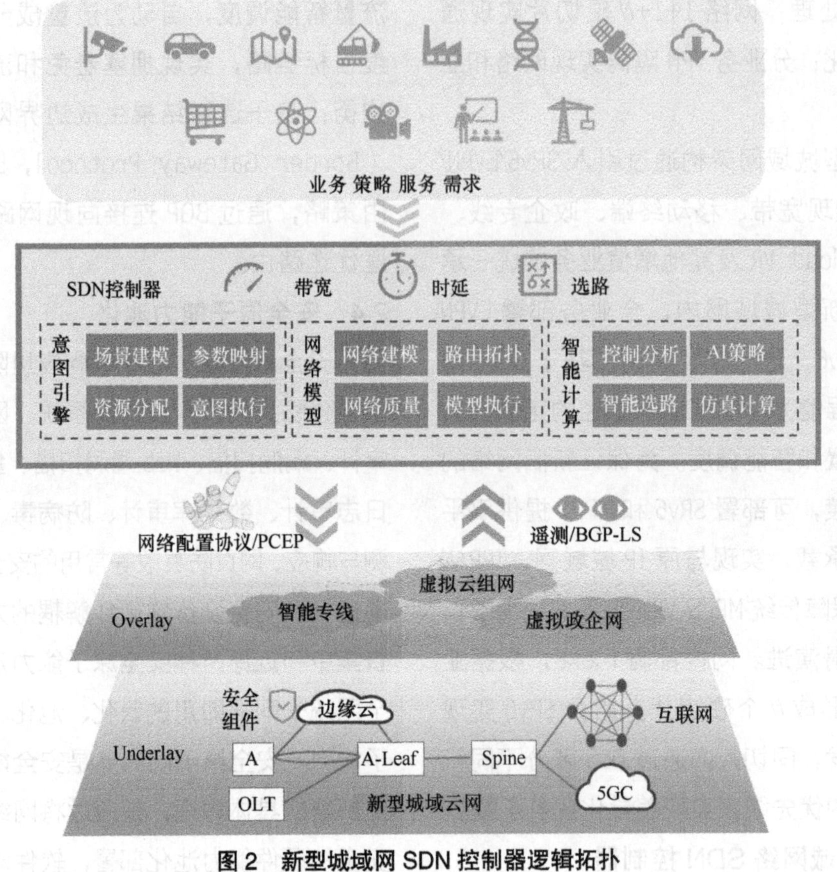

图 2 新型城域网 SDN 控制器逻辑拓扑

3 新型城域网整体网络架构

随着 5G 建设，IPv6 生态兴起，云计算、大数据应用的蓬勃发展，催生了不同的新业务生态，例如：4K/8K 视频、AR/VR、云游戏要求大带宽、低时延、云边协同；工业互联网、自动驾驶 / 视频安防等准实时业务，要求计算和存储本地化部署；政企混合云低时延业务、多云互联要求大带宽、低时延组网，带动云资源下沉至边缘数据中心；中心云—中心云、中心云—边缘云、边缘云—边缘云之间的业务协同，驱动城域内流量流向由树形（边缘—中心）转变为网状（边缘—边缘）。

传统城域网络架构（例如，IP 城域网、IPRAN/STN 承载网）采用分网承载，难以解决算力下沉、网络建设成本高等问题，无法继续适应丰富的新业务生态和边缘云业务场景。因此，中国电信以 IPv6 技术为基础，引入 SRv6、EVPN、FlexE 等新型承载技术，提出了 IPv6 端到端能力贯通、固移业务灵活承载、网络智能调度、网络信息安全保障、适配边缘云算力下沉的云网融合的新型城域网架构。

新型城域网是统一承载 4G/5G 移动业务和光宽带 /IPTV/ 专线等固网业务的城域云网架构。新型城域网内全网部署 IPv4/IPv6

双栈，建设城域 Spine-Leaf 架构，构建弹性伸缩的智能城域网；实现光宽带等固网业务和 5G 等移动业务固移融合的多业务一体化承载，基于 FlexE 技术的 1+1+N 网络硬切片实现面向个人业务和面向企业的差异化业务保障；全面引入 SDN 智慧化运营控制系统，支撑业务快速开通、智能排障和端到端业务可管、可视、可控；城域内云资源池出口部署标准化云网 POP 节点，使用 SDN 控制器、SRv6+EVPN 技术端到端打通业务终端与云的通道，一点入云、快速开通。

新型城域网是基于 IPv6 的云网融合网络演进新架构，以云为中心，云网一体，适配边缘算力下沉和算力应用东西向流量横穿，构建"IPv6+5G+云网融合"的业务生态网络环境，新型城域网整体网络架构如图 3 所示。

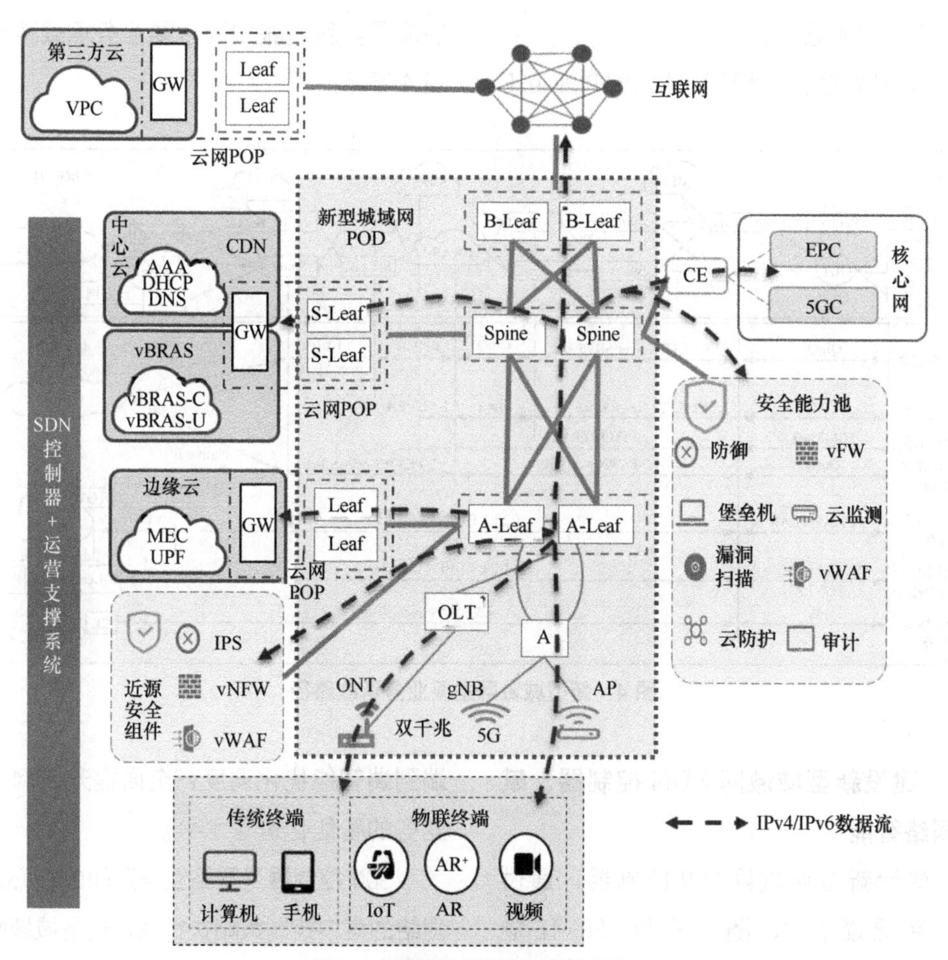

图 3　新型城域网整体网络架构

3.1　引入 IPv6+新技术，固移融合承载，IPv6 端到端能力贯通

新型城域网全网部署 IPv4/IPv6 双栈，固、移、云等全业务融合承载，且保证不同用户的差异化服务体验。光纤宽带、5G、IPTV、政企专线等重要业务全部统一

由新型城域网融合承载。

新型城域网引入 SRv6/EVPN/FlexE 承载新技术，基于 SRv6 可面向业务、用户提供端到端网络，解决网络跨域对接难和网络故障保护问题。EVPN 基于 BGP/MPLS 技术实现 L2VPN/L3VPN 业务承载融合，协议简化，解决多点对接、双活保护问题。FlexE 作为切片的基础技术，从硬件层面解决不同类型业务隔离问题，面向业务提供确定性 SLA 服务。

新型城域网通过引入 SRv6/EVPN/FlexE 实现宽带、政企、IPTV CDN/Cloud VR 及其他增值业务的统一承载。公众光宽带业务采用 EVPN over SRv6-BE 承载用户协议 / 数据报文；政企专线类业务采用 EVPN over SRv6-TE 构建端到端的 L2/L3 EVPN over SRv6-TE 业务；4G/5G 移动业务采用 EVPN over SRv6 承载，按需求部署 FlexE 构建端到端切片；IPTV CDN/Cloud VR 采用 EVPN over SRv6/BIERv6 承载用户协议和点播流量。新型城域网主要业务承载路径如图 4 所示。

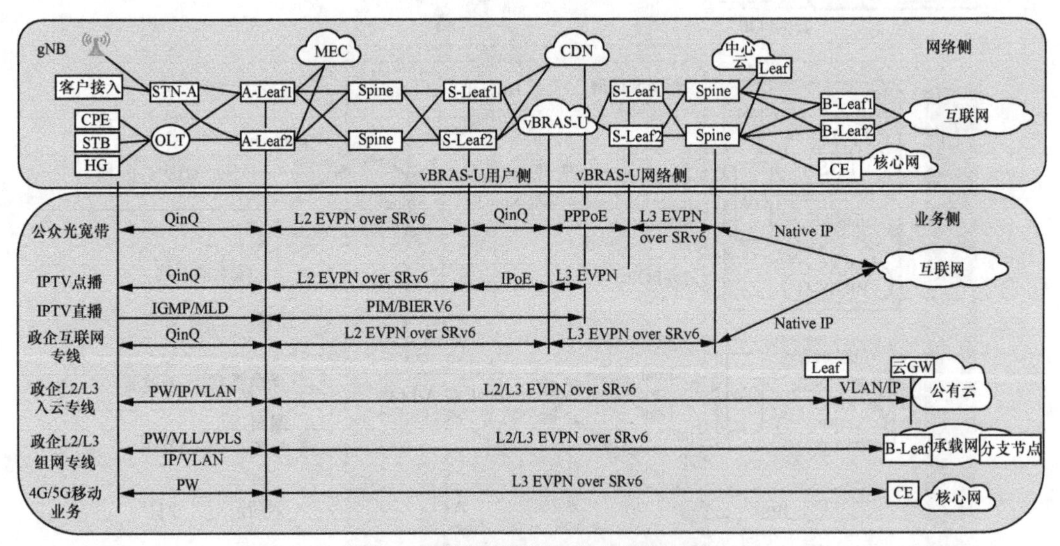

图 4　新型城域网主要业务承载路径

3.2　建设新型城域网 SDN 控制器，赋能网络智能

建设新型城域网 SDN 控制器，通过 SRv6 头配置下发、随流检测、SR-TE 隧道引流技术等，实现云网融合业务全流程自动开通、业务感知可视、基于多场景（SLA、拥塞等）的业务智能优化调度，实现跨域业务协同算路、基于多场景的业务端到端智能优化调度，全面提升云网融合业务的智能化运营水平。

SDN 控制器是网络业务逻辑的核心，是网络的集中控制策略执行点，也是城域网内 IPv6 流量调度的核心枢纽。SDN 控制器结合上游系统全流程自动化实现云网业务“一站式”分钟级敏捷开通、实时感知分析、自助式优化调整，全面提升网络智能化水平。

SDN控制器南向通过多协议插件与各类网络自动适配，纳管IP、接入、传输、云等网络设备，屏蔽网络复杂性；北向通过软件接口与电信运营商IT系统快速集成，对接IT系统中的业务编排器、BSS/OSS子系统等，支撑规模化业务和应用的持续快速创新。

在具体的工程实施中，新型城域网SDN控制器可分为控制器单元、新型城域网采控插件、控制器中心平台（运营保障中心）3个组件，SDN控制器组件在新型城域网的逻辑位置如图5所示。

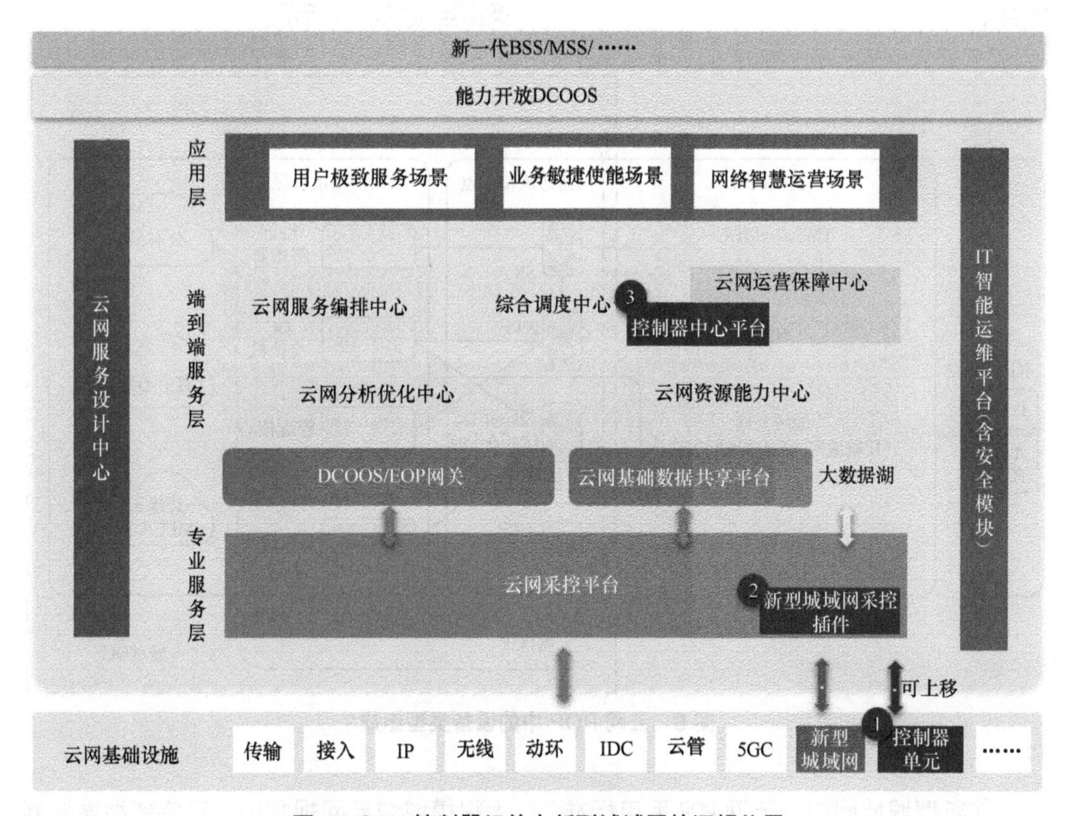

图5 SDN控制器组件在新型城域网的逻辑位置

① 控制器单元：就近分布式部署，北向对接采控插件，南向对接新型城域网内设备，负责信令连接、信令控制、秒级状态感知、智能算路、协议适配，并向上提供管理API对接新型城域网采控插件。

② 新型城域网采控插件：做好纳管设备采集服务，支持SNMP、SSH、Telnet、Syslog、Netconf协议，实现开通配置服务。通过BGP SRv6 Policy控制协议、Netconf协议对接新型城域网Spine-Leaf网元，自动完成SRv6 Policy隧道和专线业务的创建、变更、删除等操作控制服务。

③ 控制器中心平台（运营保障中心）：提供运营保障控制界面，实现对于新型城域网设备的资源管理、设备采集管理、流量管理、采集计划管理和网络拓扑管理。

3.3 云网融合，标准化对接实现快速入云

云网POP是将基础网络的业务接入设备，网络下沉到云资源池所在城域DC内形成网络边缘接入区，是网络边缘接入区与云内网络出口区设备的逻辑集合。

在新型城域网中，云网POP的网络边缘接入设备以Leaf设备为主，其他云网场景下也可使用PE、SR等路由设备，以及光传送网中的OTN设备；云内网络出口区设备则可对应使用Leaf路由器、DC交换机、专线接入OTN等设备。云网POP中的设备类型组成如图6所示。

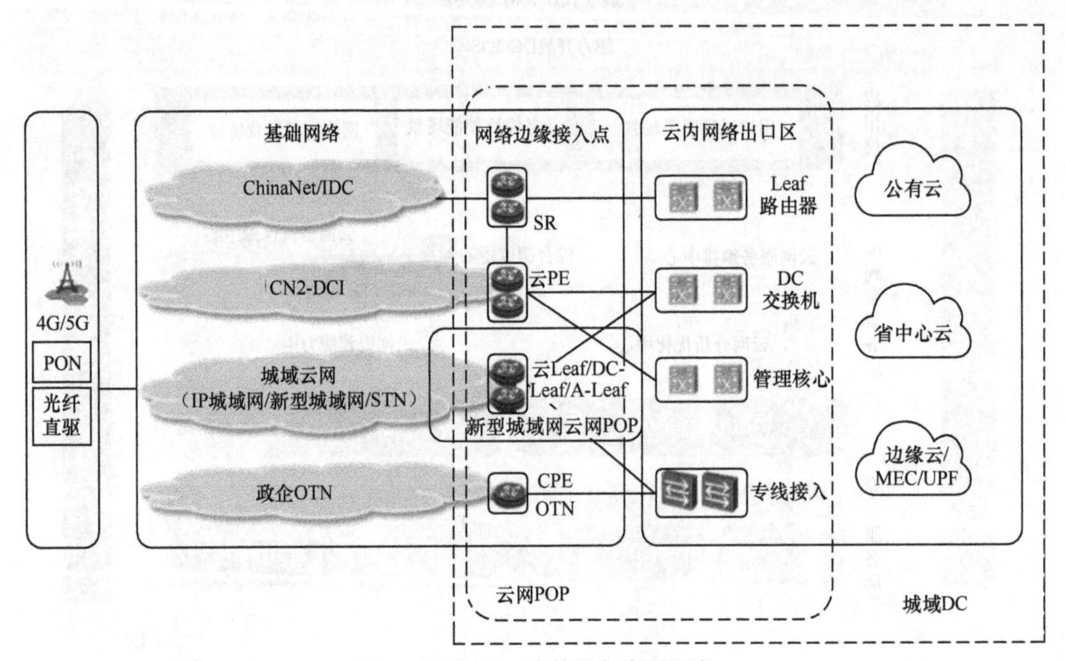

图6 云网POP中的设备类型组成

在新型城域网中，云网POP采用标准化云网对接架构，完成新型城域网与边缘云、中心云、安全能力池、公有云和第三方云的快速接入。云资源池出口部署新型城域网标准化云网POP节点，网络跟随云和IDC联动，使用SDN控制器、SRv6+EVPN技术端到端打通业务终端与云的通道，家庭与政企终端接入新型城域网，在A-Leaf与云网POP两端配置L2/L3 EVPN over SRv6直达通道，实现一点入云、快速开通。在大规模城域云网规划中，可将新型城域网划分为网POD和云POD，新型城域网云网POD如图7所示。

网POD内的云资源池以边缘云和中心云为主，边缘云主要承载算力下沉所需的多接入边缘计算节点，下沉5G核心网用户面，面向各类企业级、园区级的上云需求，可进行本地和公网IPv4、IPv6流量的数据分流，实现数据不出园区，但数据产生、使用的全业务流程均在内网完成，

保证数据安全，为下沉应用场景提供基于 IPv6 的“连接＋计算＋能力＋应用”的灵活组合。中心云可承载虚拟化的安全能力池、5GC、vBRAS 池和 vCDN 节点，实现安全、交换、认证计费和内容分发的云化统一承载。

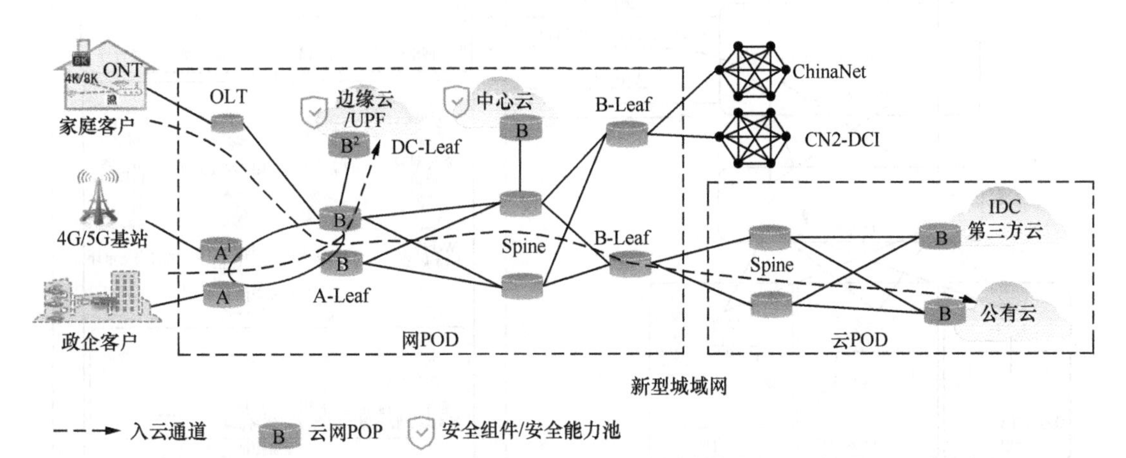

注：1. A：STN-A 设备。
2. B：STN-B 设备，兼作云网 POP。

图 7 新型城域网云网 POD

云 POD 内可集合各类电信云、公有云、第三方云和 IDC 节点，使用云网 POP 接入，统一汇聚至云 POD 的 Spine 设备，为用户提供丰富的内容资源。边缘云、中心云、电信云、公有云、第三方云等云计算资源池内的设备应支持 IPv4/IPv6 双栈，提供的 IaaS、PaaS、SaaS 组件支持 IPv4/IPv6 双栈，上层业务系统可按照用户需求提供 IPv4/IPv6 双栈或 IPv6 单栈服务。

3.4 安全融云，提供安全保障能力

安全能力池对外可为云租户、IDC 用户和互联网专线用户等提供安全防护，为产品服务赋能，满足最终用户的安全要求；对内可为电信运营商自有系统和网络提供安全防护，为安全运营赋能。

针对互联网专线用户、IDC 用户、电信运营商内部系统的流量型防护需求，以及部分非流量型安全防护需求，可将安全能力池集中或下沉部署，通过 SRv6/PBR/VPN/GRE 隧道等技术将用户流量引入安全能力池进行防护后送回用户侧，实现用户流量的安全防护功能。新型城域网内安全能力池逻辑拓扑如图 8 所示。

以安全融云为抓手，实现安全能力汇聚提升，打造差异化的云网安全能力，是新型城域网有别于传统城域网的一大特征。安全能力的虚拟化、云化承载，突破了原有安全能力系统“烟囱式”建设的弊端，为安全能力共享、安全数据融通提供了架构保障条件。

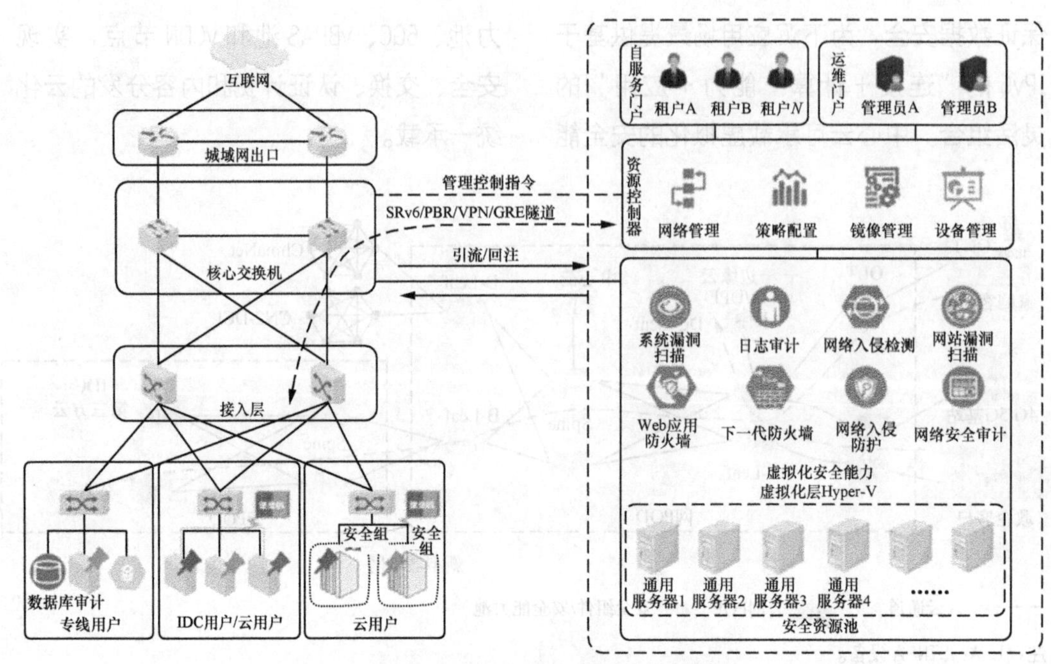

图 8　新型城域网内安全能力池逻辑拓扑

4　结束语

在 5G、IPv6、云计算、大数据技术发展的助力下，CT、IT 全面融合，各行各业上云已成为大势所趋，面向企业的业务正在由封闭的传统 ICT 向融合云、网、边、端、安、用等新技术能力的新型 DICT 演进，面向家庭和个人的业务由传统连接业务向新型云、网、端交互业务发展。

以新型城域网为典型代表的城域云网架构设计，面向未来业务需求，以简洁、通用、高效、智能为目标演进。网络可以高效、动态地连接大量的接入节点，逐步形成城域网内的统一承载新平面，打造以边缘云为核心，云网一体的城域算力网络，具备入云、云间流量疏导能力，实现云边、边边业务协同，有力地支撑算力下沉，丰富 IPv6+5G 业务生态。

参考文献

[1] 马季春，孟丽珠 . 面向云网协同的新型城域网 [J]. 中兴通讯技术，2019，25（2）：37-40.

[2] 陈运清，雷波，解云鹏 . 面向云网一体的新型城域网演进探讨 [J]. 中兴通讯技术，2019，25（2）：2-8+27.

[3] 周家荣 . 基于云网 PoP 的弹性边缘网络设计思路探讨 [J]. 电信工程技术与标准化，2021，34（9）：31-38+38.

关于元宇宙数字人营销平台的研究

贾建兵

摘　要： 元宇宙数字人营销平台作为一种新型的数字营销模式，以其高度定制化的数字人形象和服务、个性化的用户体验和情感认知、智能化的数据分析和营销策略等特点，正在受到越来越广泛的关注和热议。本文主要围绕元宇宙数字人营销平台展开研究和分析，从平台的概念、应用场景、市场现状、优势和不足，以及未来展望等方面进行了详细的阐述。

关键词： 元宇宙数字人营销平台；数字营销；用户体验

1　引言

近年来，随着元宇宙概念的提出和技术的快速发展，元宇宙数字人营销平台作为一种新型的数字营销模式，以其高度定制化的数字人形象和服务、个性化的用户体验和情感认知、智能化的数据分析和营销策略等特点，逐渐受到越来越多企业和机构的青睐。本文旨在对元宇宙数字人营销平台进行研究和分析，探讨其应用和发展现状、市场竞争和趋势、技术优势和不足等，提出优化策略和解决方案，为相关领域的研究和应用提供一定的参考和借鉴。

2　元宇宙数字人营销平台市场分析

元宇宙数字人营销平台是一种新兴的数字营销模式，其在市场上的发展和应用备受关注。

2.1　市场现状

元宇宙数字人营销平台在全球范围内已经得到广泛的应用和推广。市场研究机构的数据显示，预计到 2025 年，全球元宇宙市场规模有望达到1000亿美元以上。其中，元宇宙数字人营销平台作为元宇宙的重要组成部分，将成为数字营销领域的重要趋势和方向。

在市场上，美国和中国是元宇宙数字人营销平台的主要市场。其中，美国是元宇宙数字人营销平台的发源地和发展重点地区，截至 2021 年，美国元宇宙数字人营销平台的市场规模已经达到 10 亿美元；而中国作为全球最大的互联网市场，对于元宇宙数字人营销平台的需求和应用也在不断增加。除了美国和中国，其他国家和地区的元宇宙数字人营销平台市场也在不断增长，例如欧洲、日本和韩国等地区和国家，其对于元宇宙数字人营销平台的需求和应用也在逐步增加。

2.2 竞争格局

目前，元宇宙数字人营销平台市场的竞争格局尚未完全形成，整个市场处于快速发展的阶段。然而，随着市场的不断扩大和应用场景的不断丰富，市场上的竞争也将加剧。在未来，元宇宙数字人营销平台市场的竞争将主要集中在以下方面。

① 技术创新方面。随着技术的不断发展，元宇宙数字人营销平台的技术和功能将逐步升级和优化。未来，那些能够快速掌握并应用最新技术的企业和机构将会占据市场的领先地位。

② 用户体验方面。在元宇宙数字人营销平台上，用户体验是非常重要的。未来，那些能够提供更加生动、真实和个性化的营销体验的企业和机构将会更加受到用户的欢迎，成为市场的领导者。

③ 合作伙伴方面。元宇宙数字人营销平台的成功离不开合作伙伴的支持和参与。未来，那些能够建立稳固合作关系并整合资源的企业和机构将会具备更大的市场优势。

3 元宇宙数字人营销平台的特点和优势

元宇宙数字人营销平台是一种新兴的数字营销模式，其通过将数字人和虚拟世界相结合，利用区块链等新技术构建的数字营销平台，为品牌方和消费者带来了全新的营销体验。

3.1 数字人和虚拟世界的结合

元宇宙数字人营销平台的核心是数字人和虚拟世界的结合。数字人是一种通过人工智能和机器学习技术生成的虚拟形象，其可以拥有独立的思想、情感和行为，可以通过多种方式与消费者互动。虚拟世界是一个基于现实世界的数字环境，可以模拟现实世界中的各种场景，为用户提供身临其境的体验。

数字人和虚拟世界的结合，使元宇宙数字人营销平台可以提供更加个性、生动和真实的营销体验。通过数字人，品牌方可以向消费者传达更加精准和深入的信息，同时也可以更好地了解消费者的需求和行为，提供更贴近消费者的产品和服务。通过虚拟世界，消费者可以身临境地体验品牌和产品，并提升购买欲。

3.2 可信、可控、可转移

元宇宙数字人营销平台具有可信、可控、可转移等特性。

① 元宇宙数字人营销平台是可信的。在元宇宙数字人营销平台中，数字人和虚拟世界都是由技术生成的，可以精准地模拟真实的人和场景。这种可信的特性可以帮助品牌建立更加真实和可靠的形象，增强消费者对品牌的信任和认同。

② 元宇宙数字人营销平台是可控的。品牌方可以根据自己的需要和目标，设计和构建数字人和虚拟世界的形态和体验。通过数字人和虚拟世界的互动，品牌方可以更好地了解消费者的需求和行为，并有

针对性地调整自己的营销策略，以提高营销效果。此外，品牌方还可以对元宇宙数字人营销平台中的内容和互动进行监控和管理，从而更好地控制品牌形象和口碑。

③ 元宇宙数字人营销平台是可转移的。在元宇宙数字人营销平台中，数字人和虚拟世界都是以数字形式存在的，可以轻松地被转移和分享。这种可转移的特性可以帮助品牌方扩大营销覆盖面和影响力，提高品牌的知名度和曝光率。

3.3 与传统数字营销模式的对比分析

与传统的数字营销模式相比，元宇宙数字人营销平台具有以下优势。

① 个性化和互动性更强。元宇宙数字人营销平台通过数字人和虚拟世界的结合，可以提供更具个性化、互动性和真实性的营销体验，与传统数字营销模式相比更具有吸引力和竞争力。

② 可信度更高。元宇宙数字人营销平台的可信度更高，可以帮助品牌方建立更加真实和可靠的形象，增强消费者对品牌的信任和认同。

③ 可扩展性更强。元宇宙数字人营销平台的可扩展性更强，可以帮助品牌方扩大营销覆盖面和影响力，提高品牌的知名度和曝光率。

4 元宇宙数字人营销平台的优势和不足

随着元宇宙数字人营销平台的应用场景不断丰富，它也在不断展现着其独特的优势和不足。

4.1 优势所在

① 提供个性化的营销体验。元宇宙数字人营销平台可以为企业和机构提供高度定制化的数字人形象，实现营销内容和广告创意的个性化，从而提高用户体验和营销效果。同时，数字人形象的互动性和沉浸感也能够增强用户对品牌的认知度和忠诚度。

② 增强品牌的互动性和参与度。元宇宙数字人营销平台可以通过数字人形象的互动性和逼真感，增强用户对品牌的参与度和黏性。与传统数字营销模式相比，元宇宙数字人营销平台更加生动、真实，具有沉浸感，能够吸引用户的注意力和兴趣，从而提高品牌的影响力和用户的忠诚度。

③ 提高营销效率和效果。元宇宙数字人营销平台可以通过自动化生成和推送广告内容，大幅提高营销效率和效果。数字人形象可以自动回答用户的问题，降低人工干预的成本和风险。同时，数字人形象还可以根据用户的需求和偏好，为用户提供个性化的服务和推荐，提高用户的满意度和转化率。

④ 多平台的应用场景。元宇宙数字人营销平台可以在多个平台和设备上应用，例如个人计算机、移动设备、VR/AR设备等。这种多平台的应用场景可以更好地满足用户的需求和习惯，扩大覆盖面和范围，同时也可以扩大企业和机构的市场份额和影响力。

4.2 不足之处

① 技术门槛和人才短缺。元宇宙数

字人营销平台需要应用多种技术，例如人工智能、虚拟现实、区块链等技术，对于中小企业来说可能存在较高的技术门槛，这也会导致该新型数字营销模式的应用和推广受到一定的限制。

② 数据隐私和安全问题。元宇宙数字人营销平台需要收集和使用用户的个人数据和信息，例如位置、偏好、购买记录等，这也增加了数据隐私和安全问题的风险。如果平台不能保证用户数据的安全和隐私，那么将会影响用户对于平台的信任度和品牌形象。

③ 用户体验和情感认知的局限。元宇宙数字人营销平台的数字人形象虽然可以提供生动的互动体验，但在一些情境下，仍会存在一定的局限性。例如，在处理复杂的服务需求和处于互动情境时，数字人形象的回答和处理可能会存在一定的局限性，从而影响用户的体验。

总之，元宇宙数字人营销平台作为一种新型的数字营销模式，其优势充分体现了巨大的市场潜力。企业和机构可以结合自身的实际需求和市场情况，合理应用该模式，不断进行技术创新和服务优化，以提高用户体验和营销效果，从而取得更大的商业价值。

5 元宇宙数字人营销平台的未来展望

元宇宙数字人营销平台是一种新兴的数字营销模式，其应用和发展已经引起了广泛的关注和热议。

5.1 发展趋势

① 数字人形象的多样化和个性化。随着技术的不断发展和应用，元宇宙数字人营销平台的数字人形象将会越来越多样化和个性化。例如，在颜色、形态、特征等方面会更加灵活和多样，以适应不同用户和场景的需求。

② 跨平台和多设备的应用。随着互联网技术的不断发展和应用，元宇宙数字人营销平台的应用场景将会越来越多样化和广泛化，例如在个人计算机、移动设备、VR/AR设备等平台上的应用，以此拓展用户群体和市场份额。

③ 人工智能和大数据的深度应用。人工智能和大数据技术的发展和应用将为元宇宙数字人营销平台带来更多的发展机遇。人工智能和大数据技术可以为数字人形象提供更加精准的服务和推荐，提高用户的满意度和转化率。

④ 与现实世界的深度融合。元宇宙数字人营销平台将会越来越深度融合现实世界，例如与VR/AR等新技术结合，更好地提供个性化的服务和推荐，提升用户体验和品牌认知度。

5.2 市场机遇

随着元宇宙数字人营销平台的应用场景的不断扩大，其在电商、零售、时尚、教育等领域的应用将会越来越广泛。同时，元宇宙数字人营销平台也可以应用于企业和机构的品牌形象塑造、营销推广、产品展示等领域。

总之，元宇宙数字人营销平台作为一种新型的数字营销模式，其未来发展前景和市场机遇将会越来越广泛和多样化，企业和机构可以结合自身的实际需求和市场情况，合理应用该模式，不断进行技术创新和服务优化，从而取得更好的营销效果和商业价值。

6 结论

通过本文的研究和分析，可以得出以下 3 点结论。

① 元宇宙数字人营销平台是一种新型的数字营销模式，其应用和发展已经引起广泛的关注和热议。

② 元宇宙数字人营销平台具有多种应用场景，可以为企业和机构提供高度定制化的数字人形象和服务，提高用户体验和营销效果。

③ 元宇宙数字人营销平台的市场现状和发展趋势具有一定的优势和不足，其中技术门槛和人才短缺、数据隐私和安全问题、用户体验和情感认知的局限等亟待重视和解决。

综上所述，元宇宙数字人营销平台是一种值得关注和推广的新型数字营销模式，其应用和发展将会为企业和机构提供更加个性化和智能化的数字营销服务，从而提升品牌价值。

多端协同的线路勘察设计平台的研究和实现

田　军　汪海波　顾　娟

摘　要： 全球5G网络已经正式商用，5G网络建设脚步也逐步加快。本文结合当前勘察设计信息化趋势，探讨总结了一套基于手机终端、桌面客户端及网页端多端协同的线路勘察设计数字化解决方案，通过标准化的数据规范和智能化的工具辅助，可以在大幅提升勘察设计效率的情况下，提升勘察设计成果的交付质量，保证数据的共享和处理效率，同时也保障了数据的安全性。

关键词： 线路；勘察设计；一体化；协同

1　引言

我国5G于2019年开始大规模商用。与4G相比，5G能够提供全新的业务，满足不同业务场景和垂直行业需求，大量需求必然带来5G网络的高速建设。

勘察设计工作作为通信规划、设计、建设过程中重要的环节，传统勘察设计模式已无法满足5G时代各大电信运营商对勘察效率、设计质量管理的要求。在传统勘察模式下，勘察人员需要携带大量辅助工具前往现场，通过纸质表和草图勘察记录，照相取证，对人员的经验和技能要求较高，勘察工作效率普遍不高，而线路专业的勘察设计比其他专业更复杂，需要记录现场管线及路由，勘察物和参照物多且复杂，若非经验丰富的勘察人员，特别容易出现漏项和错项。同时，在传统模式下，回到公司后凭记忆处理报告和设计，勘察报告格式不统一，照片整理需要花费大量的时间，且难以保证准确率。

同时，在传统勘察模式中，企业能力和经验集中在“人”身上，勘察历史数据和历史图纸多数情况下存放在个人计算机中，一旦人员流失，会对设计资源使用造成浪费和损失。勘察设计信息化建设历经多年，很多企业主要面向勘察、绘图、设计等环节分别独立设计和开发了相关的信息化软件，忽略了各阶段历史数据和业务流程的协同和共享，生产过程数据相互孤立没有联系，管理困难。多数勘察企业仍停留在原始的管理模式上。

基于以上问题，本文探讨如何充分利用现有高速发展的移动通信技术、智能设备，结合成熟的信息化手段，改变传统勘察设计作业模式和固有问题，建设支持多端协同、高效智能的勘察设计一体化平台，实现线路勘察设计全过程的集成、协同和数据共享，从而促进勘察设计全过程的精细化管理，在保障数据安全性的同时，提高线路勘察设计的效率和质量，提升设计交付物的附加值，促成建设单位、设计单位和施工单位实现多方共赢。

2 线路专业勘察设计现状和问题

线路专业的勘察设计工作，主要包括线路规划、现场勘察、绘制 CAD 图、工作量统计和概 / 预算、完成设计文本，整个生产过程涉及移动电话、计算机等多类终端设备。“十三五”期间，工程勘察企业充分发挥信息化的引领和支撑作用，以满足实际工作需要为前提和根本出发点，并以信息化促进勘察设计企业转型升级及创新发展。至今，各设计单位逐步在建或已经建成相关勘察设计信息化管理软件，并且在生产各阶段广泛应用 CAD 等辅助工具软件，提升了线路专业勘察设计的信息化水平，但是从勘察设计全过程的角度来看，仍然存在以下问题。

（1）数据可视化程度不高

对于专业线路来说，勘察设计人员需要调查和记录线路周边的参照物、道路、地形特点、地貌特征和土质结构等，绘制管线的类型和路由走向，对杆面和管道的占用情况做出设计，从而保证线路设计能够具有高度的可行性及科学性。现有线路勘察更侧重于任务整体信息的填报、采集和描述，对勘察物、参照物、管线等资源的可视化程度不高，无法高度还原现场的管线位置和路由走向。

（2）各阶段数据零散孤立，无法串联和共享

当前，勘察设计信息化工作主要集中在外业数据采集的过程中，极少涉及内业工作，随着信息化程度的提高，必然要将勘察的内业工作纳入信息化管理的范畴。同时，勘察设计各阶段，系统大多独立建设或购置上线，上线初期确实提升了生产管理水平，阶段实现了电子化和信息化，但是由于建设前期没有进行统一的规划，所以系统上线后，系统之间没有统一的数据标准和规范，各阶段数据各自为政，相互之间无法串联和共享，无法真正做到一体化管理。

（3）过程资料管理不规范，数据安全风险高

工程勘察设计周期一般较长，项目人员流动性较大，历史勘察设计过程资料多数掌握在个人手中，文件的过程管理和版本控制存在较大的隐患。工程结束后，很多资料都被束之高阁，没有充分发挥作用，难以指导以后的勘察设计工作。例如，某个线路的改造工程，没有历史数据或者使用错误的历史数据作为参考，就需要勘察设计人员花费更多的时间重复工作。同时，由于缺乏有效的管理数据和资料的手段，项目人员甚至项目外成员都可以相互传递，有可能造成资料泄露，引发数据安全问题。

（4）多端协同作业和一体化程度不高

线路专业的勘察设计过程需要经过现场勘察、绘图、预算、说明文本等阶段，现场需要使用便携的移动终端设备，又需要在计算机端使用 CAD 软件和辅助插件绘图，同时还需要在网页端的管理平台管理流程。目前很多情况下，多端数据并未打通，更多的还是在 App 端绘制管线，手动将数据导出后，再将数据文件手动导入管理平台，至于绘制 CAD 图纸，想要使用 App 绘制的管线数据难度更大，多端数据不同步，严重影响了项目分工和协同作业。

3 平台设计和实现

基于以上的问题，我们设计和建设勘察设计一体化平台，实现勘察设计各阶段的集成、协同和数据共享，从而达成勘察设计全过程精细化、一体化管理。

3.1 系统整体架构

为了实现上述目标，勘察设计一体化平台由基于 Web 的管理平台、基于移动终端的勘察 App 及基于 CAD、Office 等办公软件的增效工具集组成，利用微服务架构，根据业务将服务进行合理拆分，综合利用 GIS 地图，建设以共享化为目标的设计资源共享中心、以一体化为目标的数据中心及以集成化为目标的应用中心，并配套人员、模板等设计资源池建设，实现各端各阶段数据的互联互通和资料跨项目、跨地域、跨平台的共享。

勘察设计一体化平台整体架构如图 1 所示。

图 1 勘察设计一体化平台整体架构

为了推进整合信息共享，破除各系统之间的壁垒，实现数据的全过程贯通，勘察设计一体化平台底层采用统一的用户注册、鉴权和权限管理机制，支持勘察App、生产增效工具库、设计资源共享中心等一系列子系统统一鉴权登录，同时也能支持用户企业应用系统授权访问。

安全保障体系是维护平台正常运行与应用的根本。勘察设计一体化平台重视安全保障体系的建设，通过安全保障体系提升管理平台抗风险与防入侵的能力，包括网络访问、服务器、应用、存储和数据资产等方面的全面防护。

3.2 数据模型的整体设计

线路专业区别于其他专业的一个重要特点是要采集线路周边的参照物、道路、地形特点、地貌特征、土质结构等信息，绘制和记录管线的类型和路由走向，数据的准确性显得尤为重要。因此，要实现平台的一体化协同管理，首先要整体规划数据，不仅需要满足勘察的需要，还需要考虑到后期生成图纸、工作量自动统计等工作的要求。因此，数据建模工作不能只考虑对传输线路勘察设计涉及的全量资源，包括勘察物、参照物、依附物等进行数据建模，还需要对施工设计元素及相关的延伸信息、规则进行建模。

勘察设计一体化平台的数据建模是为了能够在勘察时进行初步设计、CAD能自动生成设计图纸、自动进行工作量统计，通过不断的实践使用，我们确定了电杆、管井、光缆段、管道段等10类勘察主体和铁塔、民房等15类参照物，以及光交箱、接头盒等6类辅助勘察物。勘察物分类见表1。

表1 勘察物分类

分类	物体
勘察主体	电杆、管井、标石、杆路段、管道段、直埋段、光缆段、其他管道段、其他光缆段、拉线
辅助勘察物	光交箱、接头盒、分光器、分纤箱、引上点
点状参照物	民房、基站、草地、树林、稻田、铁塔、池塘、水田
线状参照物	槽道、沟渠、桥梁、河流、铁塔、围墙、道路

为了更好地实现图纸生成的标准化，以及对工作量进行统计，勘察设计一体化平台还细致地划分各类物体的属性。例如，对于电杆来说，增加了工程性质（新建/利旧/拆除/更换）、土质类型（综合土/软石/硬石）、杆型（水泥杆/木电杆等）等属性。又例如管井，增加了开挖路面方式（人工/机械）、开挖路面类型（混凝土、沥青、砂石等）、开挖土方方式（人工/机械）、开挖土方土质（普通土/硬土/冻土/坚石等）、回填方式（夯填原土/松填原土等），通过属性的细化和重新设计，设计的数据模型不仅兼容现场勘察绘制，而且能够在完成勘察后，用于后续的自动化绘图和工作量统计。

3.3 服务的统一治理

如前所述，由于建设前期没有进行统一的规划，勘察设计各端的信息化软件普遍存在以下问题：各端分别调用各自的服务，各服务组件的界面风格不一致、服务操作入口多、服务标准不统一；每个服务组件的服务实现方式不同、集成方式不同、调用方式不同；各应用和组件都需要自行解决部署、配置、监控和调度问题。

微服务架构是一种全新的互联网架构，它的基本理念是将一个大型系统拆分成若干个小的服务组件。微服务架构支持以业务功能为基准来创建应用，并按业务界限分离服务，每个服务运行在自己的进程里面并且都是简单灵活的，可以独立部署的。

近年来，随着敏捷开发、DevOps、持续交付等IT建设理念的发展及虚拟化、Docker等容器技术的逐步成熟，微服务架构的落地实施成为可能。由于勘察设计一体化平台贯穿勘察设计全生命周期，需要提供的服务多且很多服务在多个阶段有应用，基于微服务架构的平台设计思想也为平台的服务治理提供了新的思路。勘察设计一体化平台可以将原先大而复杂的业务逻辑抽象成更小的、原子的、可复用的服务，例如文件服务、消息推送服务、用户鉴权等，并将各个微服务按业务功能组织，全过程各阶段的应用都可以通过平台提供的服务网关组件请求平台中的微服务，由服务网关通过一定的策略拦截和定位请求。

3.4 资源的全过程管理和共享

建设全过程资源共享的设计资源库，是勘察设计一体化平台建设的核心，也是实现全过程数据一体化管理的基础。勘察设计一体化平台基于数据仓库和文件服务，构建了统一的设计资源中心。无论哪个阶段的数据和文件，均可以根据权限在设计资源中心中快速查询检索到。同时，利用成熟的GIS地图，将线路多个任务的管线和路由展示在一张图上，也带来了以下优点。

（1）设计资源中心实现了资源跨地域、跨部门、跨平台的管理和共享

公司的勘察设计业务分布在全国大部分省市，生产部门也同时分布在多个省市，设计资源中心打破了原先地域、部门、平台的限制，现网、规划、勘察等不同业务数据不受时间和空间的限制，在一张GIS地图上展示和分享不同部门的数据，也可以通过权限分享，为跨部门、跨地域的协作创造了条件。

（2）设计资源中心满足了资源安全性的要求

在没有统一的设计资源中心之前，很多共享资料，多是以U盘或网盘的方式由各项目组保存的，这种存放方式有较大的风险：首先，无论是U盘还是网盘，通常都有访问权限，不管什么类型的数据和资料，都存在泄露的可能；其次，多人使用存放在U盘中的数据，存在误删或丢失数据的可能，如果网盘运营方出现问题，也会存在丢失数据的风险。

设计资源中心分类统一存放在勘察设计一体化平台的数据仓库和文件服务中，并配以统一的用户鉴权校验，地市负责人、部门负责人、项目负责人、一线人员

都可以根据自身权限，查阅到设计资源库里的资源，使用者不用担心资料的丢失，平台在提供了资源共享便利的同时，保证了资料的安全。

（3）设计资源中心实现了资源的标准化、规范化管理

通过设计资源中心，公司、部门、项目组可以分别根据不同省市、不同电信运营商的要求，安排设计专家有针对性地制作匹配的模板，包括勘察报告、图纸、文本等：一方面，可以最大化地积累和复用现有高级人才的经验，勘察新人不再需要经过专门复杂的培训，打开App就能知道管井需要采集哪些信息，将高级人才从基础重复的工作中解放出来；另一方面，也实现了勘察设计资源的版本控制和规范化管理。项目经理或设计专家即时提供标准化模板，人员勘察前，不用再到处寻找确认最新的勘察模板，随时打开App就能找到最新规范的模板，填报完成后就可以生成勘察报告，发现问题应在现场即时确认，避免之前因为错项或者漏项重新返回现场的问题。同时，标准规范的数据也为与电信运营商工程管理系统之间的对接和同步打好了基础。

（4）基于GIS地图的设计资源中心准确直观地展示了资源分布及路由走向

不同于其他专业，线路特别是干线工程，地点跨度大、工程时间长，需要绘制和记录管线的类型和路由走向，还需要参照线路周边的参照物、道路和地形特点等信息。勘察设计一体化平台基于GIS地图设计资源中心，除了可以方便快捷地共享过程资料，还可以准确直观地展示资源分布、资源的新建/改造的状态、管线的路由等信息。

3.5 多端业务协同

多端业务协同带来了效率提升，主要表现在以下场景中。

① 项目负责人将规划点通过管理平台导入系统，并通过工单将任务派给勘察人员。

② 勘察人员在App端接收到工单，在App上导航，规划路线，到达现场采集信息，主要包括填报现场信息以及拍摄照片和小视频。

③ 项目负责人在管理平台实时看到勘察数据，如果有问题，可以及时调整模板或联系现场人员确认。

④ 勘察人员回到驻地，可以在管理平台生成勘察报告、项目信息表等成果文件。

⑤ 完成勘察后，勘察人员将任务推送到绘图部门，绘图人员可以在管理平台基于GIS地图查阅勘察的详情，预生成CAD图纸，统计工作量，完成绘图校审。

⑥ 设计人员在管理平台新建设计任务，关联勘察站点，查阅本次勘察、绘图信息及图纸，完成设计校审。

⑦ 完成设计校审后，系统自动归档，同步到OA系统，工程管理人员可以通过管理模块进行质量检查。

统一的资源管理和服务治理为上述多

端协同的实现提供了能力保障，多端的业务协同不再像原先一样，所有工作交给一个人包干，优化了设计项目的过程管控，推动了项目内部人员的协同合作。

3.6 增效工具的高度集成

勘察设计一体化平台基于底层的应用中心服务，整合了多年生产实践中积累的勘察、绘图、设计各阶段常用工具，通过应用中心进行发布分享和版本自动升级，并将工具高度集成在业务流程的各个环节，例如在绘图环节，绘图人员在管理平台填写绘图信息后，直接点击生成CAD工具，系统自动打开本地CAD程序，基于线路勘察人员现场勘察的管线信息，按照预置的比例预生成CAD图纸，同步将工作量统计、常用图库等插件菜单加载在CAD中。通过增效工具的高度集成，使用人员不需要频繁切换界面，在对应的业务页面就可以使用相关工具，提升了勘察设计人员使用系统的操作体验感。

3.7 平台数据安全性

勘察设计一体化平台全过程协同的基础在于数据，平台最重要的资产也是数据。因此，对于多端协同的勘察设计一体化平台来说，数据的安全性显得尤为重要。平台从信息的采集、存储与应用全过程进行把控，全面建立覆盖网络、主机、应用、存储和数据资产的安全防控体系。

① 多层防御，集中监控。从基础安全、主机安全、数据安全及应用安全等多个层次进行安全防御。业务系统统一部署了应用层攻击防御产品IPS和WAF，主要用于检测与防护CC攻击。在应用层面，重视应用程序的安全防御，包括注入防御、XSS攻击防御、CSRF攻击防御、异常日志监控等，同时做好访问控制防护，通过用户鉴权和权限管理实现对系统内受限资源的访问控制，不同的用户和角色只允许访问特定的资源。

② 网络隔离，分域防护。在网络内部根据业务和数据的重要性划分安全域，从而为网络体系营造统一的基础信任环境，提供安全可信的网络接入、通信、交换和管理服务。勘察设计一体化平台通过设置防火墙等技术手段，对外部用户的访问数据包、用户身份和连接方式进行控制，防止对本平台及与本平台相连的其他系统的非法访问、攻击和破坏。

③ 综合手段，立体防御。采用综合安全手段，包括访问控制、入侵保护、安全审计等安全技术，以安全域划分和边界整合为基础，实现对多个安全域或子域的综合、立体防御。勘察设计一体化平台制定安全策略，包括身份认证服务、权限控制服务、信息保密服务、数据完整性服务、完善的操作日志等，保护敏感数据不被未授权的用户访问。勘察设计一体化平台还配备了日志审计模块，重要数据进行脱敏处理，重要系统审计日志发送到集中的日志审计中心进行集中存储、分析、预警，保证审计日志的不易篡改性、安全性和可用性。

4 结束语

随着我国通信行业的高速发展，为了提升自身的核心竞争力，实现降本增效目标以及提升交付质量，更好地为通信建设服务，设计单位建设勘察设计一体化平台逐步成为未来的发展趋势。本文对多端协同的线路勘察设计平台的优势和解决方案进行了探讨，研究了关键技术。随着勘察设计一体化平台的建成落地，勘察设计各阶段实现了集成、协同和数据共享，实现了勘察设计全过程精细化、一体化管理的目标，对设计单位实现勘察设计生产的数字化转型具有重要意义。

参考文献

[1] 中国勘察设计协会 .“十一五”工程勘察设计行业信息化发展规划纲要 [J]. 中国勘察设计，2006（6）：24-26.

[2] 王丹 . 对工程勘察信息化的几点认识 [J]. 中国勘察设计，2005（9）：7-9.

[3] 乌青松，谭坦，姜大伟，等 . 广西工程勘察信息化及质量监管探索和实践 [J]. 工程技术研究，2022.7（1）：155-156.

[4] 宋广，吴芮，安亚杰 . 工程勘察内外业一体化信息管理平台设计与应用 [J]. 河南水利与南水北调，2021（9）：88-90.

[5] 王磊 . 微服务架构与实践 [M]. 北京：电子工业出版社，2015.

[6] 熊敏，林荣恒，邹华 . 云计算环境下的自适应资源监测模型设计 [J]. 新型工业化，2012，2（11）：25-31.

互联网诈骗的自动反制系统研究

卢　磊　曹润刚

摘　要：本文通过对电信诈骗的境外化、剧本多样化、态势高发化和公安传统打击手段不足的分析，提出了采用AI分析识别，并建立公安机关、通信管理局、电信运营商三方生态合作协同的闭环模型，设计对诈骗网站的自动反制解决方案，并在实际工程落地中取得了良好的实践效果。

关键词：网络诈骗；自动反制；智能识别；深度学习

1　引言

随着互联网信息化的快速发展，诈骗犯罪模式也发生了本质转变，传统接触式犯罪持续下降，而以电信诈骗为代表的新型犯罪处于高发态势，给广大人民群众造成重大的经济损失，近年来诈骗案件占比较高的，主要涉及网购退赔（24%）、贷款诈骗（18%）和刷单兼职（17%）等案件。

2　互联网诈骗自动反制闭环系统模型

2.1　公安反诈对自动反制系统的需求

公安反诈工作经历3个阶段的转变，最终要向系统自动反制方向跃进。

第一阶段，专案打击。主要是个案突破、专项案件集群打击，随着犯罪技术迭代升级、犯罪人员境外迁移、黑灰产业链的细分和完善，打击难度越来越大。

第二阶段，事前预警。渗透攻防、后台获取潜在受害人信息，对于诈骗网站的潜在受害人，采用电话、短信、上门劝阻方式进行保护，但存在准确率、覆盖率和时效性的问题。

第三阶段，自动反制。通过电信网络阻断反制系统，切断主要诈骗技术路径，从而降低诈骗案件的发生率。其核心是切断网络接触渠道（网站/App），电信运营商具有资源优势，可在电信运营商固定网、移动网上进行统一的分光分流（或策略路由）、采集、监测和封堵。该方案易于根据公安的实际要求，进行端口流量采集、解析、拦截阻断，系统易于升级迭代，可应对最新的诈骗手法。

2.2　公安自动反制系统闭环模型

公安自动反制系统闭环模型如图1所

示。公安机关、通信管理局、电信运营商三方联动，建立数据采集处理子系统、诈骗网站拦截子系统、策略管理子系统、诈骗网站智能研判子系统、通信管理局审核研判子系统、警情输入及建模子系统，6个子系统形成业务与工作闭环。

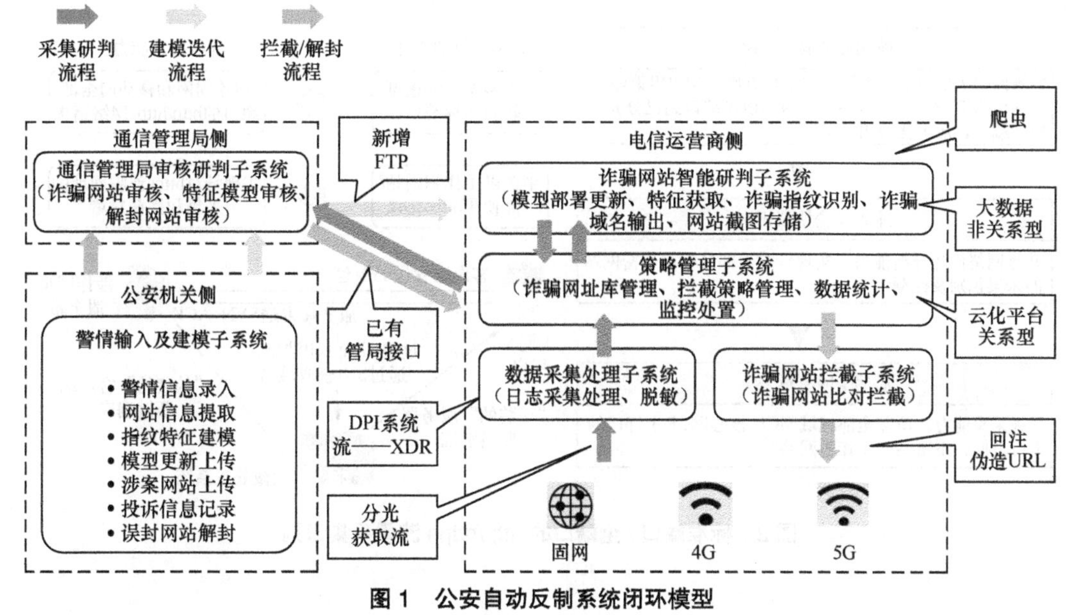

图1 公安自动反制系统闭环模型

自动反制系统的闭环业务流程如下。

① 终端用户通过固网、移动网（4G/5G）发起http/https上网请求，该请求流量经上行分光（或策略路由）送至流量过滤分流设备（以下简称分流器），分流器对用户访问上行流量http（s）get偏移过滤后，送到数据采集处理子系统（可为专用采集处理设备或软件部署于x86设备模式）采集流量中的域名字段，形成XDR日志。

② 统一进行DPI日志的过滤分析，通过电信运营商内网（或公网虚拟专用网方式）传给云平台上的策略管理子系统，该子系统将数据消重、归并后动态向通信管理局报送涉诈链接，同时接收通信管理局的封堵要求，获取通信管理局审批结果及网址后，向固网、4G/5G下发拦截封堵策略。

③ 经过通信管理局审批的涉诈链接将自动收录诈骗网站智能研判子系统，除了自动收录和爬取，该子系统还能够根据公安机关/通信管理局提供的诈骗网址特征模型，进行特征获取、诈骗指纹识别，智能研判识别出涉诈网址，并返回给策略管理子系统。

④ 通信管理局审核研判子系统是公安机关与电信运营商的桥梁纽带，负责审核诈骗网站、审核特征模型、审核解封网站，是公安机关在电信运营商的代表方。

⑤ 公安机关侧警情输入及建模子系统，负责警情信息录入、网站信息提

取、指纹特征建模、模型更新上传、涉案网站上传、投诉信息记录、误封网站解封等。

2.3 自动反制系统的关键技术

标准端口/全端口的http/https流量采集识别如图2所示。

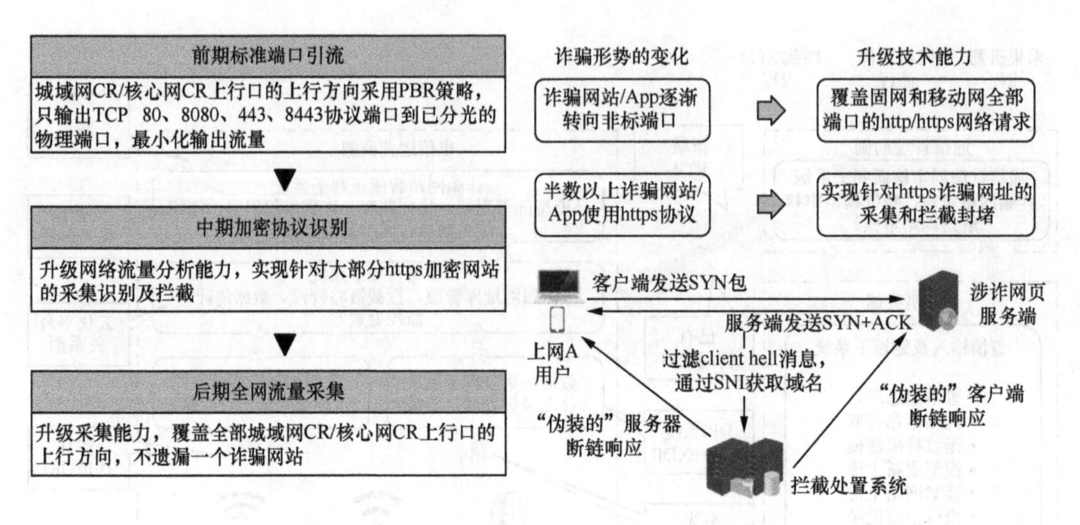

图2 标准端口/全端口的http/https流量采集识别

自动反制系统的业主需求方是各地市公安机关，公安机关投资后由各地市电信运营商负责项目建设，达到减少本地互联网诈骗的案发率。根据各地公安机关的需求深度、投资规模，可参考图2进行项目建设。

① 前期标准端口引流：通过该地市城域网CR/核心网CR上行口的上行方向采用分光或PBR策略路由指定方式，输出http的TCP 80和TCP 8080两类标准端口到后向分流器，由后向分流器做http get的位偏移，进一步压缩送入数据采集处理子系统的业务流量，减少后端投资。

② 中期加密协议识别：升级网络流量分析能力，输出https的TCP 443和TCP 8443两类加密标准端口，实现针对大部分https加密网站的采集识别及拦截。

③ 后期全部流量采集：升级采集能力，覆盖全部城域网CR/核心网CR上行口的上行方向的所有分光链路，进行全端口流量采集，不遗漏一个诈骗网站。

基于深度学习的诈骗网站智能研判如图3所示，通过从DPI日志获取URL域名链接池，将其送入白/黑名单库（可挂接可信第三方的白名单库、诈骗网址库）过滤，既不属于白名单也不属于黑名单的被送入自然语言分析模块、网页指纹库模块、网页枚举器模块进行综合分析识别，抽取出诈骗模型库所需的打标字段信息，诈骗模型识别库根据打标信息的训练样本，逐步完善和优化诈骗研判模型，对自动识别出的恶意URL申请拦截。该深度学习算法是根据链接构成、静态资源、源码等21个维度构建的机器学习模型，可以动态识别http和https两种协议，能监控Android、iOS、Windows系统的UC、Chrome等多种浏览器。

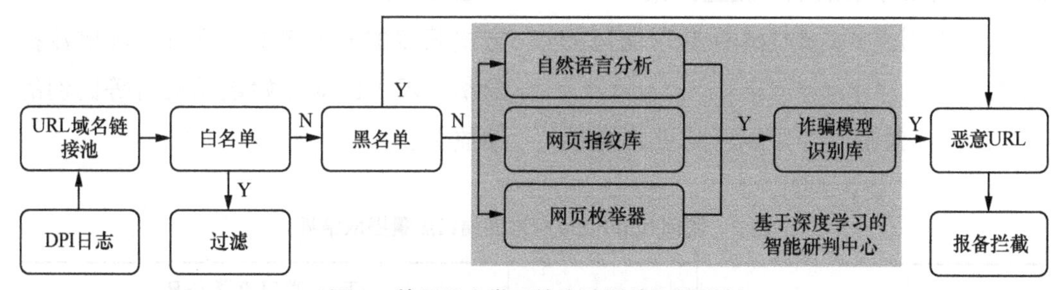

图3　基于深度学习的诈骗网站智能研判

（1）自然语言分析

通过对网站进行文本挖掘、语义分析、信息抽取与检索、机器翻译等多维分析处理，机器自动化学习形成各类恶意域名的特征库。针对不同类型的恶意域名，对特征库设置不同的算法模型，从而实现精准识别。自然语言分析主要包括自然人语言分析（词法分析、句法分析、语义分析等）、图/音/文处理（图片转文本、语音转文本、文本翻译、内容搜索、内容推荐等）、拓展应用分析（话题检测、情感分析、知识推理和意图理解等）。

（2）网页指纹库

基于对网站应用中的终端设备、服务器及网络用户进行深入分析及隐性标识指纹识别技术，通过浏览器指纹识别关联用户的终端设备、网站流量指纹识别用户所访问服务器地址、流量行为指纹识别用户实体等，从而实现对网页访问的有效甄别，提取网络诈骗域名网页指纹。主要应用的指纹分析有4种：网页关键字、静态文件或MD5文件、URL关键字及URL的TAG模式。

（3）网页枚举器

通常，诈骗网站为防止URL被封堵，会采取多个URL、多个IP地址甚至多个运营网站（实质内容基本相同）的方式来提高网站的可访问性。因此，需要对网页源码、域名相似度、视觉特性相似度、文本内容相似度进行枚举分析，发现相似域名（或URL关键字相同）、相似视觉特性（通常诈骗网站页面都具有较为艳丽的色彩特征）、相似文本内容（下载网页源代码，并进行关键字匹配），匹配率达到设定阈值，即可报备拦截。

（4）诈骗模型识别库

对已发生的网络犯罪案件通过IP侦测、反查侦测、搜索侦测、协查侦测、衍生侦测等手段，对多个不同维度的信息综合关联分析建模，形成10000多个诈骗模型，并通过研究新发案件，增加训练样本标签，优化和迭代更新诈骗模型识别库。

3 基于上述模型的流量采集及拦截效果

3.1 固网及移动的端口流量采集

（1）固网 http/https 标准四端口的流量采集

固网流量提取，可以考虑在本地网部署流量数据采集处理系统或省集中侧部署流量数据采集处理系统（根据公安机关的需求选择匹配的方案），以某电信运营商为例，在省集中侧以分光分流方式获取的固网流量见表1（考虑数据隐私，表1已对原始数据进行等比例的缩放）。

表1 固网 http/https 标准四端口流量提取结果

某电信运营商	CR 带宽 /（Gbit/s）	上行流量 /GB	TCP 端口流量 /GB	
			80+443	80+443+8080+8443
城域网 01	5700	1417.6	112.6	120.3
城域网 02	6880	1934.6	110.8	119.4
城域网 03	8400	3089.3	65.8	70.6
城域网 04	2880	1140.7	70.2	75.2
城域网 05	2400	960.9	45.1	50.4
城域网 06	2790	1742.0	46.9	51.1
城域网 07	1910	891.1	46.5	50.7
城域网 08	4200	2179.3	48.4	52.2
城域网 09	2890	1285.4	38.4	43.1
城域网 10	3440	930.0	26.7	30.4
城域网 11	2200	645.8	39.8	44.5
城域网 12	1710	400.6	21.8	23.3
城域网 13	4280	2195.2	88.0	92.3
合计	49680	18812.5	761	823.5

通过表1的流量数据可以看出，上行流量的城域网带宽平均利用率约为37.9%，而标准四端口 TCP 80/8080/443/8443 的流量占比为4.5%（最高占比为8.5%），且标准四端口的流量以 TCP 80/443 流量为主体。

（2）移动网全端口流量采集

以某电信运营商为例，移动网（4G/5G）分光分流方式获取的流量见表2（考虑数据隐私，表2已对原始数据进行了等比例的缩放）。

表 2 移动网（4G/5G）上行流量提取结果

移动网	核心网侧	峰值流量 / GB（上行 + 下行）	上行峰值流量 /GB
4G	全省集中	1624	157
5G	全省集中	1218	124

通过表 2 可以看出，移动核心网通常为集中部署方式，其上行峰值流量占总流量的 10% 左右，由于为全省集中部署，上行总流量不大，直接进行全端口流量采集，以提升拦截诈骗网站的成功率。

3.2 诈骗网站智能研判拦截效果

前文已经提到，基于深度学习的诈骗网站智能识别是自动反制系统的关键技术，基于案件建模、网页指纹分析、自然语言分析，建立诈骗网址模型库，实时识别分析固网 / 移动网用户发送的 http 数据包中的域名，实时推送数据并交由后台系统分析处理，后台系统依据设定的 URL 表和诈骗网址模型库对数据内容进行分析，对固网 / 移动网用户访问记录 URL 的做诈骗网址检测和诈骗程序下载检测，将结果反馈到网络互联过滤设备，以进行相应的访问控制处理，提供更深入的诈骗网址分析比对。

该电信运营商在 2021 年通过该系统共有效识别诈骗网站超过 380 万个，推送警情信息 20000 余条，建立各类诈骗模型 10000 余个，拦截非法访问超 460 亿次，该自动反制系统上线后该省诈骗警情同比下降 30%。

4 结束语

本文阐述的互联网诈骗自动反制系统技术手段新颖，通过人工智能和机器学习，既提高了诈骗网站的检测精度，又有效应对了诈骗手法的不断变化，实现了“发现一个，拦住一批”；通过公安机关、通信管理局、电信运营商三方协同，实现对诈骗网站的建模、审核、拦截，形成针对网络诈骗进行智能防控的创新生态合作体系，有效保障诈骗反制系统的落地，也易于在全国推广复制。

参考文献

[1] 中国信息通信研究院 . 中国网络安全产业白皮书 [R]. 2020.

[2] 秦帅，钟政，漆晨航 . 电信网络诈骗犯罪产业化现象与侦查对策 [J]. 政法学刊，2022，39（3）：5-10.

[3] 唐琦，杨光 . 加强模式识别和机器学习技术在电信网络诈骗治理中的运用[J]. 人工智能，2022（1）：82-88.

[4] 陈刚 . 大数据时代犯罪新趋势及侦查新思路 [J]. 理论探索，2018（5）：109-114.

[5] 文硕，吴琪，郑锦莹 . 大数据智能化时代非接触性犯罪的侦查模式——以电信网络诈骗为例 [J]. 政法学刊，2022，39（2）：12-17.

基于 YoloX 目标检测模型轻量级裁剪

钱启璋

摘　要：卫星对目标的实时检测广泛应用于各个领域，但星载平台的处理内存与计算能力普遍有限，对检测算法的要求更高，传统的目标检测算法难以满足需求。基于此，借鉴 MobileNet v3 网络模型的可分离卷积思想、逆残差结构思想、通道注意力机制轻量化裁剪 YoloX 网络模型，同时基于可分离卷积结构裁剪优化模型的特征金字塔模块，降低模型参数量，提出一种嵌入式平台实时处理的目标检测算法。与原 YoloX 相比，实验结果表明，在保证识别精度 99.12% 的前提下网络模型的参数量减少，改进后的轻量级网络模型在嵌入式平台上的检测速度每秒可达 30 帧，平均检测精度为 92.54%，为实现嵌入式平台实时目标识别提供了理论支撑。

关键词：目标检测；YoloX 模型；轻量化裁剪；嵌入式

1　引言

目标检测能力是视频卫星捕获和跟踪目标的必要前提，检测算法通过遥感图像确定运动目标的具体位置，自发、准确地识别目标的类别，该技术具有重要的意义。而遥感图像由星载相机按照从上到下的观测方向拍摄的，目标分布在图像中的任意方向，而载荷相机沿地面水平角度拍摄，图像中的目标大多与地面垂直。因此，卫星平台的目标检测算法在确定目标方向时必须具有较高的鲁棒性与精度。

随着深度学习的突破，研究人员开始将深度学习应用于遥感目标检测，并为此建立了多个网络。有专家提出了一种改进的基于YOLOv3框架的飞机目标检测算法，有专家提出了一种基于显著图的端到端飞机目标检测算法，还有专家提出了一种基于级联卷积神经网络的远程飞机目标检测算法。尽管基于深度学习的遥感目标检测算法的精度和速度都大幅提高，但该模型存在参数空间和计算量过大的问题，而星载系统由于功耗低，内存与计算能力有限，大规模的深度学习算法难以应用于资源有限的星载平台。

因此，本文需要对目标检测算法进行

轻量化裁剪，借鉴 MobileNet v3 网络模型的反向残差结构，结合 SENet 的通道注意力思想，改进目标识别算法 YoloX 网络模型的主干网络，并调整网络模块的层数，减少网络间的特征冗余，压缩神经网络整体框架，基于深度可分离卷积结构实现空间卷积替换 SPP 结构与特征金字塔的普通卷积，实现模型参数量减少，采用多尺度融合方式，有效检测遥感目标。

2 YoloX 网络模型

YoloX 网络模型分为主干网络架构、特征金字塔 Neck 网络和预测检测 Head 模块 3 个部分。首先，将图像输入主干网络，经过多次卷积运算和池化运算得到特征映射；其次，将提取的特征图送入特征金字塔 Neck 网络结构中，利用 FPN 结构增强特征提取，同时完成上采样和下采样的操作，将浅层特征图语义信息与深层特征图语义信息相结合；最后，在 Yolo Head 结构中完成目标检测工作。

（1）主干网络

YoloX 网络模型的主干网络模型采用 CSPDarkNet 模型进行特征提取，通过定义残差结构可以将输入的特征信息与提取的特征信息进行有效结合，增加深度信息与深度结构以提高模型检测的准确率。同时，主干网络模型采用分离像素增加特征通道的思想，提出了 Focus 网络结构，更有利于网络模型提取图像特征。同时，特征提取函数借鉴 Sigmoid 与 RelU 激活函数的优势，提出了 SiLU 激活函数，进行非线性激活。

（2）Neck 结构

特征提取结构采用 FPN 的思想进行构建，提取主干网络中间层、中下层与底层位置的特征向量，采用特征金字塔结构融合不同维度的特征向量，有利于更好地提取目标的位置与目标类别信息。

（3）Head 结构

网络的预测部分将分类与回归检测分为两个阶段进行特征提取，通过网络结构分阶段解耦的形式，提高了网络模型的预测精度。

3 轻量化裁剪 YoloX 网络模型

3.1 主干网络模型的轻量化

MobileNet v3 轻量级网络结构支持网络精度和时延的平衡。MobileNet v3 的 block 结构如图 1 所示，MobileNet v3 的高效卷积模块继承了 MobileNet v1 网络的深度可分离卷积结构，在 1×1 卷积进行升维后，采用可分离卷积结构进行提取，减少计算量；同时，借鉴 SENet 网络模型的通道注意力机制，不断提取网络模型的特征提取能力，赋予不同特征的权重比例，提高了网络结构的整体精度。MobileNet v3 的模型结构在计算量、空间消耗及检测精度方面保持了很好的平衡性。因此，本文对模型进行轻量化的裁剪操作，借鉴 MobileNet v3 轻量级网络结构的思想，替换为 YoloX 的主干网络结构。

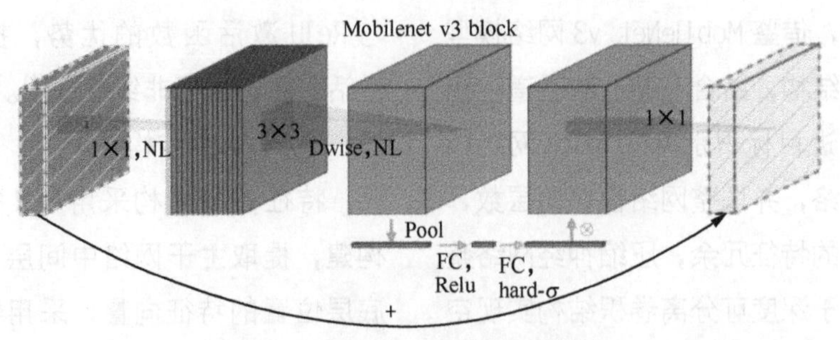

图1 MobileNet v3的block结构

本文借鉴轻量级的可分离卷积核与通道注意力思想构建的Bneck bottleneck模块实际架构为倒置的残差结构，残差结构中间特征图通道数少而两边的特征图通道数多，反向残差结构中间特征图通道数多而两边的特征图通道数少。在处理深度可分离卷积的过程中，对特征图先升维再降维的做法极大地提升了网络特征的提取能力，而且提高了计算速度，利用Bneck bottleneck模块替换原主干网络模型的Resblock Body模块。轻量化裁剪YoloX的主干网络如图2所示。

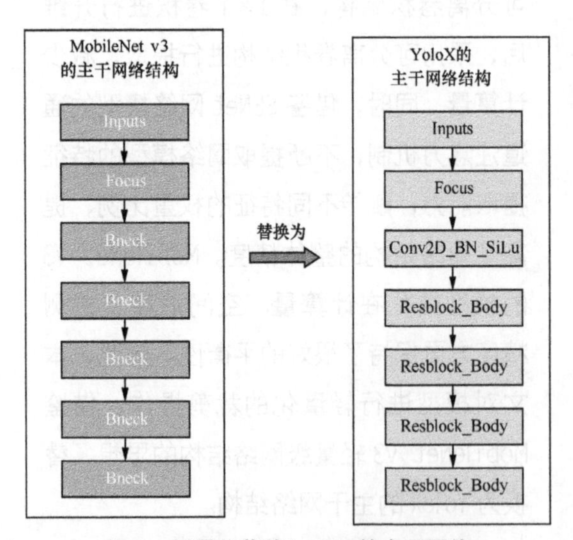

图2 轻量化裁剪YoloX的主干网络

3.2 提取特征结构与预测结构裁剪

考虑到空中物体的大小变化，本文继续沿用YoloX的13×13、26×26与52×52的三级预测结构。通过分析特征提取网络，网络较深层提取丰富的语义信息有助于预测目标的类别，而较浅层提取的特征信息有助于识别目标的位置。因此，改进的目标检测网络模型的Neck结构继续采用自顶向下的特征金字塔结构，对于特征提取网络生成的具体特征图，在检测前按照不同尺度的特征进行融合，增强了各尺度特征层的语义信息，提高了目标检测的精度。分析YoloX的SPP结构与特征金字塔的结构，发现网络结构内含大量的3×3卷积层与连续卷积的结构，增加了模型的计算量，因此本文采用可分离卷积结构，比常规卷积操作减少了参数量，进一步压缩了网络模型。

4 实验结果

4.1 数据集

本文训练和测试的数据采用RSOD公开的数据集，采用Mosaic数据增强方式，对数据集随机选取 4 张图像，随机缩放，再随机分布进行拼接。这样不仅扩充了原始采集的数据集，而且还丰富了图片的背景。RSOD 数据集在 2015 年公开，它是一个用于遥感图像目标检测的开放数据集，数据来源有 Tianditu 等平台，采用 PASCAL VOC 的标注格式。数据集包括飞机、油箱、操场和立交桥 4 类对象，共有 976 张图像。RSOD 数据集实例对象分布见表 1。

表 1　RSOD 数据集实例对象分布

	飞机	油箱	立交桥	操场
图像数量 / 张	446	189	176	165
实例数量 / 张	4993	191	176	1586

4.2　评价指标

目标检测性能公开的客观评价指标为平均检测精度（A），具体定义如下。

$$A=\frac{1}{|Q_R|}\sum_{q=1}^{Q_R}A(q) \qquad (1)$$

其中，$A(q)$ 为平均精准度，以召回率值为横轴，准确率值为纵轴，这样可以得到 PR 曲线，进而求取值，简单来说，就是对 PR 曲线上的准确率值求均值，A 值的定义如下。

$$A=\int_0^1 p(r)dr \qquad (2)$$

模型大小与模型的参数量密切相关，可衡量 YoloX 算法压缩模型的精简程度。

Flops 则反映了算法的计算量，表示每秒的计算量的大小。

4.3　轻量化目标检测模型的检测结果

为验证本文采用轻量化 YoloX 网络模型检测遥感飞机目标的性能，本文对原 YoloX 神经网络模型与轻量化 YoloX 网络模型进行实验对比。采用客观评价指标 A 进行对比，原 YoloX 网络模型 A 指标和轻量化 YoloX 网络模型 A 指标如图 3、图 4 所示。

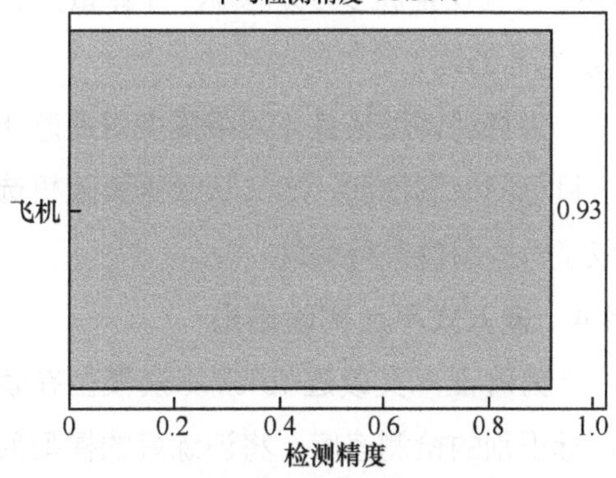

图 3　原 YoloX 网络模型 A 指标

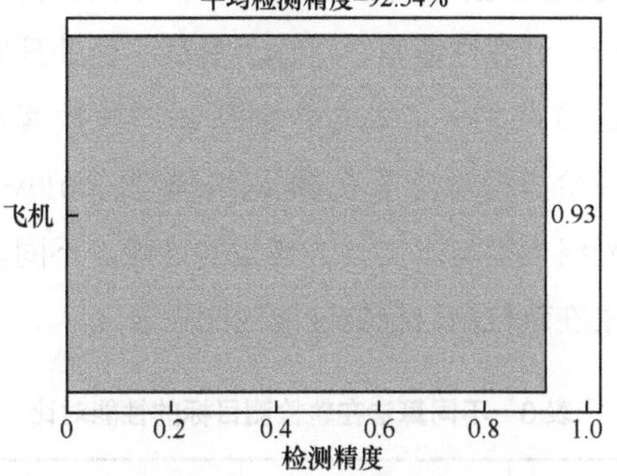

图 4　轻量化 YoloX 网络模型 A 指标

可以看到，原 YoloX 网络模型的 A 指标为 93.36%，轻量化 YoloX 网络模型的 A 指标为 92.54%，模型检测的性能基本一致，模型缩减后，性能稍微有损失。

验证轻量化 YoloX 网络模型的压缩效果，采用模型参数大小与计算量评价模型的性能。压缩前后的 Yolov4 网络模型性能对比见表 2。

表 2 压缩前后的 Yolov4 网络模型性能对比

算法	*A*	权重	计算量 / FLOPs
YoloX 网络模型	93.36%	244	29.9
轻量化网络模型	92.54%	11.07	7.07

从表 2 可以看出，压缩前后的 YoloX 网络模型权重减少 95.463%，计算量大幅减少 76.35%。

为直观体现轻量化网络模型对遥感飞机目标的检测性能，本文从数据集随机选取了一些图像进行测试。

4.4 嵌入式平台实验结果

为验证本文改进 YoloX 算法模型在轨目标识别的检测速度，将训练好的模型部署到 Jetson Xavier NX 嵌入式平台上进行验证处理，该处理器外形小巧、功耗较低、计算性能强，可作为星载平台处理验证节点之一。本文分别从 *A* 与帧数客观评价指标对比了 YoloX 网络模型、YoloX-s 网络模型与本文改进模型的性能。不同算法在轨检测目标的性能对比见表 3。

表 3 不同算法在轨检测目标的性能对比

方法	*A*		帧 / 秒	
	416×416	608×608	416×416	608×608
YoloX	93.36	94.58	8	4
YoloX-s	48.26	54.22	38	30
本文改进模型	92.54	94.01	30	26

由表 3 可知，面向 Jetson Xavier NX 嵌入式平台，输入图像像素大小为 416×416 与 608× 608 时，YoloX 网络模型因模型结构复杂每秒处理 8 帧与 4 帧，未能满足星载平台实时检测的需求，而 YoloX-s 网络模型与本文改进的模型每秒可处理 38 帧、30 帧与 30 帧、26 帧，但 YoloX-s 网络模型的 *A* 指标为 48.36，识别率较低，而本文改进的 YoloX 网络模型比 YoloX-s 网络模型精度高，且自身的处理速度比 YoloX 网络较快，满足星载平台实时准确检测目标的需求。

5 结论

本文提出一种轻量化 YoloX 的网络架构，减少网络间特征冗余，首先借鉴 MobileNet v3 网络模型特性，轻量化裁剪 YoloX 的主干网络模型，具体技术包括采用深度可分离卷积结构，在 1×1 卷积进行升维后，采用可分离卷积结构提取，减少计算量；采用逆残差结构，扩展模型提取特征的维度信息，提取更多有效的特征信息；同时借鉴 SENet 网络模型的通道注意力机制，不断提高网络模型的特征提取的权重比例。模型的 Neck 部分与预测部分，利用可分离卷积结构，改进 SPP 结构与特征金字塔结构，实现空间卷积，减少模型参数量；实验结果在公开数据集验证，结果表明，改进的模型可以同时兼顾处理性能与处理速度，有效检测遥感飞机的目标。

参考文献

[1] Dai W C, Jin L X, Li G N, et al.Real-time airplane detection algorithm in remote-sensing images based on improved YOLOv3[J].Opto-

electronic engineering, 2018, 45(12): 84-92.

[2] Yao X, Han J, Guo L, et al.A coarse-to-fine model for airport detection from remote sensing images using target-oriented visual saliency and CRF[J]. Neurocomputing, 2015, 164(21): 162-172.

[3] Yu D H, Guo H T, Zhang B M, et al. Aircraft detection in remote sensing images using cascade convolutional neural networks[J]. Acta geodaetica et cartographica sinice, 2019, 48(8): 1046-1058.

[4] Zhang Q, Zhang Y, Liu Z G. A Dynamic Hand Gesture Recognition Algorithm Based on CSI and YOLOv3[J]. Journal of Physics:Conference Series, 2019, 1267: 458-466.

[5] Zhang Y, Shen Y L, Zhang J. An improved tiny-YOLOv3 pedestrian detection algorithm[J]. Optik, 2019, 183: 17-23.

[6] Vidyavani A, Dheeraj K, Reddy M R M, et al.Object Detection Method Based on YOLOv3 using Deep Learning Networks[J]. International Journal of Innovative Technology and Exploring Engineering(IJITEE), 2019, 9(1): 1414-1417.

[7] Roy A G, Navab N, Wachinger C. Recalibrating Fully Convolutional Networks with Spatial and Channel "Squeeze & Excitation" Blocks[J]. IEEE Transactions on Medical Imaging, 2018, 38(2): 540-549.

[8] Liu Y P, Ji X X, Pei S T, et al.Research on automatic location and recognition of insulators in substation based on YOLOv3[J]. High Voltage, 2020, 5(1): 62-68.

数据中心机房节能技术的应用

杨　玲　王　丽

摘　要：某大型数据中心园区承接了某高等级互联网公司的业务需求，分两期建设。两期项目采用不同的绿色节能技术，本文从两期项目分别选取了一个典型机房进行对比分析，包括建设标准、建设方案、建设投资及节能效果等，为建设其他互联网数据中心机房提供参考。

关键词：数据中心；节能技术；建设标准；建设方案；建设投资

1　前言

随着互联网及数据中心行业的蓬勃发展，互联网公司对数据中心机房的建设要求日益提高，数据中心机房的绿色节能技术也日新月异。某大型数据中心园区承接了某高等级互联网公司的业务需求，分两期建设，采用不同的绿色节能技术。本文从中选取两个典型机房进行对比分析，并提出建议。

2　基本概况

该园区位于苏州市虎丘区，共规划 7 栋单体：4 栋数据中心机楼、1 栋动力中心楼、1 栋 110kV 变电站及 1 栋综合楼。其中，4 号数据中心机楼为 4 层建筑，建筑面积约 20000m^2，主要功能是数据机房及其配套用房，二至四层为标准层，共 12 个机房，可提供约 2000 个机柜，单机柜平均功耗 8kW。该高等级互联网公司租用了 4 号数据中心机楼二、三、四层机房，共计 8 个机房，约 1300 个机柜，分两期建设：一期建设范围是二层 4 个机房（2A、2B、2C、2D）及三层 2 个机房（3C、3D）；二期建设范围是三层 3A 机房及四层 4D 机房。

3　建设标准

该数据中心机楼各机电配套设备按照 GB 50174—2017《数据中心设计规范》A 级、互联网用户机房建设标准进行配套设备方案规划，具体方案按照两种标准中更严格的标准部署，以满足不同用户的使用需求。

两个模块机房的主要建设标准对比见表 1。

表 1　两个模块机房的主要建设标准对比

类别	国家标准 A 级	用户标准	2A 机房（一期）	3A 机房（二期）
冷（热）通道间距	面对面布置间距不宜小于 1200mm，背对背布置间距不宜小于 800mm	面对面布置间距不宜小于 1400mm，背对背布置间距不宜小于 1400mm	采用列间空调；面对面、背对背布置，间距为 1400mm	采用新型末端热管背板制冷形式，贴近热源直接制冷，优于常规的冷热通道；面对面、背对背布置，间距为 1500mm
空调末端	$N+X$（X=1–N）	$N+X$（$X \geqslant 20\%$）	$N+X$（$X \geqslant 20\%$）	热管背板 2N 备份
变压器	2N	2N	2N	2N
油机配置	$N+X$（X=1–N）	N+1（$X \leqslant 8$）主用机组负荷率不超过 80%	N+1（$X \leqslant 8$）主用机组负荷率不超过 80%	N+1（$X \leqslant 8$）主用机组负荷率不超过 80%
储油时间	宜满足 12h 用油	满足 12h 用油	满足 12h 用油	满足 12h 用油
UPS 系统	2N 或 M（N+1）M=2，3，4，…	UPS 交流 2N/240V 直流 2N	240V 直流 2N	240V 直流 2N
蓄电池后备时间	15min	15min	15min	15min
容错配置的变配电设备物理隔离	物理隔离	物理隔离	物理隔离	物理隔离

注：N 代表主用设备数据；X 代表备用设备数量。

4　建设方案

4.1　工艺

（1）机柜

2A、3A 机房为标准模块机房，分别位于 4 号数据中心机楼的二层、三层，单个模块机房面积约为 480m^2。

① 2A 机房：共布置 167 个机柜，其中包括 163 个整机柜（8.8kW）、2 个管理网机柜（4.4kW）和 2 个 ODF 机柜。

② 3A 机房：共布置 182 个机柜，其中包括 178 个整机柜（8.8kW）、2 个管理网机柜（4.4kW）和 2 个 ODF 机柜。

2A、3A 机房的机柜数量统计见表 2。

表 2　2A、3A 机房的机柜数量统计

楼层	机房名称	设备名称	机柜数量 / 个	单机柜功耗 /kW	IT 设备额定功率 /kW
二层	2A 机房	整机柜	163	8.8	1434.4
		管理网机柜	2	4.4	8.8
		ODF 机柜	2	0	0
2A 机房合计			167		1443.2

续表

楼层	机房名称	设备名称	机柜数量 / 个	单机柜功耗 /kW	IT 设备额定功率 /kW
三层	3A 机房	整机柜	178	8.8	1566.4
		管理网机柜	2	4.4	8.8
		ODF 机柜	2	0	0
3A 机房合计			182		1575.2

（2）平面

2A、3A 机房采用了不同的空调方案和相同的电源方案，并依据 GB 50174—2017《数据中心设计规范》A 级及用户机房标准控制间距，合理布局机房内的设备。

① 2A 机房：采用列间空调 + 封闭热通道，面对面、背对背布置，间距为 1400mm；采用列柜方式给机柜供电，双路供电列柜分别安装于列头、列尾，物理隔离。

② 3A 机房：采用新型末端热管背板制冷形式，贴近热源直接制冷，面对面、背对背布置，间距为 1500mm；采用列柜方式给机柜供电，双路供电列柜分别安装于列头、列尾，物理隔离。

2A、3A 机房的平面布局分别如图 1、图 2 所示。

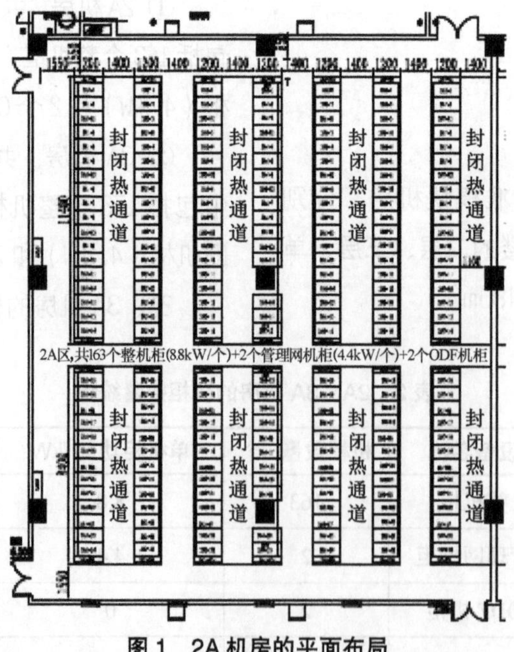

图 1　2A 机房的平面布局

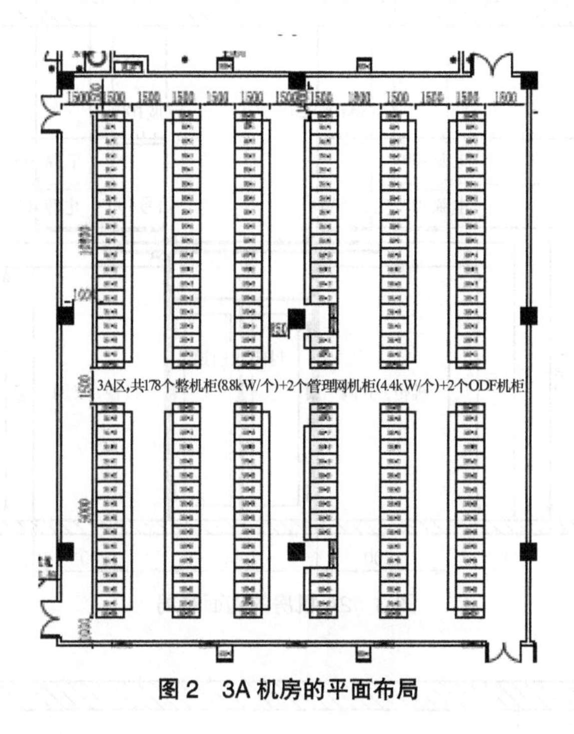

图 2　3A 机房的平面布局

（3）走线架

2A、3A 机房梁下净高为 4250mm，采用上走线方式，走线架全部采用网格桥架。

① 2A 机房：主走线架部署信号双层桥架和电源双层桥架，距地高度分别为 2600mm、2900mm、3200mm、3500mm；列走线架位于每列机柜的正上方，采用吊杆对顶固定，信号桥架宽为 400mm、距地高度为 2600mm；电源桥架与信号桥架并列设置，双层宽 400mm，距地高度分别为 2600mm、2900mm；空调配电桥架位于信号桥架上方，宽度为 200mm，距地高度为 3200mm。2A 机房的剖面布局如图 3 所示。

② 3A 机房：主走线架部署信号双层桥架和电源双层桥架，距地高度分别为 2600mm、2900mm、3200mm、3500mm；列走线架位于每列机柜的正上方，采用一体化模块框架，固定框架，信号桥架宽为 400mm、距地高度为 2600mm；电源桥架与信号桥架并排布置，分别位于机柜和背板的正上方，宽 400mm，距地高度为 2600mm；空调配电桥架位于混分区的正上方，宽度为 100mm，距地高度为 2500mm。3A 机房的剖面布局如图 4 所示。

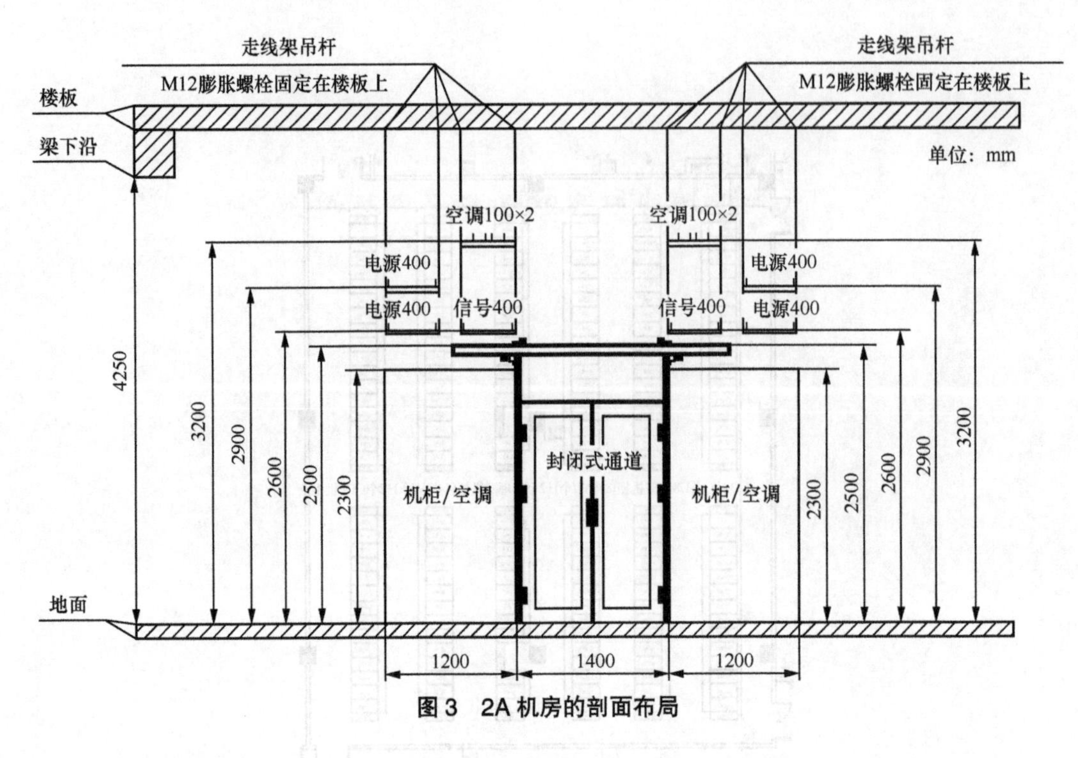

图 3　2A 机房的剖面布局

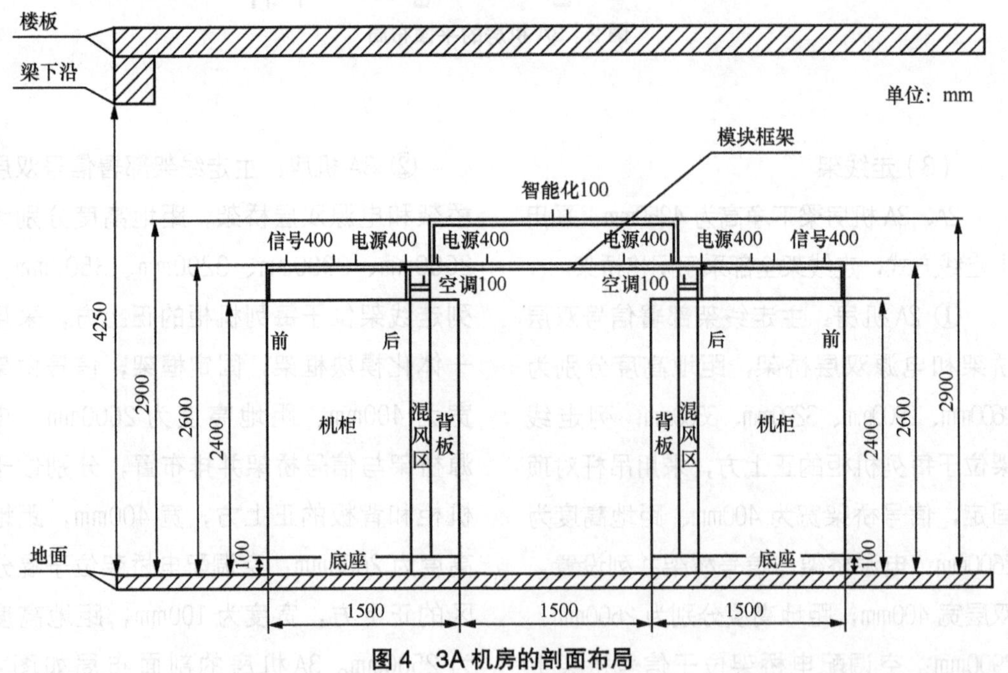

图 4　3A 机房的剖面布局

4.2　电气

（1）IT 设备不间断电源系统

2A、3A 机房均为用户机房，为满足用户 IT 设备的供电需求，均采用 6 套 1600A/240V 直流系统及配套蓄电池组，双系统双路由供电。

每套 1600A/240V 直流系统配置：2 台整流屏及 1 台直流输出屏；每套系统配置 2 组 600Ah/240V 蓄电池组，单系统（*N* 配置）满载后备时间不低于 15min，采用环保高功率阀控式密封铅酸蓄电池。

2A、3A 机房 IT 设备不间断电源系统配置见表 3。

表 3　2A、3A 机房 IT 设备不间断电源系统配置

序号	机房名称	设备类型	机架数量 / 个	单机架功耗 /kW	机柜总功耗 /kW	单套系统实际模块配置容量 /A	套数 / 套	正常工作时系统负载率
1	2A 机房	整机柜	28	8.8	246.4	1400	2	37%
2		整机柜	24	8.8	211.2	1200	2	37%
3		ODF 机柜	1	0	0			
4		管理网机柜	1	4.4	4.4			
5		整机柜	28	8.8	246.4	1400	2	37%
6		整机柜	24	8.8	211.2	1200	2	37%
7		整机柜	28	8.8	246.4	1400	2	37%
8		ODF 机柜	1	0	0			
9		管理网机柜	1	4.4	4.4			
10		整机柜	31	8.8	272.8	1600	2	36%
11	3A 机房	整机柜	34	8.8	299.2	1600	2	39%
12		整机柜	30	8.8	264	1600	2	35%
13		ODF 机柜	1	0	0			
14		管理网机柜	1	4.4	4.4			
15		整机柜	34	8.8	299.2	1600	2	39%
16		整机柜	28	8.8	246.4	1400	2	37%
17		整机柜	24	8.8	211.2	1200	2	37%
18		ODF 机柜	1	0	0			
19		管理网机柜	1	4.4	4.4			
20		整机柜	28	8.8	246.4	1400	2	37%

（2）空调末端不间断电源系统

2A、3A 机房均为用户机房，为满足用户 IT 设备的供电需求，均采用 1 路市电 + 1 路 UPS 为空调末端供电，空调末端切换。

① 2A 机房：二层机房配置 2 套 600kVA UPS 系统（单机），为二层机房内末端空调提供保障电源。

② 3A 机房：三层机房配置 2 套 600kVA UPS 系统（单机），为三层机房内末端空调提供保障电源。

每套 600kVA UPS 系统（单机）配置：1 台 600kVA UPS 主机及 2 台交流输出屏；

每套系统配置2组500Ah/480V蓄电池组，单系统（N配置）满载后备时间不低于15min，采用环保高功率阀控式密封铅酸蓄电池。

2A、3A机房空调末端不间断电源系统配置见表4。

表4 2A、3A机房空调末端不间断电源系统配置

楼层	负荷分类	功耗/kW	UPS系统配置		
			单机容量/kVA	台数/台	UPS系统常载负载率
二层	末端空调	495.5	600	2	52%
三层	末端空调	311.0	600	2	32%

4.3 暖通

2A、3A机房均为用户机房，单机柜平均功耗8.8kW，采用不同的空调末端技术。

① 2A机房：采用冷冻水列间空调+封闭热通道技术，单个通道N+X备份；机房湿度采用恒湿机独立控制，加湿方式采用湿膜加湿，节能降耗；空调冷负荷计算包括设备冷负荷和建筑冷负荷。2A机房空调末端设备配置见表5。

表5 2A机房空调末端设备配置

楼层	机房名称	设备总热负荷/kW	空调冷负荷/kW	空调末端	主用空调数量/台	备机数量/台	空调单机显冷量/kW
二层	2A	1443.2	1500	水冷列间	35	11	50

② 3A机房：采用新型末端热管背板贴近热源制冷，2N备份；机房湿度采用恒湿机独立控制，加湿方式采用湿膜加湿，节能降耗；空调冷负荷计算包括设备冷负荷和建筑冷负荷。3A机房空调末端设备配置见表6。

表6 3A机房空调末端设备配置

楼层	机房名称	设备总热负荷/kW	空调冷负荷/kW	空调末端	主用空调数量/台	备机数量/台	空调单机显冷量/kW
三层	3A	1575.2	1625	热管背板	180	0	8.8

4.4 智能化

2A、3A机房均为用户机房，智能化系统均包含综合布线系统、视频监控系统和动力环境监控系统。

其中，2A机房还包含机房内微模块监控。

4.5 装修

2A、3A机房均为用户机房，装修设计如下。

① 用户机房顶面装饰设计：设置LED平板灯。

② 用户机房地面装饰设计：地面采用防静电环氧地坪（防水）。

③ 用户机房墙面装饰设计：墙面采用100mm高环氧踢脚+白色无机涂料。

5 建设投资及节能效果

2A 机房采用列间空调 + 封闭热通道技术，3A 机房采用热管背板技术。

（1）建设投资

2A、3A 机房建设投资对比见表 7。

表 7 2A、3A 机房建设投资对比

序号	项目名称	2A 机房机电配套投资		3A 机房机电配套投资		备注
		建设总投资 / 万元	单位功率造价 /（万元 /kW）	建设总投资 / 万元	单位功率造价 /（万元 /kW）	
1	保障电源	942.63	0.64	942.63	0.59	
2	整体机房	761.96	0.52	844.40	0.53	含机房内机柜、列头柜、暖通等
3	DCIM	77.98	0.05	40.71	0.03	
4	基础配套	27.59	0.02	34.71	0.02	
5	综合测试费	16.70	0.01	18.20	0.01	
6	**投资合计**	**1826.86**	**1.24**	**1880.65**	**1.18**	

从表 7 可以看出，采用热管背板技术的单位功率造价低于列间空调 + 封闭热通道技术。

（2）局部 PUE 值

局部 PUE（partial PUE，pPUE）值是对数据中心 PUE 值的延伸，主要针对数据中心的局部区域进行能效评估，计算公式如下。

$$pPUE=(N+IT)/IT$$

其中，$N+IT$ 代表局部总能耗；N 代表局部非 IT 设备的能耗；IT 代表局部 IT 设备的能耗。

2A 机房 $pPUE=(2.5\times35+8.8\times167)/(8.8\times167)\approx1.06$

3A 机房 $pPUE=(0.2\times182+8.8\times182)/(8.8\times182)\approx1.02$

由此可见，采用热管背板技术的局部 PUE 值低于采用列间空调 + 封闭热通道技术的局部 PUE 值。

6 结论

综上所述，当单机柜功耗在 6 ～ 12kW 中高功耗区域时，可采取列间空调 + 封闭热通道或者热管背板技术；相比列间空调 + 封闭热通道技术，采用热管背板技术的单位功率造价更低且节能效果更优。

参考文献

[1] T/CECS 486—2017 数据中心供配电设计规程 [S]. 北京：中国计划出版社，2017.

[2] GB 50174—2017 数据中心设计规范 [S]. 北京：中国计划出版社，2017.

[3] YD 5210—2014 240V 直流供电系统工程技术规范 [S]. 北京：北京邮电大学出版社，2014.

[4] 张泉，李震，等 . 数据中心节能技术与应用 [M]. 北京：机械工业出版社，2018.

大型活动碳中和实施与解析

丁卫科　杨子凯　郑芳芳

摘　要：为实现第五届全国数据中心冷却节能高峰论坛碳中和目标，依据《大型活动碳中和实施指南（试行）》的基本原则及实施流程，论坛组委会采取了一系列减排措施，利用排放因子法核算论坛全阶段碳排放量，并通过购买碳汇实现论坛碳中和。分析结果发现，该届论坛碳排放总量为 104364.78kg，主要来源于交通排放、餐饮排放及住宿排放，分别占比 76.502%、13.265% 和 5.812%。根据核算结果反观减排措施，在住宿安排、酒店用品、办公用品等方面均有较大的减排空间，由此提出了部分建议。碳中和实施流程及研究结果具有示范性和可复制性，可为大型活动碳中和实施提供参考。

关键词：碳减排；碳核算；碳中和；排放因子法

随着当今世界城市化进程的加快，温室气体排放逐年增加，引发了全球范围内多地的极端天气和气候变化，严重影响了人类的活动。《2020 年全球气候状况报告》显示，2020 年全球平均气温比前工业化时期高出约 1.2℃，大气中 CO_2 浓度达到 300 多万年以来的最高水平，海平面上升趋势正在加快。

大型活动往往过程繁杂、涉及人员众多、持续时间较长，其场馆建设、赛事活动等都会产生大量的温室气体，具有很大的节能减排空间。2019 年，生态环境部发布《大型活动碳中和实施指南（试行）》（以下简称《指南》），以指导规范大型活动碳中和的实施。《指南》明确了大型活动的范畴，包括演出、赛事、会议、论坛、展览等较大规模的聚集行动。大型活动碳中和是指通过购买碳汇或植树造林等形式抵消活动中温室气体的排放量，应坚持优先控制温室气体排放，再实行碳抵消等手段中和的原则，且核算过程应完整、准确、公开、透明。

本文以第五届全国数据中心冷却节能高峰论坛为例，解析论坛碳中和实施的全过程，包括在筹备阶段制订碳中和实施计划、在举办阶段开展节能减排行动，以及在收尾阶段核算活动碳排放量及购买碳汇抵消碳排放实现碳中和等过程，形成良好的示范效应，同时为大型活动碳中和实施提供参考。

1　碳排放核算方法

在开展碳抵消行动之前，应准确计

算碳排放量，但至今尚未形成关于碳排放计算的统一标准。目前，按照设计思路可将碳排放计算方法大致分为宏观和微观两类，前者给出碳排放核算的解释，而后者直接面对不同排放源类型估算出碳排放量。同时，兼顾宏观和微观特点的碳排放核算方法包括排放因子法、质量平衡法和实测法，其中排放因子法正逐渐成为当今碳排放估算方法的主流。

排放因子法是政府间气候变化专门委员会提出的第一种碳排放核算方法，现已成为应用最广泛的方法之一，具有直接、有效等优势。其基本思路是确定地理、时间、设施等边界，汇总与碳排放直接相关的活动数据清单，将每一种活动数据乘以对应的排放因子并累加，即可得到该活动的碳排放总量，具体表示如下。

$$C=\sum_{i=1}^{n}(Q_i \times F_i)$$

其中，C 为活动的碳排放总量，单位为千克；Q_i 为与碳排放直接相关的某项活动的具体使用或投入数量；F_i 为某项活动的碳排放因子；n 为大型活动中与碳排放直接相关的活动项总数。例如，对于举办期间人员住宿项而言，Q_i 的单位为间·晚，F_i 的单位为千克/（间·晚）。

2 会议碳中和概况

2.1 会议概况

该届论坛于2022年7月28日在南京市举行，会期3天，采用线下会议和线上视频直播结合的方式，其中现场参会代表700余名，线上会议直播参与观众达33000人次。

2.2 碳中和实施流程

大型活动的碳中和实施流程主要包括在筹备阶段制订碳中和实施计划、在举办阶段开展节能减排行动，以及在收尾阶段核算活动碳排放量及购买碳汇抵消碳排放实现碳中和。

（1）碳减排

按照《指南》要求，大型活动组织者应确定温室气体排放量核算边界，预估活动温室气体排放量，本着优先减排再中和的原则，在论坛筹备、举办和收尾阶段尽可能控制温室气体的排放量，包括在活动场地、酒店住宿、餐饮、论坛管理等方面采取相关措施实现碳减排。

在论坛选址期间，综合论坛周边交通及设施配套情况，选择南京A假日酒店，将南京B国际会议大酒店、南京扬子江C会议中心作为预选方案，对比参会人员前往这3个地点产生的交通排放量（除飞机、高铁外），不同会议地址由地铁、私家车、出租车产生的温室气体排放量见表1。结果显示，南京B国际会议大酒店与南京扬子江C会议中心温室气体排放量比南京A假日酒店分别高出6.67%和25.52%，因此最终选取南京A假日酒店作为该届论坛的举办地点。此外，在酒店住宿、餐饮、论坛管理等方面还采取了酒店靠近公共交通枢纽、减少一次性用品的使用、控制空调的温度、设置公共饮用水、推行低碳办公，以及废弃物回收利用等一系列碳减排措施，尽可能减少温室气体的排放量。

表1 不同会议地址由地铁、私家车、出租车产生的温室气体排放量

阶段	车辆类型	往返目的地	里程 /km	碳排放因子	温室气体（CO_2）排放量 /kg	温室气体（CO_2）排放量总计 /kg
举办阶段	地铁	南京A假日酒店	9167	0.02753	252.36751	2086.42
	私家车		31856	0.04100	1306.09600	
	出租车		12877	0.04100	527.95700	
	地铁	南京B国际会议大酒店	10453	0.02753	287.77109	2225.56
	私家车		32082	0.04100	1315.36200	
	出租车		15181	0.04100	622.42100	
	地铁	南京扬子江C会议中心	13489	0.02753	371.35217	2618.81
	私家车		32113	0.04100	1316.63300	
	出租车		22703	0.04100	930.82300	

（2）碳排放核算

碳排放核算流程主要包括确定核算边界及排放源清单、收集相关数据、选择计算方法、核算碳排放量等。该届论坛碳排放核算的地理边界为论坛举办场地的地理范围、参会人员往返差旅活动的地理范围，时间边界为论坛的筹备阶段、举办阶段和收尾阶段，设施边界包括论坛举办场地的固定设施（例如，燃气锅炉、灶具等）、移动设施（公务车）等。论坛碳排放主要来源于净购入电力排放、交通排放、住宿排放、餐饮排放、活动用品隐含碳排放、废弃物处理排放等。依据碳排放源清单收集相关数据，包括论坛消耗电量、参会人员差旅选用的交通方式及里程、人员住宿、餐饮安排、活动用品，以及废弃物处理等相关活动数据，并利用排放因子法核算论坛碳排放总量。

3 结果与分析

依据所述的碳排放核算方法，针对论坛举办的3个阶段，按照碳排放清单收集相关数据并利用排放因子法计算温室气体排放量，以举办阶段住宿排放为例，论坛温室气体排放量核算（示例）见表2。

表2 论坛温室气体排放量核算（示例）

活动阶段	排放源类型	主要内容	活动水平数值 /（间·晚）	碳排放因子	温室气体（CO_2）排放量 /kg	温室气体（CO_2）排放量总计 /kg
举办阶段	住宿排放	五星单人	30	6.239	187.17	6066.134
		五星双人	4	9.175	36.70	
		四星单人	1218	4.404	5364.072	
		四星双人	76	6.292	478.192	

按照论坛不同阶段产生的温室气体及其占论坛总排放量的比例分析，论坛全过程碳排放量共有约104364.78kg，其中筹备阶段碳排放量约占全过程碳排放量的0.007%，举办阶段占99.825%，收尾阶段占0.168%。按照排放源类型分析，该届论坛碳排放量主要来源于交通排放、餐饮排放及住宿排放，分别为79840.72kg、13844.44kg和6066.13kg。

论坛碳排放量核算结果及占比如图1所示。

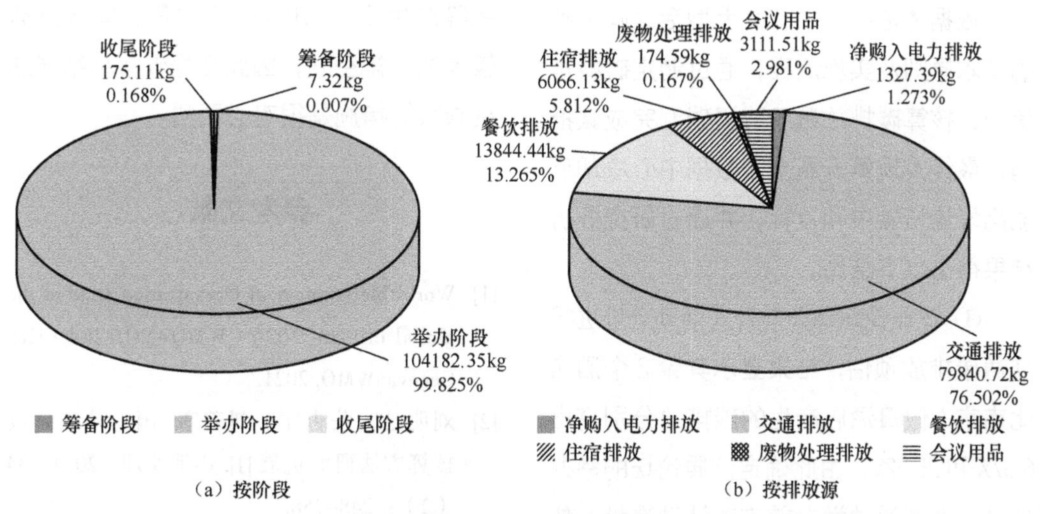

图1　论坛碳排放量核算结果及占比

大型活动往往通过购买碳汇或植树造林等形式实现碳中和，该届论坛依据碳核算结果购买并注销“贵州龙里马郎坡风电场项目”产生的经核证的中国核证自愿减排量来抵消产生的温室气体排放量，实现论坛“零碳排放”的举办目标。

依据优先控制温室气体排放原则，在碳核算后寻求良好的减排措施是必要的。以表2中的论坛温室气体排放量核算结果为基础，当全部参会人员住宿选择四星双人间时（即按照参会人员住宿总需求均分配至四星双人间），碳排放量为（30+4×2+1218+76×2）/2×6.292≈4429.57kg，可减排1636.56kg。论坛举办阶段使用的酒店一次性用品、瓶装水、纸、笔等共产生3111.51kg碳排放量，有较大的减排空间。

综合上述结果，为给大型活动碳中和实施提供参考，提出以下5点建议。

① 活动选址及住宿选址应遵循周边交通便利、设施完善的原则，尽量减少市内交通碳排放量。

② 应根据实际情况及个人意愿合理安排参会人员住宿，优先考虑双人间。

③ 提倡参会人员自带洗漱用品、拖鞋、水杯等用品，设置公共饮用水，减少提供一次性用品及瓶装水。

④ 碳核算的准确性建立在大量真实

数据的基础上，应在活动举办前安排专人负责收集数据并整理分类。

⑤ 鼓励优先采用来自贫困地区的碳信用或在贫困地区新建林业项目。

4 结束语

依据《指南》中有关大型活动碳中和的基本原则及实施流程，通过制定碳减排措施、核算碳排放量及购买碳汇完成碳抵消，最终实现第五届全国数据中心冷却节能高峰论坛碳中和目标，并通过研究分析结果得出以下结论。

① 该届论坛举办前针对活动选址进行交通碳排放预估，结果显示其余2个酒店比南京A假日酒店产生的碳排放分别高出6.67%和25.52%，由此确定该届论坛的举办地址。大型活动举办前应对活动选址、住宿安排、交通方式等进行碳排放量预估，对比分析并制定合理的碳减排措施。

② 在实施碳减排措施后，该届论坛碳排放总量共约104364.78kg，其中主要来源于交通排放、餐饮排放及住宿排放，分别占比76.502%、13.265%和5.812%，根据此结果购买碳汇完成碳抵消，实现该届论坛的碳中和，具有可复制性和示范性，为大型活动碳中和的实施提供参考。

③ 根据论坛全阶段碳排放量核算结果发现，当全部参会人员住宿选择四星双人间时，可减少1636.56kg碳排放量，举办阶段由酒店一次性用品、瓶装水、纸、笔等产生3111.51kg碳排放量，同样具有较大的减排空间，因此根据碳核算结果总结碳减排措施是很有必要的。

参考文献

[1] World Meteorological Organization.State of the global climate 2020（WMO-NO.1264）[R]. Geneva: WMO, 2021.

[2] 刘明达，蒙吉军，刘碧寒.国内外碳排放核算方法研究进展[J].热带地理，2014，34（2）：248-258.

[3] 何东颖，李翀潇，覃福雨，等.基于排放系数法的校园碳排放核算[J].西安工程大学学报，2022，36（4）：78-83.

[4] 郭恰，马艳.基于质量平衡法的污泥处理处置工艺碳减排量核算分析[J].净水技术，2019，38（10）：107-111.

[5] 卢露.碳中和背景下完善我国碳排放核算体系的思考[J].西南金融，2021（12）：15-27.

兰州某核心枢纽机房节能改造

戴新强　李荣康　陈　萌　张忠斌

摘　要： 随着我国信息通信产业的飞速发展，我国对数据中心的总体需求不断提高，数据中心的规模不断扩大，使数据中心能耗水平也不断提升。在“双碳”背景下对老旧机房进行数据中心（Data Center，DC）化改造已不可避免，而在数据中心能耗结构中制冷系统能耗占比较高。本文将对兰州某核心枢纽机房进行节能改造，改造现有的室外机，旁通冷冻水氟泵空调，在过渡季节充分利用自然冷源，不开压缩机，大幅降低运行能耗；高温季节靠智能集成冷站提供的冷源冷却冷凝器，避免风冷的“热岛效应”。改造后机房的PUE值降低，装机能力提升，可为其他老旧机房的DC化改造提供技术参考。

关键词： 机房节能改造；DC化改造；数据中心；氟泵空调

1　引言

近年来，我国数字经济发展步入快车道，物联网、大数据、人工智能等技术的发展和应用促使数据中心蓬勃发展。数据中心为高能耗基础设施资源，数据中心的耗电量已占全球发电总量近3%，预计仍将以15%～20%的速率持续增长。我国数据中心平均PUE值在2.0～2.5，而世界平均PUE值在1.5以下。2020年，全球信息通信技术（ICT）行业的温室气体排放量占全球温室气体排放总量的3%～6%，预计2030年将达到全球温室气体排放总量的23%左右。数据中心能耗结构中制冷系统能耗比例高达40%，制冷系统是数据中心能效优化的重要部分。

近几年，我国在用数据中心机架规模的年平均增长率保持在30%左右，截至2020年年底，在用数据中心机架总规模超过400万架。在数据中心规模不断扩大的形势下，三大电信运营商在20世纪末、21世纪初建造的大批核心网机房成为DC化改造的重点项目。本文将以兰州某核心枢纽机房节能改造项目为依据，重点说明此节能改造项目中空调系统的改造方案，为以后同类型机房的DC化改造提供技术参考。

2　机房楼制冷现状及存在问题

待改造机房楼有10层，楼层内的房间主要有数据机房、电力室、高低压配电室和值班室等。机房楼制冷系统全部采用风冷直膨式空调系统，根据各房间需求布置在每个功能房中。室内机是房间级的机房精密空调，是向房间提供空气循环、空气过滤、冷却及湿度控制的单元式空气调节机，包括压缩机、蒸发器、膨胀阀等；室外机为风冷冷凝器，布置在各楼层的空调外机承台上。室外机和室内机通过冷媒管连接。

现有数据显示，2020年全年总用电量为3982万千瓦时，电费为1911.36万元，其中空调用电量1481万千瓦时。目前，机房楼内各房间闲置空间较多且设备布置较分散，在线运行的IT设备、空调、电源损耗等总功耗为4546kW，其中在线运行IT设备功耗2400kW，在线运行空调功耗1691kW，在线运行电源、建筑照明等损耗约455kW，测算PUE值为1.894。机房楼设备在线运行数据见表1。

表1 机房楼设备在线运行数据

IT设备功耗/kW	空调功耗/kW	电源、建筑照明等损耗/kW	总功耗/kW	PUE值
2400	1691	455	4546	1.894

该机房楼制冷系统为传统风冷直膨式空调系统，制冷效率低，PUE值较高，主要存在以下问题。

① 根据业务需求后期会逐渐增加机架数量，随着通信负荷快速增长，现有机房制冷量不足，难以满足制冷要求。

② 室外机平台朝阳，阳光直射，夏季温度较高时易形成“热岛效应”，制冷效果差，报警频发，部分空调报警宕机，通过人工水淋降温，维护难度大。

③ 空调外机承台不合理，相邻层外机承台距离太近，散热空间不足。立放外机距离通风百叶距离不足，形成涡流，热气无法顺畅排至室外；卧放外机热气排出朝上，被上层外机吸入，无法排出热气。

④ 现有空调系统不能充分利用自然冷源，占总耗电量的40%，能耗较高。

⑤ 超期服役空调故障频发，机房制冷效率差，能耗高，备品备件缺失，维修困难，维护成本高。

3 改造思路

本次改造可提升机房的可用资源，提供更大的制冷能力支撑扩容。老旧机房没有统一的机房规划标准，不同的项目有不同的解决方案，但存在以下共性问题。

① 大多数机房处于市中心，对噪声敏感度较高。

② 老旧机房采用的空调形式大多为风冷直膨式机房精密空调系统。

③ 由于大多数机房处于市中心，用地紧张，少有空余用地或空闲建筑面积放置新增的空调设备。

④ 改造空调系统并保证在线运营业务不中断。

针对以上共性问题，老旧机房改造时应立足于项目所处地的气候特点、在线运营业务特点等充分利用自然冷源及新型空调系统制冷技术，选择对周边环境影响小、便于改造的经济性方案。本文节能改造的方向如下。

① 兰州气候条件适宜，应充分利用自然冷源，采用节能技术，选择高效的制冷形式，提升制冷效率，达到节能降费的目的。

② 合理确定制冷量，空调更换制冷量需根据机房运行设备负荷和机房外围热负荷计算确定，核算后制冷量不足的，按实际情况计算确定的制冷量并更换空调。

③ 改造室外承台外机的气流组织，避免涡流及通风不畅导致热量无法散出，形成“热岛”。

④ 保持机房连续运行不中断，尽可能避免加固等土建类实施。

4 机房楼改造方案

对该枢纽主机房进行实际勘察，分析制冷存在的问题，结合机房功耗测算制冷量，制定解决方案，具体如下。

① 考虑改造项目用地紧张，改造冷源采用智能集成冷站，可将冷站放置于机房楼屋面层。冷站运行工况为冷冻水温度15℃/21℃，冷却水温度30℃/35℃，湿球温度参考兰州地区夏季空调计算室外湿球温度。同时，考虑冬季自然冷源利用情况，校核冷却塔的选型。

② 对现有的室外机进行改造，旁通冷冻水氟泵空调，这样可以在过渡季节充分利用自然冷源，关闭原有压缩机，大幅降低运行能耗；高温季节，靠集成冷站提供的冷源冷却冷凝器，避免风冷的“热岛效应”，解决夏季冷凝器高温报警、制冷量不足的问题。

4.1 空调主机改造方案——智能集成冷站

智能集成冷站单元采用闭式冷却塔+水冷磁悬浮机组的方案为系统提供冷源，在过渡季节或冬季，室外温度较低时，可利用闭式冷却塔自然冷源为数据中心散热。在利用高效水冷机械制冷的基础上，充分利用兰州地区丰富的自然冷源实现数据中心的散热。智能集成冷站如图1所示，采用定制的集装箱，将磁悬浮机组、冷却水泵、冷冻水泵、定压补水装置等集成在集装箱内，是一套完整的系统。冷却塔可以水平布置，也可以直接放置于集装箱顶。冷却水管路集中布置，工程简单，现场仅需要将冷冻、冷却水管路与智能冷站连接，即可实现智能集成冷站的正常运行、快速部署和便捷施工。

图1 智能集成冷站

针对数据中心“365×24”小时发热场所，智能集成冷站机组集成自然冷源，充分利用自然冷源的节能空间更大。运行模式见表2。

表 2　运行模式

运行模式	风机	冷冻水泵	冷却水泵	冷水机组	冷却塔
自然冷源制冷	开启	开启	开启	关闭	开启
冷水机组制冷	开启	开启	开启	开启	开启

① 冷水机组制冷：在冷冻水设计工况为 15℃/21℃的前提下，当室外地区湿球温度高于 9℃时，智能集成冷站内部冷水机组压缩机为开启模式，通过制冷循环将水系统管路中流入蒸发器内的高温冷冻水降温冷却，流回末端。冷水机组制冷如图 2 所示。

② 自然冷源制冷：当室外地区湿球温度低于 9℃时，智能集成冷站内部冷水机组压缩机为关闭模式，此时冷却塔通过与室外空气换热，可直接将高温冷冻水回水冷却至低温供水，供末端使用。自然冷源制冷如图 3 所示。

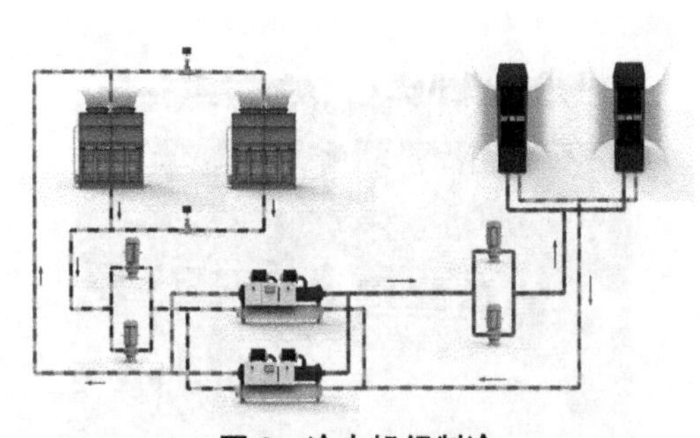
图 2　冷水机组制冷

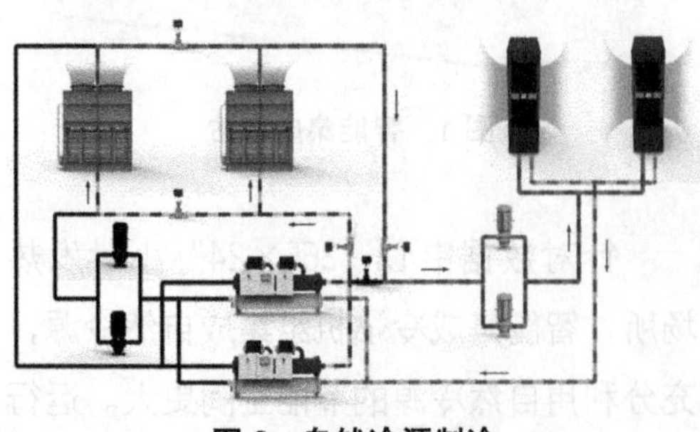
图 3　自然冷源制冷

4.2　空调末端改造方案——冷冻水氟泵方案

风冷直膨式机房精密空调系统原理如图 4 所示。压缩机、蒸发器和膨胀阀等位于室内机侧，依靠压缩机制冷带走机房热量，室内蒸发器吸收热量，室外冷凝器释放热量。

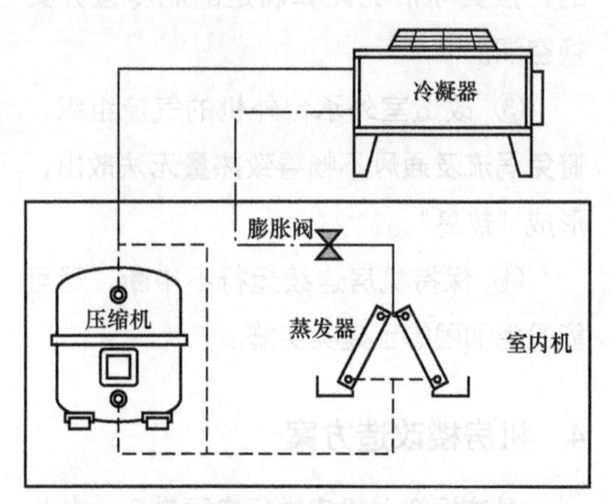

图 4　风冷直膨式机房精密空调系统原理

在保证在线运营业务不中断的前提下，对于在使用的风冷直膨式机房精密空调，室内机和室外机之间采用旁通冷冻水氟泵的改造方案。冷冻水氟泵空调系统原理如图 5 所示。利用智能集成冷站提供的冷冻水冷源为风冷直膨式机房精密空调提供低温氟泵冷源，使机房空调处于氟泵工作模式。

当空调系统处于冷冻水氟泵运行模式时，冷冻水氟泵循环依靠冷冻水氟泵模块实现制冷剂的冷凝散热，室内机中的压缩机处于关闭状态，室外冷凝器也不工作，均处于备份状态。在制冷剂循环中，制冷剂在蒸发器内与室内空气热交换后汽化，随后经过冷冻水氟泵模块，通过水氟换热器制冷剂被冷冻水冷凝散热，而后经制冷剂泵送入室内蒸发器进入下一循环。在冷冻水循环中，通过机械制冷或自然冷源得到的冷冻水被冷冻水泵送到冷冻水氟泵模块中，这里，冷冻水通过水氟换热器与制冷剂换热后被送到冷机或冷却塔，最后再经冷冻水泵进入下一循环。

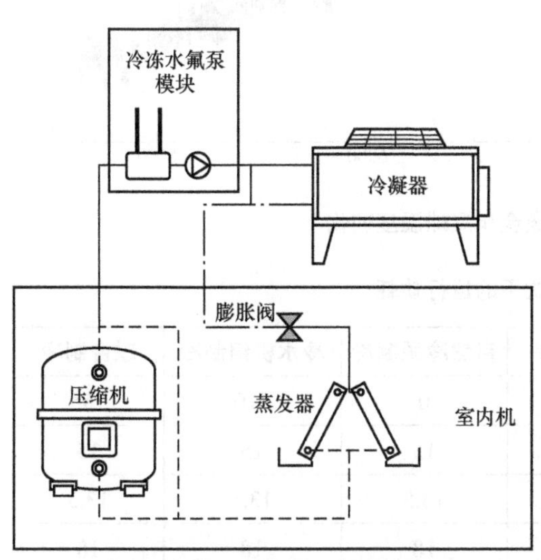

图 5　冷冻水氟泵空调系统原理

4.3　空调配置方案

本期主要对机房楼的 7 ~ 9 层进行 DC 化改造，待改造机房的主要功能为数据机房，机房楼 7 ~ 9 层现有设备布置情况见表 3。

表 3　机房楼 7 ~ 9 层现有设备布置情况

项目	数值	单位
单机柜功耗 2kW 机架数	420	个
单机柜功耗 3kW 机架数	120	个
机柜总功耗	1200	kW
机房空调数量	23	台
机房备份空调数量	6	台
空调总制冷量	1918	kW
除去备份空调总制冷量	1371	kW

后续为满足业务需求拟增加单机柜功耗 2kW 和 3kW 机架数均为 40 个。同时，现有风冷直膨式机房精密空调中有 9 台已处于超期服役状态，需要更换，在满足后续机架冷量需求的同时更换制冷量适宜的风冷直膨式机房精密空调。机房楼 7 ~ 9 层机架和空调规划设备布置情况见表 4。

表 4　机房楼 7 ~ 9 层机架和空调规划设备布置情况

项目	数值	单位
单机柜功耗 2kW 机架数	460	个
单机柜功耗 3kW 机架数	160	个
机柜总功耗	1400	kW
机房空调数量	23	台
机房备份空调数量	6	台
更换超期服役空调数量	9	台
空调总制冷量	2160	kW
除去备份空调总制冷量	1580	kW

根据机房规划后设备对冷量的需求，选择一台制冷量为 450RT 的智能集成冷站，布置在机房楼的屋面层。同时，改造 23 台风冷直膨式机房精密空调，在室内机和室外机之间增加冷冻水氟泵模块。考虑原有风冷直膨式空调制冷循环可作为冷量备份，则在屋面层仅布置一台冷机，后期根据机房规划需要可增加布置冷机数量

或备份。

4.4 PUE值的计算

冷冻水氟泵空调系统采用冷却塔潜热散热来利用自然冷源，以当地湿球温度来分析，兰州地区典型气象全年湿球温度变化如图6所示。冷冻水设计工况为15℃/21℃，当湿球温度低于9℃时为完全自然冷源工况，全年可利用自然冷源时长为5136h。当室外湿球温度在9℃～17℃时，此时冷却塔可起到预冷的作用，冷机功耗较低，可进一步延长自然冷源利用时长，相当于自然冷却和冷水机组制冷的联合制冷模式。不同运行模式下的运行功耗见表5所示。

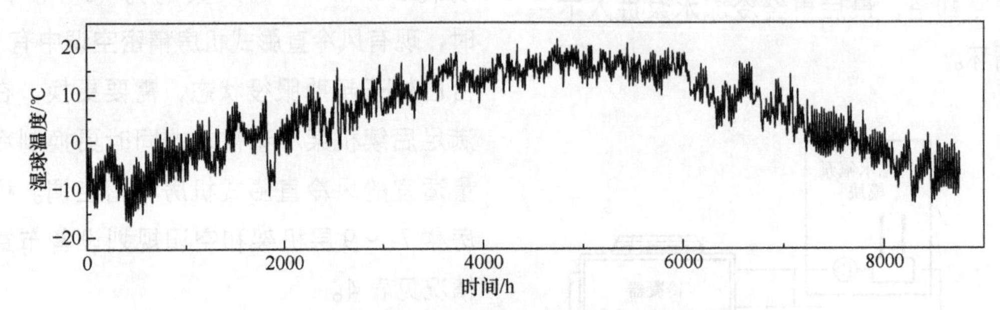

图6 兰州地区典型气象全年湿球温度变化

表5 不同运行模式下的运行功耗

序号	名称	耗电功率	自然冷源制冷	冷水机组制冷	联合制冷
1	450RT智能集成冷站/kW	310	0	310	155
2	冷冻水泵/kW	15	15	15	15
3	冷却水泵/kW	13.5	13.5	13.5	13.5
4	冷却塔/kW	18	18	18	18
5	其他/kW	10	10	10	10
6	风冷直膨式空调室内机/kW	119	119	119	119
7	总功耗/kW	485.5	175.5	485.5	330.5
8	运行时长/h	—	5136	548	3076

PUE值的计算见表6。

表6 PUE值的计算

运行模式	IT设备总功耗/kW	空调总功耗/kW	电源、建筑照明等损耗/kW	PUE值	平均PUE值
自然冷源制冷	1400	175.5	140	1.23	1.278
冷水机组制冷	1400	485.5	140	1.45	
联合制冷	1400	330.5	140	1.34	

对该核心枢纽机房节能改造后，空调系统可充分利用自然冷源，机房楼的 PUE 值可降为 1.278，大幅降低空调系统的运行能耗。

5 经济性评价

本期对机房楼 7～9 层风冷直膨式机房精密空调进行冷冻水氟泵改造，空调主机、空调末端、土建改造、配电、结构、智能化等总投资约为 998 万元，分部分项工程和单价措施项目清单与计价见表 7。

表 7 分部分项工程和单价措施项目清单与计价

序号	项目	项目名称	计量单位	工程量	金额 / 万元	
					综合单价	合价
1	主要设备	冷水主机设备（集成冷站）制冷量：450RT	台	1	225	225
2	冷站管路系统	阀门阀件	套	1	150	150
		管道支架	项	1	30	30
		机组钢制平台	项	1	15	15
		薄铝板保护	项	1	5	5
		管道保温	m^3	100	0.22	22
		电伴热	m	1	6	6
3	空调末端改造	冷冻水氟泵改造	台	23	2	46
		冷冻水氟泵风冷机房空调	台	9	15	135
		末端管路	套	1	30	30
4	土建工程	空调拆除	项	1	20	20
		管道封堵	项	1	10	10
		土建配合	项	1	30	30
5	空调群控工程		项	1	30	30
6	空调配电		项	1	60	60
7	土建改造		项	1	50	50
8	安装工程费		项	1	86.4	86.4
9	工程建设其他费用		项	1	47.5	47.5
10	总计					997.9

在满负荷的工况下，按照全年综合 PUE 值可达 1.3 计算，年运营成本可以节约 349.67 万元。按照总投资 998 万元计算，静态投资回收期为 2.85 年。经济性评价计算见表 8。

表 8 经济性评价计算

项目	数值	单位
数据机房额定功率	1400	kW
当前综合 PUE 值	1.894	/
当前机房年耗电量	2322.8	万千瓦时

续表

项目	数值	单位
当前年电费	1114.94	万元
改造后 PUE 值	1.3	/
改造后机房年耗电量	1594.32	万千瓦时
改造后年电费	765.27	万元
改造后年节约电费	349.67	万元
静态投资回收期	2.85	年

6 总结

本项目针对该核心枢纽机房制冷效率低、能耗较高的情况进行了分析，本文提出的改造方法为改造现有的室外机，旁通冷冻水氟泵空调，这样可以在过渡季节充分利用自然冷源，不开压缩机，大幅降低运行能耗；高温季节靠智能集成冷站提供的冷源冷却冷凝器，避免风冷的“热岛效应”。通过经济性评价分析可知，改造后数据中心的 PUE 值大幅降低，满足了建设绿色数据中心的要求；节约了年运营成本，静态投资回收期为 2～3 年。

本项目的节能改造方案具有以下推广价值。

① 20 世纪末、21 世纪初，三大电信运营商建设了大批核心网机房，随着互联网技术的发展，IDC 的出现，为满足电信运营商数据中心的建设，需要盘活这些老旧机房的资源，进行 DC 化改造。在气候条件适宜可采用自然冷却的前提下，这些老旧机房的 DC 化改造可完全参照本项目解决方案。

② 以往传统的老旧机房大多数在城区市中心，附近多为住宅或办公区域。经过本次改造后，冷机布置在机房楼屋面层，而原有空调的室外机处于备份状态，大幅降低噪声，减少了对周边用户的影响。

③ 通过本次改造，空调能效得到改善，提高了空调对机房的供冷能力，降低了机房的 PUE 值；同时也提升了数据中心的装机能力，打破了扩容瓶颈。

④ 在气候适宜的条件下，本项目的节能改造方案有助于实现老旧数据中心的低碳减排。

参考文献

[1] 王艳松，张琦，孙聪，等 . 数据中心液冷技术发展分析 [J]. 电力信息与通信技术，2021，19（12）：69-74.

[2] 陈飞虎，廖曙光 . 某电信机房节能改造全年能效的热力学分析 [J]. 建筑热能通风空调，2021，40（10）：55-58.

[3] 肖新文 . 数据中心液冷技术应用研究进展 [J]. 暖通空调，2022，52（1）：52-65.

[4] 苏林，董凯军，孙钦，等 . 数据中心冷却节能研究进展 [J]. 新能源进展，2019，7（1）：93-104.

[5] 何宝宏 . 构建更高质量的新型数据中心产业生态 [J]. 中国电信业，2021（S1）：1-4.

网络安全漏洞管理与漏洞情报库建设方案探讨及研究

田 闯

摘 要：各种网络安全漏洞的不断曝光，给企业造成巨大的损失，及时发现和修补漏洞成为企业网络安全保障的重要一环。本文聚焦网络安全漏洞管理，分析了企业对网络安全漏洞管理的需求，探讨企业漏洞全生命周期管理的建设方案，并在此基础上提出了一种漏洞情报库的建设思路。

关键词：漏洞管理；漏洞情报库

1 引言

近年来，随着各种网络安全漏洞的被曝光和被利用，国家和企业蒙受了重大的经济损失，美国国家标准与技术研究院（National Institute of Standards and Technology，NIST）发布了2001—2021年漏洞数据的统计情况，漏洞数量呈现逐年递增的态势，且中高危漏洞占比越来越高，仅2021年就报告网络安全漏洞18378个。由网络安全漏洞引发的安全事件频发，及时发现并修复漏洞是各企事业单位面临的网络安全基础性关键工作，也是政府和主管部门对网络安全责任检查考核的重要抓手。

2 漏洞全生命周期管理

2.1 需求分析

（1）漏洞发现

及时发现网络安全漏洞是对其进行有效管理的首要环节。企事业单位通常会在数据中心机房部署漏洞扫描工具，通过定期扫描发现漏洞，然而漏洞扫描工具存在一定的弊端：一是漏洞扫描工具基于漏洞扫描规则发现漏洞，如果漏洞规则库更新不及时，则会存在一定的误报和漏报情况，无法发现最新的安全漏洞；二是漏洞扫描工具的频繁扫描对网络和应用的性能也会有一定的影响。

（2）漏洞审核

为了克服漏洞扫描工具存在的漏洞误报情况，需要对漏洞进行审核，例如，去除误报的漏洞，去重或合并相同或者相似的漏洞，然而漏洞审核工作的专业性较强，需要专业的网络安全人员完成，成本也较高。另外，对于突发的大量漏洞问题，纯人工方式的审核效率较低，严重影响处置漏洞的效率。

（3）漏洞修复

对于发现和审核确定的漏洞，需要及时修复。如何提高漏洞修复的效率、缩短漏洞修复的时间是漏洞修复环节需要解决的问题。企事业单位漏洞修复的流程各不相同，需要构建一套专属于企事业单位的漏洞修复流程体系，可以依托单位内部的网络安全保障人员，也可以依托第三方网络安全服务团队，通过标准化的流程完成漏洞修复工作。漏洞修复后还有可能引入新的漏洞，需要重复上述漏洞发现和漏洞审核的步骤，确保在漏洞修复过程中没有引入新的漏洞。

（4）漏洞归档与统计分析

漏洞归档实现已完成修复漏洞信息的归档管理，归档内容包括漏洞基础信息、处置过程信息等，为了便于查阅归档漏洞的信息，创建以日期命名的漏洞档案文件夹，根据漏洞发现的日期存放到对应的漏洞档案文件夹中，漏洞档案文件使用漏洞名称、发现时间和处置完成时间的组合命名。

漏洞统计分析功能根据漏洞的类型、等级、所影响的资产、所属的业务部门，以及处置时间等信息进行统计分析，面向企事业单位内部不同工作角色人员构建专属的网络安全漏洞态势视图，为企事业单位安全保障团队人员的绩效考核提供数据支持，为企事业单位中高层管理人员对网络安全保障措施的制定和优化提供决策支撑。

2.2 建设方案

网络安全漏洞全生命周期管理功能框如图 1 所示，主要分为漏洞发现、漏洞研判、漏洞告警、漏洞处置、漏洞跟踪及漏洞分析展示 6 个模块。

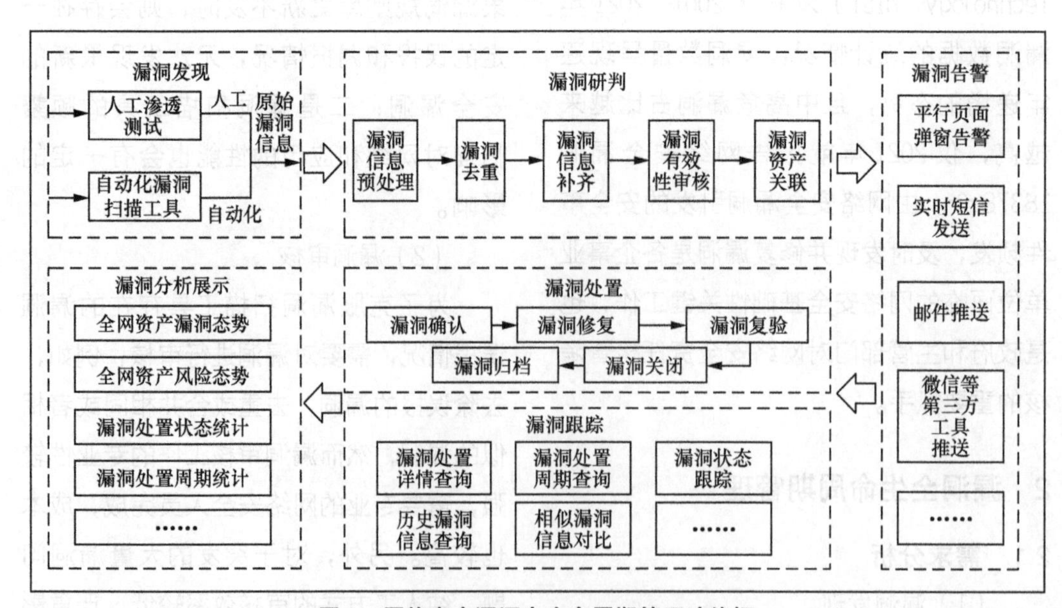

图 1　网络安全漏洞全生命周期管理功能框

（1）漏洞发现

漏洞发现是漏洞管理的首要环节，主要目的是获取较为全面的网络安全漏洞信息。为了达到这个目的，通常将人工渗透测试和自动化漏洞扫描工具相结合进行安全漏洞的扫描。首先，通过有经验的网络安全工程师对资产进行人工渗透测试，形成人工渗透测试漏洞清单；其次，使用自动化漏洞扫描工具进行扫描，形成自动化渗透测试漏洞清单；最后，将人工渗透测试漏洞清单和自动化渗透测试漏洞清单相结合，形成原始的网络安全漏洞信息。

（2）漏洞研判

漏洞研判是在发现漏洞的基础上对漏洞信息进行处理和审核，从而确保漏洞信息的真实性，包括漏洞信息预处理、漏洞去重、漏洞信息补齐、漏洞有效性审核和漏洞资产关联等功能。

漏洞信息预处理是对漏洞信息中的重要字段进行检查，确保漏洞数据的可读性，剔除无法通过字段校验的漏洞信息；漏洞去重指的是去重或合并相同的、相似的漏洞数据，防止出现漏洞信息重复的情况；漏洞信息补齐是补齐漏洞信息中缺失的字段，主要包括漏洞基础信息和漏洞业务信息，其中漏洞基础信息包括漏洞修复建议、漏洞类别、漏洞等级、漏洞影响、通用漏洞披露（Common Vulnerabilities & Exposures，CVE）/国家信息安全漏洞共享平台（China National Vulnerability Database，CNVD）编号等，漏洞业务信息包括资产的网络地址、类型、所属业务系统、所属部门，以及地理位置等；漏洞有效性审核是对漏洞的真实性进行判断，确定漏洞是否可以复现；漏洞资产关联主要通过在漏洞信息中补充资产通用平台枚举项（Common Platform Enumeration，CPE）信息，构建漏洞与资产的关联关系，为资产的漏洞预警提供支持。

（3）漏洞告警

通过漏洞研判输出漏洞清单，当漏洞信息满足告警规则的条件时进行告警通知，通常根据漏洞的等级进行判断，对于中高危安全漏洞，实时进行告警通知。告警通知方式包括平台页面弹窗告警、实时短信发送、邮件推送等，也可以通过对接微信等第三方工具进行漏洞告警信息的推送。

（4）漏洞处置

漏洞处置功能的主要用户是企业内外部网络安全保障团队，通过引入流程引擎，结合企事业单位自身的网络安全管理制度，构建专属的漏洞处置流程体系，包括漏洞确认、漏洞修复、漏洞复验、漏洞关闭和漏洞归档等环节。漏洞处置功能的用户分为安全服务台、漏洞后台审核、漏洞修复3种角色，安全服务台接收安全漏洞信息并派发给漏洞后台审核人员，后台审核人员进一步根据漏洞等级、漏洞影响及对资产的影响程度对漏洞信息进行确认后派发漏洞处置工单给漏洞修复人员，漏洞修复人员对漏洞进行修复。修复完成后将工单流转到漏洞后台审核人员，后台审核人员对漏洞进行复验，将复验不通过的漏洞再次派发给漏洞修复人员进行修复。对于复验通过的漏洞将关闭对应工单，并对漏洞信息进行归档。漏洞处置功能提供了灵活的接入接口，可以与企事业单位已有的办公自动化（Office Automation，OA）等平台对接，实现漏洞的全过程闭环管理。

（5）漏洞跟踪

漏洞跟踪功能的主要用户是企事业单位管理人员，对于上级监管部门下发或关注的重大网络安全漏洞，在漏洞处置工单派发的同时可以将漏洞信息抄送给分管领导。分管领导可以随时查看漏洞处置详情、周期、状态、历史漏洞信息、相似漏洞信息对比等内容，方便管理人员了解重大网络安全漏洞的处置进度。

（6）漏洞分析展示

对于已归档和处置中的漏洞数据可以进行统计分析，并在大屏上对统计分析的结果进行展示，包括全网资产漏洞态势、全网资产风险态势、漏洞处置状态统计和漏洞处置周期统计等。一方面可为内外部网络安全保障人员的绩效考核提供依据；另一方面可为管理人员制定和实施网络安全管理制度的决策分析提供数据支撑。

3 漏洞情报库

为了提高漏洞自动化扫描工具的漏洞扫描能力，减少漏洞的误报率和漏报率，平台需要构建比较完整的漏洞情报库。漏洞情报库包含数据采集、数据汇聚及整理、漏洞信息库、接口服务 4 个功能模块。

3.1 数据采集

漏洞情报库的数据来源主要包括 CNVD、CVE、Exploit-db 等第三方漏洞情报平台，以及国内主流安全厂商微信公众号、国家计算机网络应急技术处理协调中心（National Computer Network Emergency Response Technical Team，CNCERT）微信群等。对于第三方漏洞情报平台的漏洞情报数据，主要通过爬虫的方式采集漏洞情报数据；对于国内主流安全厂商微信公众号、CNCERT 微信群等推送的漏洞情报数据，主要通过人工的方式收集。

3.2 数据汇聚及整理

数据汇聚及整理使用数据抽取、转换、加载（Extract Transform Load，ETL）工具或人工方式处理采集得到的原始漏洞情报数据，主要包括漏洞分类分级、漏洞与资产关联关系梳理和关键漏洞标识 3 个步骤。

（1）漏洞分类分级

漏洞分类分级根据漏洞分类和评价信息标识出漏洞的利用类别及通用漏洞评分系统（Common Vulnerability Scoring System，CVSS）危险等级。漏洞分类实现漏洞类型字段信息的补充，漏洞类型主要包括 HTTP 参数污染、变量覆盖、信息泄露、目录遍历、登录绕过、嵌入恶意代码、拒绝服务、SQL 注入、任意文件下载等。漏洞分级是对漏洞的评价等级进行判定，通常将漏洞等级分为低危、中危和高危 3 类，对于来自 CVE 的漏洞信息主要根据漏洞的 CVSS 2.0 评分进行等级评价，并与 CNVD 的漏洞评价等级信息对齐。

（2）漏洞与资产关联关系梳理

漏洞与资产关联关系梳理实现对漏洞影响资产信息的补充，包括受影响资产名称、资产分类、资产级别和 CPE 等。具体过程包括全量资产整理、资产分类、资产分级、漏洞与资产关联和 CPE 字段补充。全量资产整理根据 CPE 的官方字典，获取命名准确的全量资产信息，作为资产基础数据。资产分类参考“白帽汇”等网络空间测绘平台补充资产分类信息。资产分级根据各大漏洞预警 / 通告平台的推送信息内容以及资产在互联网的分布情况，对资产进行分级，主要分为 3 级：其中第一级为漏洞信息存在于漏洞库中，但漏洞通告平台未予以告警或漏洞通告平台予以告警但在网络空间测绘平台中数量较少（100 以下）；第二级为漏洞信息在漏洞通告平台予以告警，在网络空间测绘平台中数量适中（100 ～ 1000）或漏洞通告的相关资产属于单机运行程序无法通过网络空间测绘检索数量；第三级为漏洞信息在漏洞通告平台多次予以告警，且在网络空间测绘平台中数量较多（1000 以上）。漏洞与资产关联将资产信息、资产分类、资产分级信息与漏洞信息关联，主要通过人工方式整理。CPE 字段补充参照 CPE V2.3 的定义，根据已获取的资产信息和漏洞信息，补充完善 CPE 信息。

（3）关键漏洞标识

关键漏洞标识根据漏洞 CVSS 评分、关联资产级别、热点监控数据等因素筛选、判定和标识关键漏洞。资产级别为二级或三级，漏洞评价等级为中危或高危，并且存在于当前热点漏洞清单的漏洞被标识为关键漏洞。其中热点漏洞清单来源为各漏洞通告 / 预警平台，同一漏洞仅保留“时间最近”的热点信息，根据“最后通告 / 预警”时间，更新热点漏洞清单：保留“最后通告 / 预警”时间在半年内的热点漏洞信息；超过半年的热点漏洞信息，消除其热点状态。

3.3 漏洞信息库

在原始漏洞情报数据进行汇聚和整理的基础上构建漏洞信息库，漏洞信息库包括漏洞原始信息库、热点漏洞信息库、漏洞库和漏洞规则库：漏洞原始信息库存放来自第三方漏洞情报平台的漏洞情报数据；热点漏洞信息库存放来自主流安全厂商微信公众号、CNCERT 微信群的热点漏洞信息；对漏洞原始信息和热点漏洞信息的漏洞数据进行汇聚整理，形成漏洞库，漏洞库主要包括漏洞编号、漏洞名称、CVE 编号、CNVD 编号、CNNVD 编号、漏洞发布时间、漏洞类型、漏洞级别、CPE、受影响资产名称、参考链接、漏洞描述、漏洞解决方案、补丁名称、补丁描述、CVSS 评分、更新时间、CVSS BASE 指标等字段；漏洞规则库主要存放巡检、应急响应等场景下及重点热点漏洞的检测规则信息，漏洞规则信息可以检测漏洞。

3.4 接口服务

为了能够将漏洞情报信息及时通知第

三方漏洞情报平台，开发接口服务软件，主要包括漏洞信息和漏洞规则信息的更新维护接口，针对新增、变更和删除的漏洞信息和漏洞规则信息，每天定时推送给第三方漏洞情报平台，实现漏洞情报和漏洞规则信息的同步。

4 结束语

本文针对企事业单位在网络安全漏洞管理方面存在的问题和需求进行了分析，在此基础上讨论了网络安全漏洞管理方案，通过漏洞发现、漏洞研判、漏洞告警、漏洞处置、漏洞跟踪和漏洞分析展示等功能实现网络安全漏洞的全生命周期管理。本文在漏洞管理的基础上，提出了漏洞情报库的建设思路。其中漏洞研判和漏洞审核工作目前通过半自动化的方式实现，部分工作仍然需要人工辅助，后期可以考虑通过全自动化的方式进一步提高处置漏洞的效率。

参考文献

[1] 刘畅 . 统一漏洞管理平台研究设计 [J]. 信息安全研究，2022，8（2）：190–195.

[2] 安军，杨谦，况玉茸 . 高校网络安全漏洞集中化管理的研究与规划 [J]. 电脑知识与技术，2021，17（31）：53–54.

[3] 李森 . 基于漏洞管理平台的聚焦爬虫技术研究分析 [D]. 北京：北京邮电大学，2015.

[4] 祝成超 . 某企业安全漏洞管理平台的设计与实现 [D]. 北京：北京邮电大学，2021.

[5] 黄云仙，冯剑武 . 基于云资源池的安全漏洞管理研究 [J]. 广西通信技术，2020（4）：34–37.

[6] 蒋发群，于嵩 . 面向运营商行业的漏洞全生命周期管理解决方案 [J]. 信息安全与通信保密，2020（增刊 1）：34–38.

[7] 王丽敏 . 漏洞知识图谱的构建及漏洞态势感知技术研究 [D]. 北京：中国科学院大学（中国科学院大学人工智能学院），2020.

[8] 姜淑杨，鲍磊磊，缪明榕 . 计算机网络安全漏洞及其管理研究 [J]. 电子元器件与信息技术，2019，3（7）：14–17.

[9] 杨刚 . 漏洞库现状分析及质量评价 [J]. 电信网技术，2018（2）：6–15.

[10] 杨诗雨，郝永乐 . 强化漏洞管控机制，加快国家漏洞库建设 [J]. 中国信息安全，2016（7）：63–67.

基于云安全技术在企业网络安全中的应用研究

王 昊

摘 要：在互联网背景下，网络安全对企业的经营发展将产生深刻的影响，而面对无孔不入的网络安全风险，企业也需要从技术上采取有效对策，提高自身的网络安全水平，并形成相应的网络安全保障。本文基于当前云安全技术发展，介绍了有关云安全方面的核心技术，分析了企业网络的安全与需求，同时探讨了云安全技术在企业网络安全中的应用，可以帮助广大企业基于云安全技术进一步强化自身网络安全的建设。

关键词：云安全技术；网络安全；应用研究

1 云安全的核心技术

1.1 Web 信誉服务

云安全技术主要是以连接全信誉数据库的形式分析恶意软件行为的，同时还具备评估网站信誉分值的功能。在这个过程中，参考依据是可疑网站的站点位置变化等因素，以此判断可疑网站的可信度和风险系数，随后将已经收集到的数据及时反馈给用户并且发出风险警报，防止用户误入网站而造成经济损失。防御运作流程如图 1 所示。

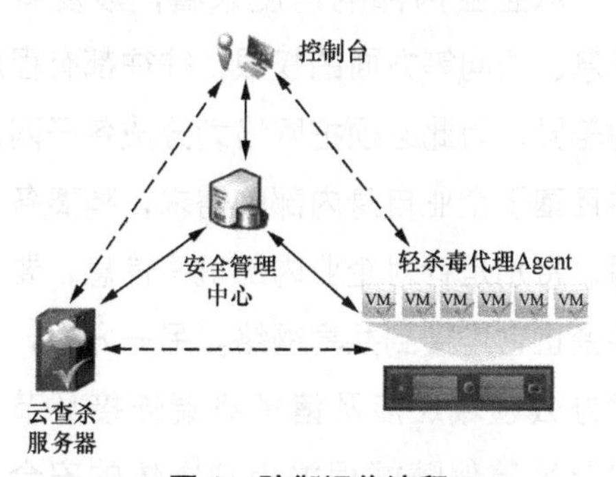

图 1 防御运作流程

1.2 E-mail 信誉服务

E-mail 信誉服务技术主要用于检测网络邮件信息的源地址，判断网络系统接收到的邮件是否安全，进而将网络风险降至最低。在 E-mail 信誉服务技术工作的过程中，如果云安全技术检测到某个邮件携带病毒时，会自动发出删除或者拦截该邮件命令，同时还会详细记录恶意邮件的源地址，便于日后对该地址进行防护，避免类似邮件给用户造成二次攻击。

1.3 自动反馈机制

自动反馈机制是云安全技术的核心，自动反馈机制主要是指在监测系统的支持下，实时监测某个用户的路由信誉，如果发现用户的路由信誉存在问题，就会立即将其反馈至整个网络中。与此同时，自动反馈机制还会采取相应措施更新网络安全数据库，防止类似问题的再次发生。可见，通过有效利用云安全技术中的自动反馈机制，不仅提高了企业网络安全的主动性，还提升了企业网络安全的有效性，为实现网络安全保护打下了坚实的基础。

2 企业网络安全与需求

2.1 用户安全

企业网络中涉及的用户一般包括两个方面的主体：一是网络管理员主体，二是网络用户主体。从企业网络安全的角度来看，前者在企业网络中享有最高权限，作为企业网络管理员，其不仅应具备扎实的网络安全知识及技能，更要有良好的综合素质与能力，例如，道德品质过硬、精通企业管理等，这样才能够在企业网络实践中更好地管理用户的操作；而后者在企业网络中则主要是基于自身许可范围内的网络权限，进行相应的资源访问及操作，作为企业网络用户，不应有越权访问的情况，同时也要防止自身的登录名、口令等出现泄露。

2.2 网络平台安全

在企业网络平台安全方面，主要涵盖以下需求：一是企业网络平台基础设施环节的安全，包括了软件与硬件两个部分，前者一般涉及系统安全、通信安全和安全管理软件安全等，后者则一般涉及硬件的机械及物理安全等；二是企业网络平台网络结构环节的安全，一般涉及局域网子网安全、广域网连接安全等；三是企业网络平台传输环节的安全，一般涉及针对机密信息、局域网信息和外部信息等采取加密处理，以及针对内部局域网信息加以身份认证等。

2.3 网络边界隔离与访问控制

网络边界隔离与访问控制主要需要关注以下3个方面的内容。

① 访问控制的改善。考虑到企业网络安全本身的特点与需求，应当对其网络边界加以隔离，为此实践中可以采取帧中继网络以及访问控制的方式，从内部角度来看，各部门均存在网络访问要求，构建网络安全体系时必须严禁非法用户访问。另外，企业网络系统涵盖诸多机密信息，对此应当把安全等级划成不同子网，并落实相应的隔离装置，进而避免企业机密信息受到未经授权用户的访问。

② 统一出口要求。在网络访问的过程中，企业及其下属单位更多借助两个出口，这要求管理员能够着力统一出口要求。

③ 单点故障方面。在企业网络中，防火墙扮演了边界路由器的角色，一旦其出现故障会涉及用户并制约企业业务，因此针对单点故障必须给予充分重视，防止产生不确定性损失。

2.4 内部网络安全

从企业内部的角度来看，涉及有关信息、访问等方面的权限，往往都有程度的差异，为此必须把网络划分成各子网，并且基于企业自身内部的需求，隔离各子网，特别是针对企业内部机密信息，要严格禁止它连接到共享网络。另一方面，内部办公领域还涉及诸多终端连接环节，想要妥善保障好相关用户主体的安全，企业必须充分重视管理员的工作，既要注重把关管理员的个人素质与能力，同时也要合理分配权限。网络安全方案如图 2 所示。

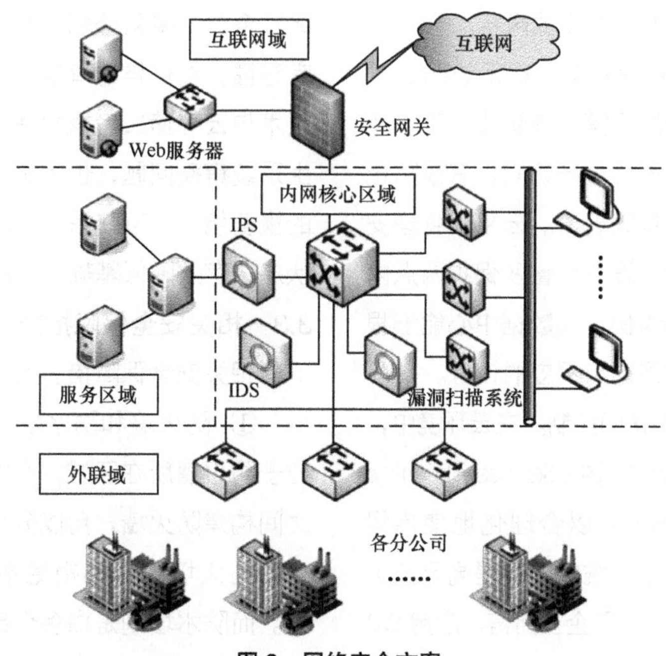

图 2　网络安全方案

3　基于云安全技术在企业网络安全中的应用

3.1　云安全技术应用的基本原则

将云安全技术应用于企业网络安全中应该遵循以下 4 项基本原则。

① 需求、风险及代价均衡原则。安全因素是无法从根本上进行控制的，只能对可能出现的安全威胁加以分析，以此制定相匹配的安全措施。

② 系统性和综合性原则。借助多元化手段提高网络系统的安全性，还要合理利用各类网络安全措施，密切关注设备、数据等的影响，在此基础上构建完善的网络安全体系。

③ 并行原则。如果能够严格遵循并行原则，可以使安全体系结构和网络安全需求一致，在设计的过程中，有必要从多个层面考虑，一方面将支出成本降至最低，另一方面保证整体的安全效果。

④ 先进性、适应性及分布性原则。网络规模的逐渐扩大，使网络受外界环境干扰和破坏的概率也随之增加，这时要想解决现存的网络安全问题，还需要不断引入先进的新型技术并贯彻落实安全思想。除此以外，还需要遵循实用性、可靠性等原则，合理选用计算机设备及相关技术，保证将企业网络安全性提升到新的高度。

3.2 云安全技术在企业网络安全中的具体应用

在企业网络安全中，云安全技术的应用主要涉及以下 5 个方面的内容。

① 云平台物理安全。在系统防御过程中，物理安全属于第一道防线，可以让用户合法对企业网络进行访问，有效防止非法窃取用户资料等现象。云平台物理安全包含环境安全、设备位置及保护两点内容，以环境安全为例，云数据中心能够根据企业的情况合理选用相应的设备。

② 云平台的访问控制。在云环境中，面向服务的体系架构（Service-Oriented Architecture，SOA）可以合理化地使用组件模型，强化网络系统的同时提高云安全技术的有效利用。对于企业而言，应用 SOA 可以实现收益与风险的平衡，构建一条完整的生态链，再借助云安全技术明确工作流程，全面提高企业的工作效率。

③ 云安全数据库的配置。从数据库角度来讲，要想提高软件系统的容错能力，还需要根据任务的合理性为操作系统软件分配各项资源，同时还需要密切关注云安全监控问题，待以上工作结束后需要及时开展云环境风险评估工作，为企业开展各项工作提供有力支持，也将安全风险控制在最低水平。

④ 云安全审计。首先，需要采集网络系统与业务层面的审计数据，完整记录用户的访问数据和相关信息，以此反映系统的操作情况；其次，需要对审计数据加以细致化分析；最后，实时监控审计数据的变化情况并密切关注审计数据的呈现形式，例如弹出窗口等。

⑤ 云服务的迁移、备份与恢复。网络安全的三要素分别为可用性、机密性及完整性，在这样的背景下，可以将互联网技术与云存储二者搭配使用，即使已经发生系统瘫痪问题，也因平台自身具有良好的恢复能力，可使系统短时间恢复到正常状态，有效降低基础架构的成本。

3.3 相关安全保障措施

相关安全保障措施包括以下 4 点。

① 防火墙和防水墙。网络主交换机位于防火墙所在区域，可以在内网和外网之间构建防火墙，用以分析和查看各类信息，防火墙会自动拒绝不安全信息的流入。而防水墙则是由多个部分组成的，包括服务器、客户端和控制台，防水墙具有根据用户传输数据对用户行为进行管理的功能。

② IPS 和 IDS 联动安全实现。企业网络安全问题涵盖范围较广，在应用云安全技术期间，也需要应用动态保护机制与主动保护机制，实时检查网络中的一些访问信息，此时应该在防火墙的基础上使用 IPS 和 IDS 联动安全方式，在分析各项异常操作的同时制定相应的安全策略及防御措施。

③ VPN 的实现。VPN 可以在企业内部与用户端之间建立安全通道，从根本上提高企业网络的安全等级，同时，VPN 还可以验证用户登录，合理为用户分配权限。另外，VPN 还能够保证传输数据的机密性，

显著提高用户信息的安全性，防止他人恶意篡改信息。

④ 入侵检测。在多种安全产品的相互补充下，企业的网络安全性随之提高，以 IDS 和 VPN 为例：IDS 可以全面分析企业网络中的一些重要信息，判断其是否存在不安全情况；而 VPN 则更加智能化，可以对已经收集到的数据做出具体分析并给出相应结果。

4 结束语

综上所述，在互联网时代下，企业运营发展与网络之间的联系正变得日益紧密，而在网络环境下，各种不确定性因素也在时刻威胁着企业的网络安全。如果企业网络安全水平低，或网络安全建设存在隐患漏洞，由此引发的网络安全问题可能会给企业带来难以估量的损失，因此，企业必须采取行之有效的技术对策，持续强化自身的网络安全建设。目前来看，云安全技术作为时下的热点技术，已经展现了诸多优势和特点，并且能够妥善满足当前企业日益增长的网络安全需求，企业应当进一步加深对于云安全技术的认识和投入，基于该技术在自身网络安全中的实践应用，带动企业网络安全发展，有力保障企业网络安全，并为企业的长远发展提供可靠支持。

参考文献

[1] 肖冬梅，孙蕾 . 云环境中科学数据的安全风险及其治理对策 [J]. 图书馆论坛，2021，41（2）：89-98.

[2] 徐澄 . 面向企业信息安全的网络攻击防范手段研究 [J]. 中国电子科学研究院学报，2020，15（5）：483-487.

[3] 周海炜，刘闯闯，李蓝汐，等 . 网络信息安全背景下的企业反竞争情报体系构建 [J]. 科技管理研究，2019，39（12）：190-195.

[4] 屈正庚，吕鹏 . 中小型企业网络安全方案的设计 [J]. 太赫兹科学与电子信息学报，2019，17（1）：158-161.

[5] 吕志远，陈靓，冯梅，等 . 拟态防御理论在企业内网安全防护中的应用 [J]. 小型微型计算机系统，2019，40（1）：69-76.

地下水位对通信塔独立基础设计的影响分析

孙　健　吴　桐　王　进

摘　要：独立基础作为通信塔最常见的基础设计形式之一，其造价直接影响单站的建设成本。本文通过研究地下水位的变化与独立基础设计参数及混凝土方量的变化曲线，确定了地下水位对通信塔独立基础设计的影响范围及趋势。研究发现地下水位将直接影响独立基础设计参数及混凝土方量，基础造价随着地下水位逐步变浅，呈抛物线式上升。本文针对地勘报告提出了其对于地下水位的描述方式，以减小地下水位不确定性对独立基础设计的影响并且通过简便的方法快速而准确地计算基础设计最优解。

关键词：地下水位；通信塔；独立基础；造价

1　引言

通信塔是一种高耸悬臂结构，目前主要有单管塔、多管塔、角钢塔等形式，其中插接式单管塔具有安全裕度高、施工方便快捷、较为美观等诸多优势，是目前采用最广泛的通信塔。

通信塔基础选型与上部结构形式、结构布置、外部荷载、场地环境、地质条件等有着非常密切的关系。目前，通信塔主要采用独立基础及单桩基础。

中国铁塔作为我国最大的通信塔建设方及运营方之一，一直致力于通信塔建设降本增效，而通信塔的基础造价直接关系基站的建设成本。减少独立基础的建设成本可有效降低通信基站的单站建设成本。

2　通信塔独立基础设计的影响因素

通信塔独立基础是最常见的基础设计形式之一，其设计的影响因素主要有以下6个方面。

① 铁塔传递下的荷载。

② 地基土特性。

③ 地下水深度。

④ 场地约束条件。

⑤ 各层地基土分布情况。

⑥ 施工难度。

针对同一基铁塔，地质条件对其设

计的影响就显得尤为重要。地勘报告中给出的地质条件包括但不限于地形地貌、地层结构及其物理力学性质、岩土工程评价等信息。其中地层结构及其物理力学性质中包含了各层地基土分布情况及地下水深度等重要信息。地勘报告的准确性直接影响基础设计的结果，从而影响基础造价。

3 地下水位对通信塔独立基础设计的影响

地下水按埋藏条件不同，可分为上层滞水、潜水和承压水。上层滞水是埋藏在离地表不深、包气带中局部隔水层之上的重力水，一般呈季节性变化，雨季出现，干旱季节消失，其动态变化与气候、水文的变化密切相关。地下水位的变化给通信塔独立基础设计带来诸多不确定因素，若设计时未考虑地下水的影响，基础设计将存在严重隐患。

地勘报告中一般以勘察期间地下水位为标尺，以年变幅表示其变化范围，结果将导致独立基础的设计结果和造价变化很大。若未考虑变化幅度，将可能出现在丰水期基础因地下水上浮造成倾覆；若直接按最大幅度考虑，独立基础可能会偏大，造成浪费。因此，研究地下水位与独立基础的对应关系将直接影响独立基础的安全性和经济性。

4 地下水位变幅对通信塔独立基础设计的影响

以中国铁塔《通信铁塔标准图集 V1.3》中 DGT(Z)-40-0.45-4ZJ 为例，其传导至基础柱头的标准荷载组合为弯矩 M=1263.9kN·m，剪力 V=45.8kN，压力 N=96.2kN。基础统一设计参数为：柱头突出地面为 0.3m，柱头直径为 2m，独立基础筏板厚度为 0.8m，考虑地脚螺栓长度及混凝土保护层厚度，基础埋深需要大于或等于 1.4m。

在未见地下水、正常土质条件（不考虑土质的不利影响）和正常 1.4～3m 埋深的情况下，其最优设计结果为独立基础宽度 B=4800mm，基础埋深 H=2900mm，基础厚度 d=800mm，设计混凝土方量为 26m^3。

引入地下水位探测深度 d_w 参数，以 3m 为初始数值，0.2m 为变化幅度进行归类计算。独立基础混凝土设计参数随地下水位参数变化数据见表 1。

表 1 独立基础混凝土设计参数随地下水位参数变化数据

地下水位 d_w/m	基础宽度 B/mm	基础埋深 H/mm	混凝土方量 /m^3	方量增加率
3	4800	2900	26	—
2.8	4900	2700	26.1	0.38%
2.6	5000	2500	26.3	1.15%
2.4	5100	2300	26.5	1.92%
2.2	5200	2100	26.7	2.69%
2	5300	2000	27.2	4.62%

续表

地下水位 d_w/m	基础宽度 B/mm	基础埋深 H/mm	混凝土方量 /m^3	方量增加率
1.8	5400	1800	27.4	5.38%
1.6	5500	1800	28.3	8.85%
1.4	5700	1400	28.8	10.77%
1.2	5800	1600	30.4	16.92%
1	5900	1700	31.6	21.54%
0.8	5900	2200	33.2	27.69%
0.6	6000	2400	34.8	33.85%

由表1可知，基础宽度B随地下水位d_w升高发生类线性变化，基础埋深H先随地下水位d_w升高而降低，两者趋同后又呈现负相关变化，基础设计参数随地下水位变化如图1所示。混凝土方量随地下水位d_w升高作类抛物线变化，混凝土设计方量随地下水位变化如图2所示。

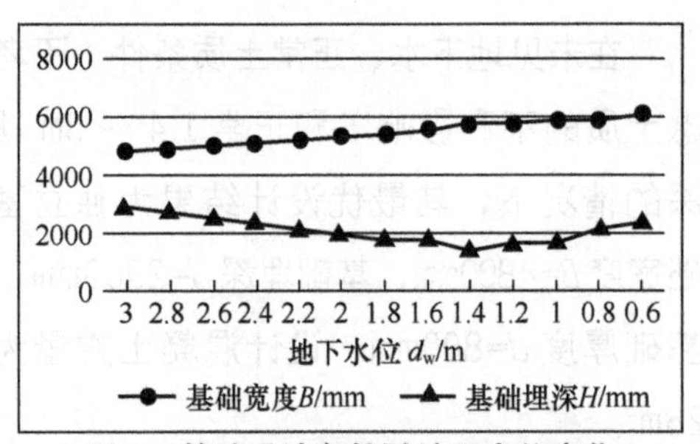

图1　基础设计参数随地下水位变化

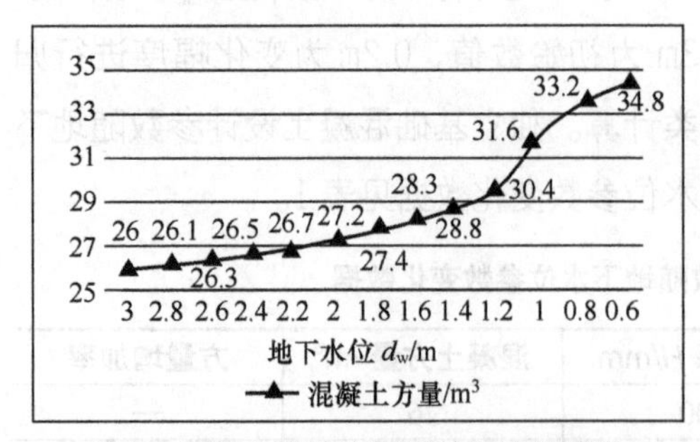

图2　混凝土设计方量随地下水位变化

地下水位在0.6m时的基础宽度B比未考虑地下水影响增加了25%，相当于占地面积增加了6.25%。地下水位为0.6m时的设计方量比未考虑地下水影响增加了33.85%，以每方混凝土（含钢筋）为1500元计算，直接增加造价13200元。

5　地勘报告中对地下水位的不同表述方式对通信塔独立基础设计的影响

目前，通信塔建设的地勘报告对于地下水位的描述通常有以下两种：勘察期间地下水埋深为2.5m，年变幅为1.0～2.0m，勘察期间稳定地下水位为2.5m，属潜水；年水位变化幅度小于2m，历史最高水位为1.5m左右。

首先，根据以上两种表述，若以勘察期间地下水位计算通信塔独立基础，其结果将偏于不安全。若以2.5m地下水位计算，以前文案例中铁塔为例，计算可得基础宽度B=5000mm，基础埋深H=2500mm，基础厚度d=800mm，混凝土方量为26.3m^3。假定此时进入丰水期，地下水抬高至1.5m，通信塔基础与地基脱开，且脱开面积为28.16%，超过规范允许值25%，通信塔基础有倾覆的危险。

其次，第一种表述仅采用年变化幅度计算，不符合地下水位的真实情况，容易过度设计。若完全按照年变化幅度水位2m考虑，地下水位最高值为0.5m。以前文案例中的数据为例，计算可得基础宽度 B=6000mm，基础埋深 H=2600mm，基础厚度 d=800mm，混凝土方量为 35.4m³。此设计不仅增大了通信塔基础面积，增加了选址难度且大幅提高造价，违背当下降本增效的建设理念。

最后，以第二种表述中历史最高水位 1.5m 计算，带入前文数据，计算得出基础宽度 B=5600mm，基础埋深 H=1600mm，基础厚度 d=800mm，混凝土方量为 28.5m³。此设计比勘察水位计算结果基础宽度增大 12%，混凝土方量增大 8.37%。比采用最大年变化幅度计算结果基础宽度减小 6.67%，混凝土方量减小 19.49%。基础设计参数对比如图 3 所示，混凝土设计方量对比如图 4 所示。

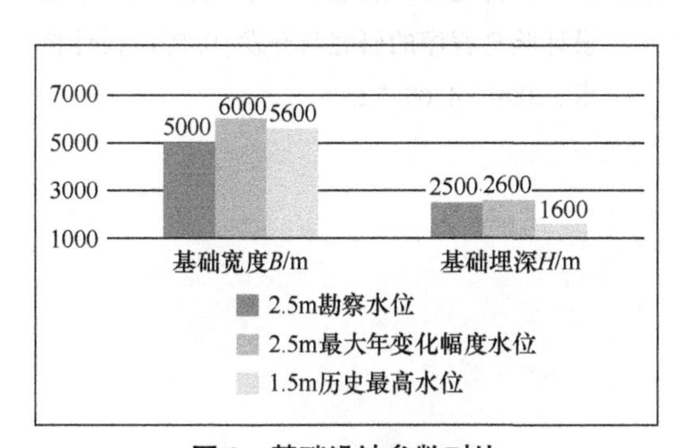

图 3　基础设计参数对比

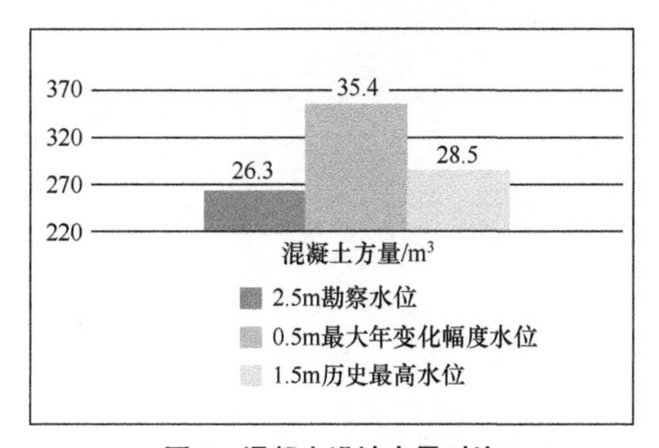

图 4　混凝土设计方量对比

由上述情况可知，地勘报告中若未提及历史最高水位情况，可能造成设计的不安全性或过度性，均不符合实际要求。地勘报告必须提供历史最高水位这一重要参数，方能有效地指导设计工作。

6　减小地下水位变化对通信塔独立基础设计影响的对策

综上所述，地下水位（历史最高水位）的变化对通信塔独立基础设计结果影响颇大。减小地下水位变化对通信塔独立基础设计影响的方式主要有以下两种。

一方面，地勘报告中必须明确给出地下水位的勘探水位、抗浮设防水位（历史最高水位）数值，否则无法保证计算结果的准确性和合理性。

另一方面，确保在不同的地下水位 d_w，都能快速而准确地计算基础设计最优解。对上述案例进行分析，分类讨论抗浮设防水位 d_w。

（1）抗浮设防水位 $d_w \geq 3$m

按照基础埋深 H=3000mm 设计，确定参数 H，计算可得基础宽度 B=4800mm，混凝土方量为 26.3m³，比表 1 最优值 26m³ 大 0.3m³，增加 1.15%，在可控范围内。

（2）抗浮设防水位 1.4m $\leq d_w <$ 3m

按基础埋深 $H=d_w$ 设计，确定参数 H，计算可得基础宽度 B。若以 d_w=1.6m 计算，可得 H=1600mm，B=5.6m，混凝土方量为 28.5m³，比表 1 最优值 28.3m³ 大 0.2m³，增加 0.7%，在可控范围内。

（3）抗浮设防水位 0.5m $\leq d_w <$ 1.4m

按基础埋深 $H=3-d_w$ 设计，确定参数 H，计算可得基础宽度 B。若以 $d_w=1m$ 计算，可得 $H=2000mm$，$B=5900mm$，基础方量为 $32.6m^3$，比表1最优值 $31.6m^3$ 大 $1.0m^3$，增加3.16%，在可控范围内。

7 结论

① 地下水位对通信塔独立基础设计有至关重要的影响。对于同一塔型同一土质条件，高水位比低水位设计占地面积增加了6.25%。

② 地勘报告中仅采用勘察期间水位和年变化幅度描述会造成通信塔基础设计的不安全和不合理。采用勘察期间水位设计，在丰水期水位下通信塔基础脱开面积大于规范1/4的要求；采用最大年变化幅度设计占地面积和造价与真实值偏离过大。

③ 地勘报告中对于地下水位的描述必须提及历史最高水位且必须与当地水位历史情况相符合，不能随意设定。只有规定了站点历史最高水位参数，才能合理地指导后续的设计工作。合理的历史最高水位参数不仅能保证设计的安全性，还能有效减少过度设计，达到中国铁塔精细化设计、降本增效的目的。

本文给出了一种简便的确定基础埋深 H 与地下水位 d_w 关系的计算方法，有效地消除了地下水位不确定性带来的影响。

参考文献

[1] 刘巧英，穆宇亮．通信铁塔基础选型与设计初探[J]. 山西建筑．2011，37（2）：58-60.

[2] 张帆，曾宪历，荆建中，等．铁塔独立基础设计验算程序的研究与开发[J]. 邮电设计技术．2009，4: 69-72.

Data Center Engineering Project Risk Assessment Based on Risk Matrix Model

Ding Ting

Abstract: With the rapid growth of the digital economy, data center construction will be in a high-speed period, data centers from the scale of investment and technical complexity compared to the traditional information infrastructure are quite different, each link involves economic and production safety risks, in order to implement the safety production management, enterprises gradually form a negative list of construction projects and the formation of their own risk assessment system. In the process of data center risk assessment, a risk matrix model should be established to analyze the construction process, and the data collected by the risk investigation should be identified, analyzed, evaluated and countermeasures proposed, and finally a negative list and a unified risk language should be formed.

Key words: data center; risk assessment; risk matrix; negative list

1 Introduction

With the rapid growth of the digital economy, the development and construction of data centers will be in a high-speed period, data center is an important topic under the new infrastructure of the country. And the strong support local government departments give bring great advantages to the development of the data center industry. On February 17, 2022, the National Development and Reform Commission, Office of the Central Cyberspace Affairs Commission the Ministry of Industry and Information Technology, and the National Energy Administration jointly issued a notice agreeing to start the construction of national computing power hub nodes in 8 places, including Beijing-Tianjin-Hebei, Yangtze River Delta, Guangdong-Hong Kong-Macao Greater Bay Area, Chengdu-Chongqing, Inner Mongolia, Guizhou, Gansu, and Ningxia, and planning 10 national data center clusters. At this point, the national integrated big data center system has completed the overall layout design, and the "East Number and West Calculation" project has been officially launched.

The state has recently issued a series of relevant policies around the overall planning of the computing power of the data center, which will gradually form a new layout of multi-level and integrated data centers, and put forward higher requirements for the construction of new infrastructure. The data center construction unit will accelerate the land acquisition, plan and construct the big data center park, further promote the intensive layout of computing power resources to the core area, accurately allocate resources, and efficiently utilize resources.

Under the requirements of national policies, the construction of super-large and large-scale data centers in various places will also increase, and the complexity of the project will become larger and larger as the volume rises. The task of safety production management of construction projects is becoming more and more important, starting from the consideration of safety production management of construction projects, we must adhere to the principle of safety first and prevention first. Data centers are quite different from traditional information infrastructure in terms of investment scale and technical complexity. And it is urgent to change concepts and raise awareness, especially in planning, investment decisions and engineering construction, which involve economic and production safety risks, so that the importance, urgency and complexity of risk assessment work scan be fully understood For enterprises who are building their own data centers, in order to stabilize the implementation of safety production management, a risk assessment system should be established, a negative list for the formation of construction projects should be gradually established, risk management and response measures should be strengthened, and the high-quality development of enterprises in the new information infrastructure should be jointly promoted.

At present, the construction of data centers involves a wide range, and it has the characteristics of large scale, complex technical links, long construction period, complex working environment, and many stakeholders. And it has very high requirements for the whole process management of the project, so the construction unit tends to adopt the EPC model, which faces greater uncertainty, and bears most of the risks originally borne by the owner compared with the traditional contracting model. Therefore, if the design institute or design enterprise wants to get involved in the EPC general contracting business, it is necessary to take strict risk control measures for the EPC project, identify and assess the risks faced by the EPC general contractor in order to effectively deal with it.

2 Guiding ideology and working ideas for data center risk assessment

2.1 Guiding ideology for risk assessment

Adhere to the bottom-line thinking, improve prevention and control capabilities, and focus on preventing and resolving major risks. Establish and improve the risk assessment mechanism of major projects of enterprises, take risk assessment as the pre-procedure and necessary condition for major project decision-making, realize the fundamental transformation from passive risk response to active risk prevention and control, and solve the source, basic and fundamental problems of data center engineering construction. Firmly establish the awareness of risk management and control of each line of the enterprise, strengthen the approval of major decisions, major projects and major matters of data center engineering construction projects, accurately implement the risk assessment before the establishment of investment projects, scientifically carry out the pre-prevention and control work of risk management of data center construction projects, based on the guiding ideology of “source governance and prevention first”, ensure the scientific and comprehensive nature of data center investment decisions, continuously strengthen risk awareness, improve risk mitigation capabilities, and improve risk prevention and control mechanisms.

2.2 Risk assessment work ideas

Risk assessment refers to the management work of identifying various risks in the planning, investment decision-making and engineering construction of the data center by taking certain methods and procedures, assessing the probability and impact of risks, determining the risk level according to their own ability to bear risks, and proposing and taking corresponding risk response measures to correct them. Taking the differences in social and economic conditions between provinces across the country into account, before conducting the overall risk assessment analysis, a model should be established to conduct risk investigation is the construction process of data centers in various places, and then carry out specific work including risk identification, analysis, evaluation and response measures according to the implementation steps of risk assessment. The evercall ideas of risk assessment work is shown in Figure 1.

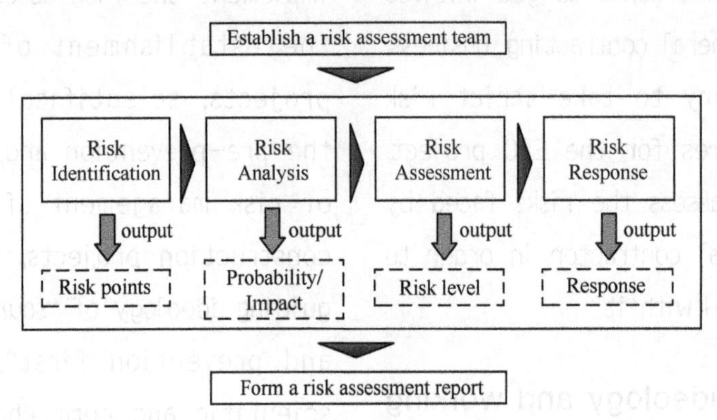

Figure 1 The overall idea of risk assessment work

3 Implementation initiatives for data center risk assessments

3.1 Risk research

Due to the differences in social and economic conditions in various provinces, in order to make more comprehensive prediction and analysis of the project, the provincial data center park should formulate a risk assessment work plan or detailed rules before the project decision-making and start-up, and clarify the work objectives, organizational structure, screening, evaluation methods, assessment methods, work processes or steps of major projects.

Set up a risk assessment team to conduct risk investigation of the project, the risk investigation from the project construction background, overview, around the safety production, project progress control, project quality control, project investment (cost) control and other aspects of the overall objective project control, according to the project, implementation process will be divided into the following stages, including but not limited to the planning plan stage, feasibility study project stage, survey and design stage, bidding and procurement stage, construction stage and completion acceptance and other 6 stages for the interface to sort out the key risk points, and put forward reasonable suggestions for risk response.

3.2 Risk assessment

Risk assessment is a process consisting of three parts: risk identification, risk analysis and risk evaluation.

3.2.1 Risk identification phase

Risk identification is the first step in risk management and the basis of risk management. Only on the basis of correctly identifying the risks can we actively choose a reasonable and effective method to deal with them.

Risk identification can be carried out in the following ways: First, it can be judged by perceptual understanding and historical experience, and in the construction of the project, it is often accumulated through various problems encountered in the project; Secondly, it can be analyzed, summarized and sorted out by various objective data and records of risk accidents to form a risk memorandum; Thirdly, through the necessary expert visits, it is possible to identify the various obvious and potential risks and the patterns of their losses. Because risk is uncertain and variable, but at the same time follows certain laws, risk identification is a continuous and systematic work, requiring risk managers to pay close attention to changes in existing risks and discover new risks at any time.

In this paper, taking the risk assessment work of the self-built data center of the enterprise as an example, in the preliminary preparation stage of the risk assessment work, the risk assessment working group is first established, the risk assessment team establishes a working model and investigates several data center construction samples nationwide. Through the comprehensive analysis of the case samples of the projects already built and under construction, the risk points are identified, the risk list with reference significance is provided for the risk managers, and the potential main risk factors that the construction project may face are accumulated, and the source of risk is identified.

Based on the model, this paper divides the project construction implementation process into the following six stages, including the planning stage, the feasibility study stage, the survey and design stage, the bidding and procurement stage, the construction stage and the completion acceptance stage, and the research results of the sample cases are sorted out and analyzed, and the following representative risk lists are formed.

(1) The first stage: the planning phase

① The plot involves agricultural land, forest land, ecological protection redline, power corridor, etc. There are difficulties in land acquisition, and the time for land acquisition is so long that affect the progress of the project.

② Poor traffic accessibility of site selection, unfavorable or unclear geological conditions, and imperfect municipal supporting conditions.

③ Hydropower resources have potential safety hazards, insufficient supply and high costs.

④ The adjustment of policies and regulations puts forward higher requirements for project site selection, energy-saving technology and application, construction plan, design plan. electricity price, renewable energy utilization, environmental impact assessment, soil and water conservation, etc., which may bring risks such as construction plan adjustment and investment increase.

⑤ The planning conditions (parking spaces, civil air defense, green construction, prefabricated, building volume ratio, green space rate, height limit) are unfavorable or imperfect.

(2) The second stage: the feasibility study phase

① The customer's construction requirements are not clear, and the construction scale and technical plan are uncertain.

② Difficulties in introducing electricity from the outside of the city; insufficient power capacity; the implementation progress of the introduction of external mains power is uncontrollable.

③ Failing to pass the energy-saving assessment, failing to obtain energy consumption indicators, or failing to meet the construction needs of the current period.

④ Difficulty in introducing water sources and insufficient supply.

⑤ There are omissions in the construction content, and the basic input data is incomplete or inaccurate.

⑥ The construction plan is unreasonable or the design depth is not enough, and the requirements for implementing the group's standardization plan are not in place.

⑦ Do not meet the relevant requirements of energy consumption, electricity consumption, water use, environmental impact assessment and so on.

⑧ The use of energy-saving technology is unreasonable.

⑨ The investment estimate and economic evaluation are unreasonable; Key indicators such as construction scale, construction period, cost, and economic evaluation indicators deviate from the group standards.

⑩ The organization and coordination between the front end of the market and the construction department are poorly managed, and the needs of customers are disconnected from the construction.

(3) The third stage: the survey and design stage

① The civil engineering is implemented first, and the modification of the mechanical and electrical scheme at the request of the customer may lead to inconsistencies with the original civil design.

② Market research is not carried out in combination with the scheme and group standards, and the selection of materials and equipment is separated from the market.

③ Abnormal geological conditions appear in the area outside the survey site, such as river channels, tombs, air raid shelters, lone stones and other buried objects that are unfavorable to the project; presence of a weak lower reclining; the holding layer is a sloping stratum, with uneven bedrock surfaces or caverns in the geotechnical soil.

④ The preliminary design does not meet the needs of preparing construction bidding documents, ordering major equipment and materials, and preparing construction drawing design documents.

⑤ The design of construction drawings does not meet the needs of equipment material procurement, non-standard equipment production and construction.

⑥ The design documents are incomplete, the content is missing, there are many contents that need to be deepened, supplemented and changed for the second time, and the interface is blurred, resulting in increased construction difficulty and out-of-control cost.

⑦ The pipeline has not been systematically planned, and in the process of implementation, there is a conflict with the comprehensive pipeline.

⑧ The connection between the civil construction stage and the supporting process stage is insufficient, resulting in the rework of the crossover part of the project, nest work and the implementation of the plan.

⑨ The progress of geological survey does not match the progress of the design, and cannot meet the needs of the preparation of design documents.

⑩ The preliminary design and construction drawing design are inconsistent with the feasibility study stage plan, resulting in investment deviations, schedule deviations and later implementation difficulties.

(4) The fourth stage: the survey and design stage

① The project is broken to zero to avoid bidding, or the bidding should be tendered but not tendered; The degree of disclosure of bidding information is insufficient, and there is a suspicion of circumventing public bidding; the preparation of bidding documents is not strict and the content is not standardized; There is vicious competition in price or fraudulent materials in the bidding unit.

② The market research work in the early stage of bidding is insufficient or unreasonable, resulting in the unsmooth development of bidding work and the risk of harming the interests of enterprises or the legitimate rights and interests of others; there are more procurement links (involving more departments and responsible personnel), which affects the approval efficiency of the procurement process and affects the overall progress of procurement; The bidding work is poorly organized and the work cycle is too long, which affects the overall duration of the project.

③ The management of equipment materials and purchase orders are not in place, the model, specification, quantity and technical parameters of the equipment and main materials are not implemented, and the arrival time lags behind the original plan, affecting the project duration; The project procurement materials cannot be delivered on time, or the delivery quality does not meet the requirements of the original order, affecting the project duration.

④ The project has failed to bid for multiple times, affecting the procurement progress; not familiar with the bidding process of the local trading center (such as bidding filing, document review, bidding plan publicity, etc.), and the implementation of the procurement plan is not in place.

⑤ The list of quantities compiled is not clear; there are missing items in the list, and the character description is vague; incorrect application of the quota suborder; miscalculation, miscalculation or overcounting of prices; the setting of the bidding control price is unreasonable.

⑥ The subcontracting unit selected by the general contracting unit has problems such as unqualified qualifications or grades, weak construction capacity, insufficient financial support, inadequate plan implementation, poor reputation, etc., which affect the quality and progress of the project and have hidden dangers in safety management.

⑦ The description of contract terms is not standardized; the main or key terms of the contract are inconsistent with the solicitation documents; the clauses of the material and equipment supply contract omit key contents (such as specifications and models, technical indicators and quality standards of materials and equipment, etc).

⑧ The contract signing is not standardized, and the contract management and performance are not in place; the progress payment exceeds the proportion agreed in the contract, and there is a risk of funds.

⑨ The performance of the equipment does not meet the requirements of the technical specifications.

⑩ Material prices fluctuate frequently, especially the increase in a larger extent affects the procurement progress or cost.

(5) The fifth stage: the construction phase

① The procedures for temporary sewage discharge and construction waste disposal are not perfect; project cost control is not in place, design changes, project visas are more; the construction period control is not in place, often lags behind the planned construction period, and the coordination of the site is difficult to coordinate between the three links and one level, and the water and electricity, which affects the progress of the project; hidden project management is not in place, there are problems such as poor quality and irregular processes; the general contract management and coordination is not in place, affecting the cross-operation and project duration.

② The phenomenon of arrears

of wages to migrant workers by the general contracting unit or other contractors affects social stability and corporate reputation.

③ Safety management, safe and civilized construction, health and occupational health management are not in place, serious hidden dangers, and rectification is not implemented in a timely manner; the safety responsibilities of each unit at the scene are not in place, and there are many safety hazards, which may lead to accidents or injuries, especially in the hole operation (falling from a height), the oil engine operation (electric shock, fire, poisoning, equipment damage), electrical welding operation (fire, object blow, personal injury, electric shock), high-voltage operation (electric shock), hoisting operation (object strike, lifting injury, mechanical injury), scaffolding operation (falling from a height, object strike), platform operation (falling from a height, collapsing), ascending equipment operation (falling from a height, object strikes) and other aspects.

④ The introduction of external municipal electricity is complex, involving many units, long approval process, delayed construction period, and construction safety management is not in place.

⑤ The management of engineering materials of the construction unit is not in place, and the management of entering and leaving the warehouse is chaotic; the implementation of the equipment material supply plan is not in place, and the construction period plan is delayed: there are quality defects in the equipment and materials; the arrival of equipment lags behind the order plan, and the quality of the integrated equipment installation process is unqualified.

⑥ The application for approval and construction work lags behind the plan, such as the procedures for the filing of each approval, construction permit, safety and quality supervision, etc.

⑦ The intersection of the engineering interface of the phased construction is relatively serious, and there is a risk of omission or unclear interface.

⑧ Design changes and visas caused by changes in the scope of work and design requirements, etc., affecting the project cost or duration.

⑨ During the construction period, the price of materials fluctuates frequently, especially when the increase is large, which affects the progress of project implementation and is prone to contract disputes.

⑩ The construction process does not meet the technical standards, and the quality does not meet the requirements of the acceptance specifications.

(6) The sixth stage: the completion and acceptance phase

① The project settlement information is incomplete or lost, affecting the settlement progress; projects cannot be closed or handed over in a timely manner.

② The division and sub-acceptance are unqualified; the equipment joint commissioning test is not qualified; planning acceptance exceeds the planning conditions, and unqualified acceptance needs to be rectified; the special acceptance of fire control does not meet the requirements, and it is necessary to rectify and test and accept it many times.

③ The quality of the completed documents is unqualified, the information is incomplete, and the signature and seal problem is prominent; There are omissions, or losses in archival archives.

Combined with the risk assessment report model, the risk list of the project construction process was sorted out, and a total of 5 types of first-class risk types including environment and society, technology and engineering, market, policy, and organizational management were formed, and a total of 47 second-class risk types including unfavorable project site selection, policy and regulation adjustment, and customer demand uncertainty were sorted out, and specific risk point descriptions were carried out, including but not limited to major projects in policy planning, land acquisition and demolition, introduction of mains power, energy consumption indicators, safety production, public health, etc., and specific risk point descriptions were carried out, including but not limited to major projects in policy planning, land acquisition and demolition, introduction of mains power, energy consumption indicators, safety production, public health, The main risk factors, the possibility of occurrence and the degree of impact on ecological environment, business needs, investment budgets, and quality of material materials.

3.2.2 Risk analysis phase

Risk analysis is the process of understanding the nature of risk, which refers to the analysis of the possibility of an event and the degree of impact on the project objectives after the event, and the impact refers specifically to the negative impact on the project objectives. Risk analysis is the evaluation and measurement of the impact and consequences of risks, including qualitative and quantitative analysis. Quantitative analysis is the quantitative analysis of the probability of each risk and its consequences for the project objectives, as well as the degree of overall risk of the project. Its role and purpose are: to determine the probability of achieving the goal of a particular project; identify the risks that need the most attention by quantifying the extent to which each risk affects the project objectives; identify realistic and achievable costs, schedules, and scope goals.

Based on this, the risk function is the first to be established, which describes the risk with two variables, one is the probability of the event occurring, and the other is the impact on the project goal after the event occurs. Risk can be expressed as r (p, l=px1) by a binary function where p is the probability of the risk event occurring and l is the impact of the risk event on the project objectives.

(1) Risk probability

According to the likelihood of the occurrence of risk factors, the risk probability can be divided into five grades. The probability levels of risk is shown in table 1.

table 1 Probability levels of risk

Serial Number	Probability rating	Likelihood of occurrence	Denote
1	Severe	81% ~ 100%, It is very likely to happen	S
2	High	61% ~ 80%, The possibility is high	H
3	Medium	41% ~ 60%, Expected to occur in the project	M
4	Little	21% ~ 40%, This cannot happen	L
5	Negligible	0 ~ 20%, Very unlikely	N

(2) Risk impact

The size or level of risk is proportional to both the probability of a risk event occurring and the degree of impact of a risk event on the project objectives. According to the size of the impact on the project after the risk occurs, it can be divided into five impact levels. The impact of risk is shown in table 2.

table 2 The impact of risk

Serial Number	Effect Extent	The degree of impact on the project's objectives	Denote
1	Severe effect	The entire project goal failed	S
2	High effect	Target values (schedule, quality, cost) have dropped significantly	H
3	Medium effect	The target has a moderate impact and is partially achieved	M
4	Little effect	The objectives of the corresponding parts are affected and do not affect the overall objectives	L
5	Negligible effect	The target impact of the corresponding part is negligible and does not affect the overall goal	N

3.2.3 Risk assessment phase

The risk matrix method is used, taking the probability of the occurrence of the risk factor as the abscissa, the magnitude of the impact on the project after the occurrence of the risk factor as the ordinate coordinate, and the probability (using the numerical grading scale to measure the possibility of risk) and the impact (the severity of the consequences) are combined to obtain the semi-quantitative assessment result. The risk-probalility impact matrix is shown in figure 2, the level of risk is shown in table 3.

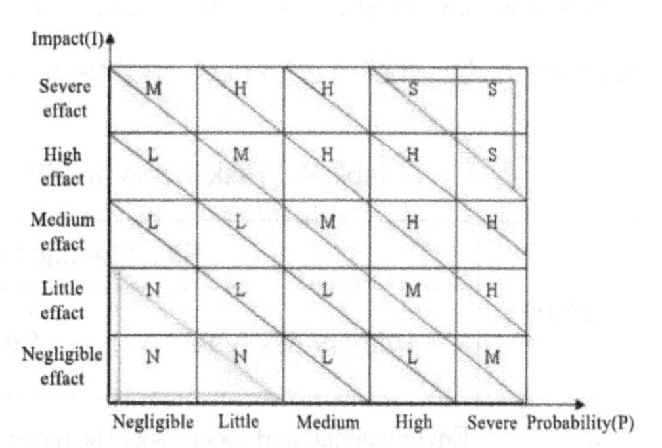

Figure 2 Risk-probability impact matrix

table 3 The levels of risk

Serial Number	Risk level	Possibilities and consequences of occurrence	Denote
1	Severe Risk	The possibility is high, the loss is large, the project is changed from feasible to unfeasible, and active and effective preventive measures need to be taken	S zone
2	High Risk	The possibility is greater, or the loss is larger, the loss is affordable to the project, and certain precautions must be taken	H zone
3	Medium Risk	The possibility is unlikely, or the loss is not large, generally does not affect the feasibility of the project, and certain precautions should be taken	M zone
4	Little Risk	The likelihood is small, or the loss is small, and does not affect the viability of the project	L zone
5	Negligible Risk	The likelihood is small, the loss is small, and the impact on the project is minimal	N zone

According to the above analysis, the risk points are sorted into primary risk types and secondary risk types, and then according to the frequency and degree of impact, the risk matrix is used to assess the risks, and the major and large risks in the construction stage are sorted out, as shown in table 4.

table 4 Risk levels at different stages of construction projects

Stage	Risk identification		Risk assessment		
	Primary risk type	Secondary risk type	Probability	Degree of impact	Risk level
Planning phase	Environmental and social risk	The project site selection is unfavorable	H	H	S
	Policy risks	Disposal risk of idle land	L	S	H
Feasibility study phase	Market risk	Customer needs are uncertain	M	H	H
	Technical and engineering risk	Resource supply risk	M	H	H
The survey and design stage	Market risk	Customer needs are not being met	M	H	H
	Environmental and social risk	An anomaly occurred at the survey site	L	S	H
	Technical and engineering risk	Insufficient depth of design	M	H	H
	Technical and engineering risk	The pipeline is not systematically planned	M	H	H
The survey and design stage	Organizations manage risk	Procurement scenarios or processes are not compliant	M	H	H
	Organizations manage risk	Improper internal organization or chaotic management	M	H	H
	Organizations manage risk	Material management is not in place	M	H	H
	Technical and engineering risks	The terms of the contract are not perfect	M	H	H
Construction phase	Organizations manage risk	Construction management is chaotic	H	H	S
	Organizations manage risk	Workers are in arrears in wages	M	S	S
	Organizations manage risk	Security management is not in place	H	H	S
	Organizations manage risk	The introduction of mains electricity is lagging behind	M	H	H
Completion and acceptance phase	Organizations manage risk	Improper internal organization or chaotic management	H	L	H
	Technical and engineering risk	The quality of the construction process is not qualified	M	H	H

3.3 Risk response

After predicting the main risk factors and their degree of risk, corresponding avoidance and prevention measures should be proposed according to different risk factors in order to reduce possible losses. In view of the different levels of risks, corresponding risk prevention countermeasures are proposed in the project investment decision-making stage, that is, the project feasibility study stage, and the possible countermeasures mainly include risk avoidance, risk control and risk transfer.

(1) Risk avoidance

Risk avoidance is the source of cutting off risk, which means that it may completely change the plan or even negate the project construction. Risk-averse countermeasures, to some extent, mean the loss of opportunities for possible profits of the project, so risk-aversity measures should only be used if the possible losses caused by risk factors are quite serious or the cost of taking measures to prevent risks is too large.

(2) Risk control

Risk control is a controllable risk, which proposes corresponding measures to reduce the possibility of risk occurrence and reduce the degree of risk loss, and demonstrates the feasibility and rationality of the proposed risk control measures from the perspective of combining technology and economy.

(3) Risk transfer

Risk transfer is a risk prevention method that transfers part of the possible risk of the project. Risk transfer can be divided into two types: insurance transfer and non-insurance transfer. Among them, the non-insurance transfer is to transfer part of the risk of the project to the project contractor, such as the project technical equipment, construction, etc. There may be risks, and part of the risk loss can be transferred to the contracting party in the signing contract.

4 Conclusions

There are many parks in various provinces across the country, regional dispersion, engineering construction capabilities and risk response capabilities are uneven, risk assessment work should be the theoretical methods, advanced experience in industry and enterprise risk assessment, fully combined with the actual construction of data center parks, in accordance with the requirements of focused, sustainable and closed-loop to develop a data center engineering project risk assessment work plan and path. The risk assessment work will focus on the three main lines of good design, good implementation and good effect, and guide the implementation of risk assessment with scientific methods, pragmatic actions, and perceptible results as the overall logic and methodology.

Combined with the risk analysis model and research results, formulate a list of enterprise risks, including but not limited to the main risk factors, possibilities and degrees of impact of major projects in policy planning, land acquisition and demolition, introduction of mains electricity, energy consumption indicators, safety production, public health, ecological environment impact, business needs, investment budgets, and material material quality.

In the process of risk assessment in the process of data center construction, through the continuous review of the risk assessment report and the iterative improvement of the risk list, the tracking and evaluation mechanism for the implementation of the enterprise risk assessment work plan (including assessment methods, assessment methods, tool templates, evaluation index systems, etc.) is gradually constructed, and the progress, efficiency and effect of the risk assessment work are timely assessed. Carry out rolling updates of risk assessment work plans and carry out relevant thematic studies as needed.

Combined with the actual situation of each province in the country, comb the risk list, formulate reasonable risk response measures, form a risk response guide for enterprise data center construction, provide counseling and support for data center construction, and effectively form a closed loop.

数据中心园区海绵城市建设方案研究

冉杨涛

摘　要：在分析数据中心园区海绵城市建设需求及特点的基础上，探讨园区海绵城市建设中存在的问题，有针对性地提出数据中心园区的海绵城市建设策略。以某数据中心园区为例，介绍具体的海绵城市建设方案及实施效果，以供其他数据中心园区项目参考。

关键词：海绵城市；数据中心园区；工业建筑；低影响开发；年径流总量控制率

2021 年 4 月，国务院办公厅发布《关于加强城市内涝治理的实施意见》，要求在城市建设和更新中，实施雨水源头减排工程。当前海绵城市已经进入系统化全域推进建设阶段。近些年，5G、云计算、智能化等数字技术大规模推广，网络计算量不断加大，作为数据存储及计算的核心，数据中心规模呈现快速增长趋势。国内数据中心开展建设时多以产业园区的方式进行，各地纷纷开展数据中心园区建设，例如中国移动长三角（南京）数据中心园区、阿里巴巴云计算数据中心（杭州经开园区）及中国电信太原数据中心园区等。在此情形下，数据中心园区已成为当地推进海绵城市建设必不可少的载体。

与典型建筑小区、办公楼不同，数据中心园区建筑密度大，建筑基底占比高，同时绿地率低，场地内绿化面积较小。但是目前各地出台的标准导则没有对数据中心园区海绵城市建设提出差异性要求，各数据中心园区仍按照传统建筑小区类项目开展建设，开展海绵城市建设存在一定困难。本文分析数据中心园区特点，针对海绵城市建设中的各类问题，制定适合于数据中心园区的海绵城市建设方案。

1　数据中心园区海绵城市建设特点及难点

（1）园区综合径流系数大

根据数据中心存储及计算需要，数据中心园区一般由一栋运维管理楼、数栋数据机房楼、油机房（部分园区采用室外油机）及变电站组成，园区内建筑基底占地面积较大，建筑密度大。同时数据机房屋面有冷却塔、光伏等设备，因此数据机房屋面不宜采用绿色屋顶，仅运维管理楼屋面可建设少量屋顶绿化。鉴于数据中心园区一般为工业用地，项目绿地率较低，可以设置下凹式绿地、雨水花园等海绵设施的绿色空间较少。部分数据中心为了打造园区形象，在运维管理楼前集中设置大面积绿地，这导致数据机房周边可利用的绿色空间更加少。数据中心园区道路一般采用沥青形式，可以设置透水铺装的场地有限。园区建筑密度大、绿地率小、不透水铺装比例大，数据中心园区综合径流系数大（一般大于 0.7），降雨时场地径流较多，建设海绵城市时应设置较大规模的低影响开发设施。

（2）地下管线复杂

数据中心类项目地下管线类型多，一般有给水、污水、雨水、消防、电力、油管、冷却塔补水管及通信等管线，部分数据中心园区因为电力管线和通信管线较为复杂，还要铺设电力管沟及通信管沟。这些地下管线或管沟一般设置于绿地中，这进一步压缩了园区海绵城市建设时可利用的绿色空间。建设海绵城市时，应注意对地下管线进行保护并避开地下管沟。

（3）场地景观分布存在差异性

数据机房属于无人值守机房，日常运行时仅有少数运维人员进行巡检，工作人员日常办公多集中在运维管理楼内。为打造园区形象，运维管理楼周边会合理选择绿化方式，形成乔木、灌木、草坪结合的复层绿化，而数据机房楼周边绿地以草坪为主，一般不种植乔木、灌木。建设海绵城市时，应认识到数据中心园区景观分布的差异性，营造适合数据中心园区的生态海绵景观。

2　数据中心园区海绵城市建设策略

建设数据中心园区海绵城市时，应该分区进行规划，对不同性质建筑周边雨水径流分别设计。运维管理楼周边应按照高标准开展海绵城市建设，且运维管理楼及周边可以尽可能多地设置绿色屋顶、下凹式绿地及雨水花园等绿色海绵设施。数据机房、油机房周边绿色海绵设施建设难度较大，可按照略低标准开展绿色建设，同时设立雨水调蓄池，绿色海绵设施与灰色海绵设施并举，最终达到海绵城市建设目标。

目前大多数省（自治区、直辖市）对项目雨水调蓄池建设有一定要求，数据中心园区内的绿地空间有限，绿色海绵设施建设难度大，有必要建设雨水调蓄池。数据中心园区主要负责数据存储及计算。园区内污染小，屋面与场地雨水比较干净，雨水污染程度相比于住宅项目并无明显区别。同时数据中心园区的地下管网复杂，难以建设一套专门收集屋面雨水的管网，因此建议数据中心园区在室外雨水管网末端建设雨水调蓄池。

3　数据中心园区海绵城市建设案例

3.1　数据中心园区概况及功能分类

某数据中心园区内总用地面积达

131935.80m²，总建筑面积为173051.96m²，其中，地上建筑面积为170358.16m²，地下建筑面积为2693.80m²，建筑密度达36.42%，绿地率为28%。场内主要建筑为6栋数据中心楼（数据机房）、6栋油机房（柴发机房）、1栋220kV变电站及1栋运维管理楼。根据当地海绵城市政策要求，本项目属于新建工业建筑，设计标准为年径流总量控制率达70%，对应设计日降雨量约为21.2mm。数据中心园区功能分类如图1所示。

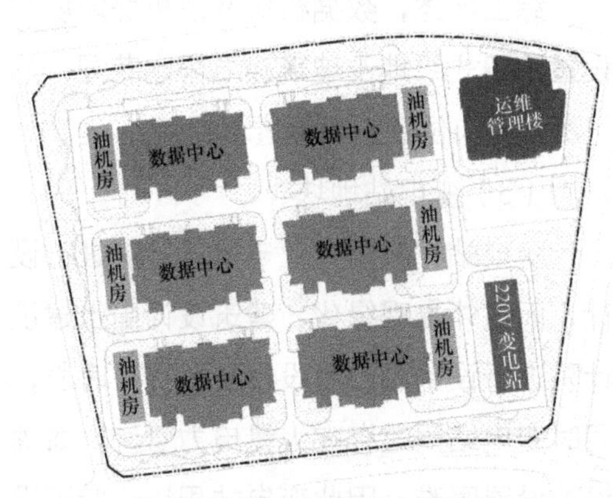

图1 数据中心园区功能分类

3.2 竖向分析

本项目场地较为平整，场地标高起伏变化较小，场地竖向标高对园区海绵城市建设影响较小。项目在规划设计时优化场地竖向，场地竖向有利于雨水调蓄及收集。

3.3 下垫面分析

本数据中心园区总用地面积为131935.80m²，其中人行步道及停车位采用透水铺装，运维管理楼屋顶采用绿色屋顶，场地下垫面可分为普通屋面、绿色屋顶、不透水铺装、透水铺装及绿地。数据中心园区下垫面分布如图2所示，下垫面规模统计见表1。

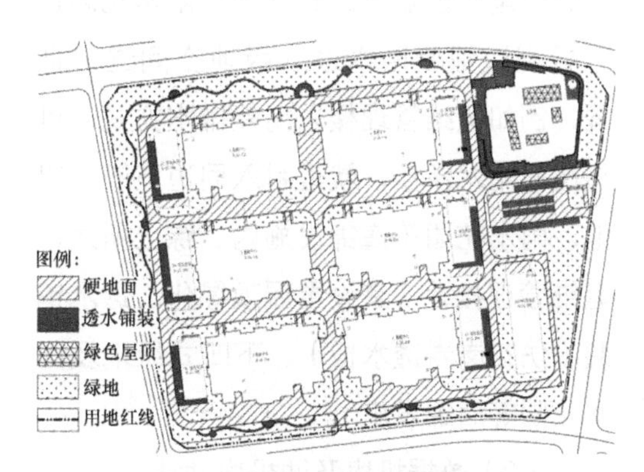

图2 数据中心园区下垫面分布

表1 下垫面规模统计

序号	下垫面类型	规模/m²	占比
1	普通屋面	47340.73	35.88%
2	绿色屋顶	705.00	0.54%
3	不透水铺装	38358.05	29.07%
4	透水铺装	8590.00	6.51%
5	绿地	36942.02	28.00%
6	合计	131935.80	100.00%

3.4 海绵设施选择

（1）运维管理楼地块

数据中心园区运维管理楼屋面一般为上人屋面，屋面宜结合造型设置屋顶绿化。运维管理楼周边并没有重型车辆出入，道路荷载要求低，因此周边道路宜采用透水铺装形式。然而传统的透水材料例如透水砖、透水混凝土等景观效果不佳，为营造企业形象，保障参观效果，运维管理楼周边铺装宜采用仿花岗岩透水板，该种透水板表层类似花岗岩石材，渗透系数约为 3.0×10^{-5}m/s，在保障周边铺装效果的同时，有效削减了地表径流。运维管理楼周边绿地可设置下凹式绿地与雨水花园，引导周边铺装雨水进入绿地空间进行调蓄，例如运维管理楼采用外排水方式，可将屋面雨水断接，就近引入周边下凹式绿地、雨水花园等海绵设施内。综上所述，运维管理楼地块宜设置屋顶绿化、透水铺装（仿花岗岩透水板）、下凹式绿地及雨水花园等海绵设施。

（2）数据机房及油机房地块

数据机房及油机房屋面本身就存在大量冷却塔等设施，且建筑空置屋面设置了太阳能光伏设备，可以设置为屋顶绿化的屋面面积较少，因此数据机房及油机房屋面宜采用传统硬质屋面形式，未采用绿地屋顶。日常工作时数据机房及油机房一般处于无人值守状态，仅少数工作人员进行巡检，为节约成本，该类型楼栋周边一般仅种植草坪。同时数据机房及油机房周边地下管线复杂，各类型管沟、检查井等设施设备分散布置于建筑周边，建筑周边设置传统的雨水花园、渗透性植草沟等底部基质层较厚海绵设施较为困难，数据机房及油机房屋周边宜尽可能设置成下凹式绿地形式。

考虑到数据机房及油机房不透水屋面的面积较大，如果周边绿地空间仅设置下凹式绿地，周边绿地空间的海绵设施调蓄空间可能不足，因此周边绿地空间可设置新型玻璃轻石雨水花园，该雨水花园种植土层及排水层厚度约为 550mm，底部基质层厚度相比于一般雨水花园薄，玻璃轻石种植土层渗透系数达 5×10^{-5}m/s，每平方米玻璃轻石雨水花园调蓄容积可达 350mm，并不比传统雨水花园调蓄容积小。油机房（柴发机房）内部为柴油发电机，运行时排风口位置会产生大量热气，该位置如果种植植物，受热气影响，后期植物生长较差，景观效果较差。为保障景观效果，建议油机房排风口位置不种植绿色植被，而是建设透水铺装，减小地表径流。

综上所述，数据机房及油机房地块宜设置下凹式绿地及玻璃轻石雨水花园，油机房排风口位置宜建设透水铺装。

（3）变电站地块

变电站一般由专业电力设计院进行设计，而室外景观绿化、建筑设计由土建设计院进行设计，二者设计阶段存在时差，同时变电站周边存在大量电力管沟，海绵设施设置困难，因此变电站周边一般不设置绿色海绵设施。变电站屋面及周边绿地道路的雨水宜由室外雨水管网输送至雨水调蓄池进行调蓄回用。

（4）集中铺装绿地地块

硬质铺装方面，为减小地表径流，数据中心园区内小型停车位可以采用嵌草砖，人行步道可采用透水砖。由于数据中心存在重型车辆驶入情况，场地内的车行道材质选用传统沥青路面，不宜选用透水铺装。车行道两侧尽可能设置下凹式绿地、雨水花园、植草沟等海绵设施，雨水优先引导至海绵设施内，多余雨水溢流进入雨水调蓄池。数据中心园区可采用环保雨水口，降低场地径流污染的影响。

3.5 海绵城市规模与布局

该项目根据场地条件及建筑类型的不同，将场地分为 S1 ～ S11 共 11 个分区，其中 S1、S7、S11 分区属于集中铺装绿地地块，S2 ～ S5、S8、S9 分区属于数据机房及油机房地块，S6 分区属于运维管理楼地块，S10 分区属于变电站地块。汇水分区示意如图 3 所示。

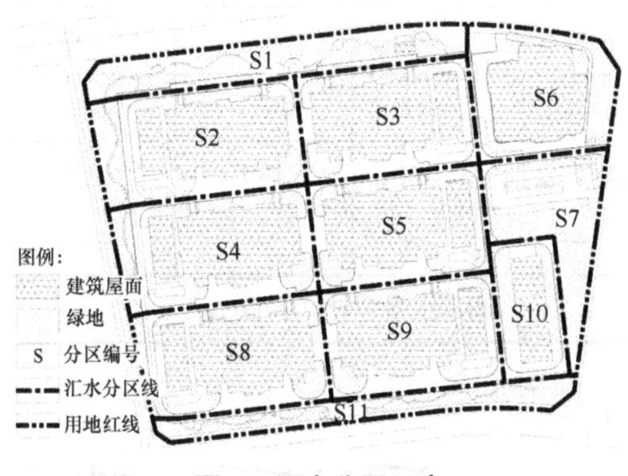

图 3 汇水分区示意

S1、S7、S11 分区内仅有铺装及绿地，本分区按照常规方式开展海绵城市建设即可，尽可能设置透水铺装，并充分利用绿地空间设置下凹式绿地、雨水花园等绿色海绵设施。S10 分区仅有变电站，地块内难以设置绿色海绵设施，可将雨水引导至雨水调蓄池进行调蓄。鉴于本文主要论述数据中心园区与常规民用建筑海绵城市方案差异，而 S1、S7、S10、S11 分区与常规民用建筑无明显差异，上述分区不属于本文重点研究范围，本次仅选取 S5、S6 分区，分析分区内各类型地块的海绵设施规模及布局。

根据 3.4 节分析，数据机房、油机房地块宜设置下凹式绿地及玻璃轻石雨水花园，油机房排风口位置宜建设透水铺装；运维管理楼地块宜设置屋顶绿化、透水铺装（仿花岗岩透水板）、下凹式绿地及雨水花园等海绵设施。经计算，本项目 S5 分区油机房排风口设置 457m² 透水铺装（即透水混凝土），分区内绿地内设置 439m² 下凹式绿地及 42m² 雨水花园，同时雨水排水管网末端设置 130m³ 雨水调蓄池。S5 分区海绵设施调蓄量计算见表 2，S5 分区海绵设施分布如图 4 所示。

S6 分区运维管理楼屋面结合建筑风格设置 705m² 屋顶绿化，周边设置 3102m² 仿花岗岩透水板。因为本项目屋面已经采用屋顶绿化，且项目立面采用玻璃幕墙形式，雨水采用内排水方式，因此屋面雨水未断接进入海绵设施，屋面雨水进入雨水调蓄池（容积为 62m³）。运维管理楼周边绿地共设置 250m² 下凹式绿地及 159m² 雨水花园，引导周边道路雨水进入下凹式绿地及雨水花园。S6 分区海绵设施调蓄量计算见表 3，S6 分区海绵设施分布如图 5 所示。

3.6 景观设置方案

数据中心园区内室外景观应结合海绵城市理念进行专项设计，微地形塑造时下凹式绿地、雨水花园等海绵设施尽可能采用整体下凹形式，便于海绵设施与整个室外景观相融合。下凹式绿地采用高羊茅和黑麦草混播方式，雨水花园则采用花叶芦竹、旱伞草、鸢尾、黄菖蒲等灌木与地被搭配，并辅以景石作为点缀，整个海绵设施内植物品相丰富，各种植物组团应错落有致。

3.7 实施效果

该数据中心园区基于分区设计的理念，通过“灰绿结合”方式，实现场地雨水径流削减与错峰排放，达到年径流总量控制率 70% 的要求，通过各种海绵设施对雨水径流污染的削减，完成面源污染削减率 45.3% 的目标。在满足项目年径流总量控制率和面源污染削减率的同时，该项目采用了多种海绵设施，在一定程度上改善了场地景观效果。

表 2 S5 分区海绵设施调蓄量计算

序号	下垫面类型	总面积 /m²	占比	径流系数	海绵设施类型	规模 /m²	单位面积调蓄水量 /m³	调蓄水量 /m³
1	普通屋面	7178	53.06%	0.85	透水混凝土	457	—	—
2	不透水铺装	3278	24.23%	0.85	下凹式绿地	439	0.13	57.07
3	透水混凝土	457	3.38%	0.36	雨水花园	42	0.35	14.70
4	绿地	2614	19.33%	0.15	雨水调蓄池	130	130	130
5	合计	13527	100.00%	0.70	—	—	—	—
需要调蓄容积：200.74m³					调蓄水量合计：201.77m³			

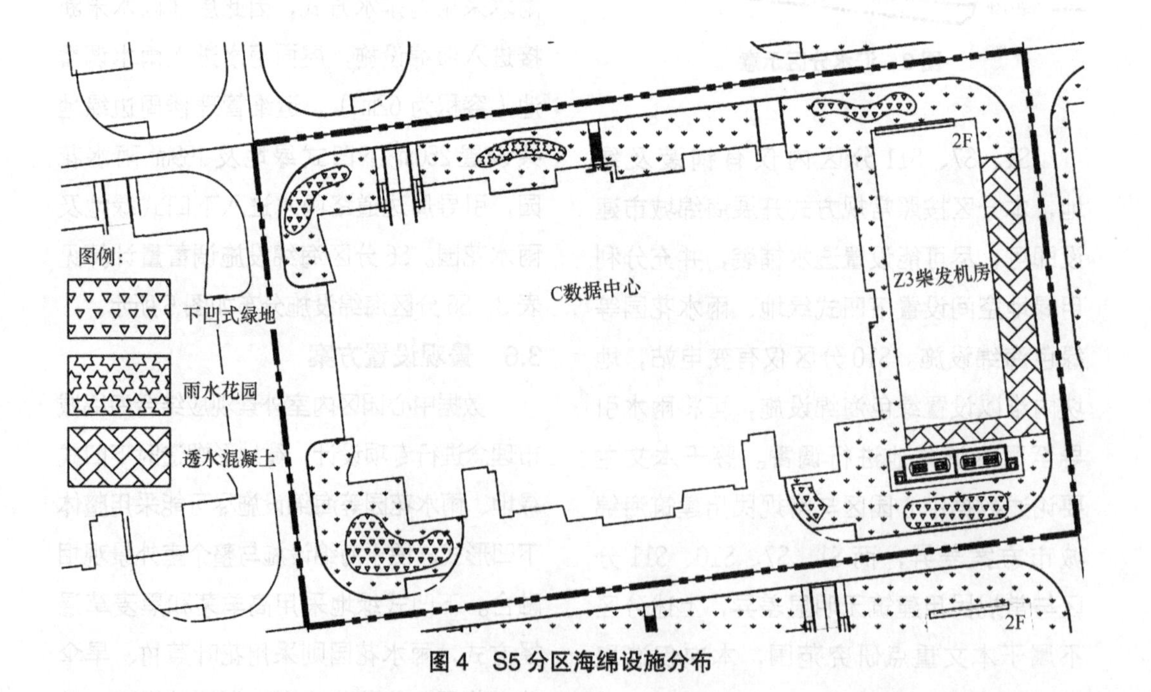

图 4 S5 分区海绵设施分布

表 3　S6 分区海绵设施调蓄量计算

序号	下垫面类型	总面积 /m²	占比	径流系数	海绵设施类型	规模 /m²	单位面积调蓄水量 /m³	调蓄水量 /m³
1	普通屋面	5059	40.52%	0.85	绿色屋顶	705	—	—
2	绿色屋顶	705	5.65%	0.40	透水混凝土	3102	—	—
3	不透水铺装	1179	9.44%	0.85	下凹式绿地	250	0.13	32.50
4	透水板	3102	24.85%	0.36	雨水花园	159	0.35	55.65
5	绿地	2439	19.54%	0.15	雨水调蓄池	62	—	62
6	合计	12484	100.00%	0.57	—	—	—	—
需要调蓄容积：149.82m³					调蓄水量合计：150.15m³			

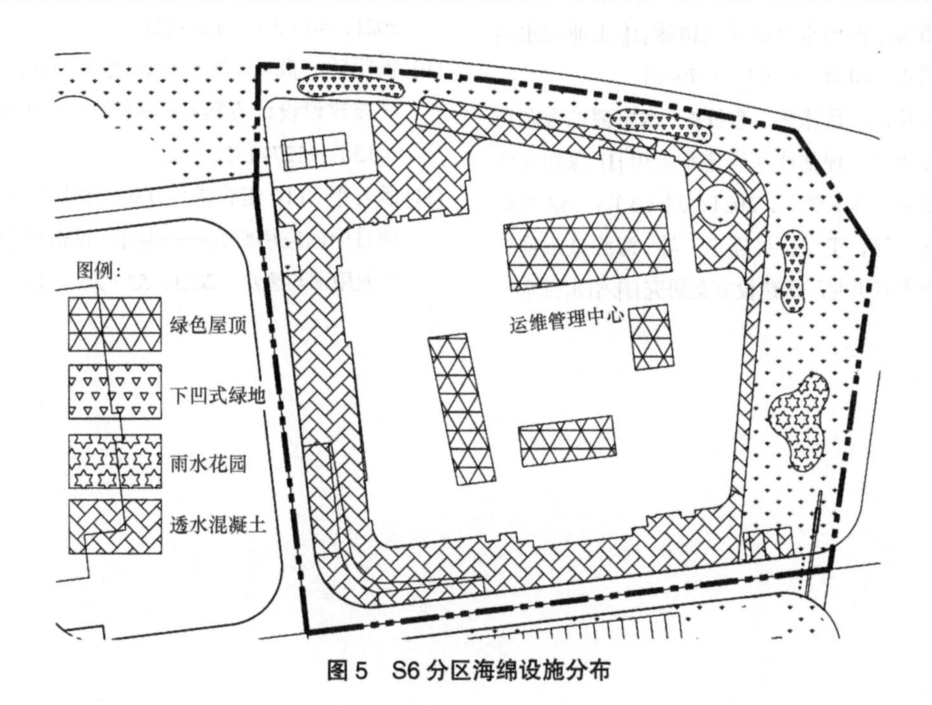

图 5　S6 分区海绵设施分布

4　结论

在数据中心园区进行海绵城市建设时，需要充分考虑园区各类型地块特点，分区开展海绵城市设计。园区中的运维管理楼地块及集中铺装绿地地块应充分挖掘绿地空间的海绵特性，建设透水铺装、绿色屋顶、雨水花园及下凹式绿地等海绵设施，数据机房及油机房地块绿地空间以设置下凹式绿地为主，油机房排风口位置可建设透水铺装，变电站地块雨水宜引导至雨水调蓄池。本项目合理规划场地雨水径流，并根据各类型地块精细化选择海绵设施类型，在解决园区场地径流控制及污染控制的同时，实现了园区特色海绵景观打造，项目可为其余数据中心园区海绵城市建设提供借鉴。

参考文献

[1] 王奖，张勇军，李立涅，等. 数据中心园区能源互联网的关键技术与发展模式 [J]. 中国工程科学，2020，22（4）：65–73.

[2] 王梦迪，徐得潜，陈国炜. 控制径流污染雨水调蓄池优化设计研究[J]. 工业用水与废水，2021，52（6）：33–37，78.

[3] 孙玉童，方志华，夏明升，等. 基于海绵城市理念的雨水湿地系统构建 [J]. 工业用水与废水，2020，51（1）：79–81.

[4] 冉杨涛，吕伟娅，袁校柠. 水资源综合利用专项规划评估体系构建及应用 [J]. 深圳大学学报（理工版），2021，38（4）：358–366.

[5] 黄黛诗，王宁，吴连丰，等. 海绵城市理念下既有工业厂区建设方案研究[J]. 给水排水，2019，45（11）：63–66，73.

[6] 揭小锋，郭迎新，周丹，等. 基于"分质分区处理"理念的工业厂房海绵改造策略 [J]. 中国给水排水，2020，36（12）：14–19.

[7] 吕国栋，刘依林，余平伟，等. 国家超级计算郑州中心给水排水设计探讨[J]. 给水排水，2021，47（6）：104–109.

[8] 孟军. 海绵型工业园区关键技术与设计方案研究 [D]. 南京：东南大学，2015.

[9] 谢胜，吴晨浩，吕永鹏. 工业项目的海绵城市建设标准与技术要点 [J]. 净水技术，2021，40（3）：118–121.

[10] 程明涛，薛峰. 浅议污水处理厂海绵城市设施建设设计方案 [J]. 净水技术，2020，39（12）：127–131，151.

[11] 潘若平. LID 组合措施在杭州低影响开发区项目中的应用研究——基于 SWMM 模型 [J]. 工业用水与废水，2021，52（2）：43– 47.

公共卫生安全视角下的冷链物流中心风险识别与建筑优化设计

杨琳卓　胡振宇

摘　要：冷链物流中心是冷链物流系统的重要中转节点，从公共卫生安全的视角来看，优化冷链物流中心的设计，在当前社会具有重要的现实意义。本文在分析冷链物流中心总体设计的基础上，运用风险评估和实践应用的设计方法，对冷链物流中心存在的卫生安全隐患进行优化设计，以江苏宜兴现代冷链物流中心为研究对象，对优化策略进行应用，可以为今后的物流中心建设提供实际参考。

关键词：公共卫生安全；现代冷链物流中心；风险因素；优化策略

冷链物流中心是能够进行冷链物流活动的场所或组织，作为一个重要节点，其在冷链物流网络中具有极其重要的作用。自21世纪初以来，我国冷链物流体系快速发展，不断吸取国外的先进技术和经验，推动现代冷链物流中心快速发展。近年来，我国冷链物流中心向功能复合的物流中心发展，趋向于发展为集仓储、加工、交易、办公和配套设施于一体的冷链物流中心。根据物流建筑设计规范，冷链物流中心的卫生安全规范仅包括保证食品检验、垃圾处理等方面，面对当前局势，其规定已无法满足预防和控制重大公共卫生安全事件的发生。因此，评估冷链物流中心存在的各区域风险，并通过设计手段解决问题，对公共卫生安全事件起到预防和控制的作用，尤为必要。

1　研究方法

1.1　总体设计

一般冷链物流中心的总体设计可分为功能布局设计、道路交通设计、建筑空间设计，以及外部环境设计。

（1）功能布局设计

功能布局设计的流程一般是先确定冷链物流中心的设计定位，根据设计定位对物流作业的流程进行筛选。随后，确定各功能分区，通常冷链物流中心的功能分区分为专业物流作业区和辅助作业区：专业物流作业区一般分为仓储区、转运区、加工区、交易展示区和物流行政管理区；辅助作业区包括综合服务区、停车设施、道路与垃圾处理区域等。

（2）道路交通设计

冷链物流中心的道路交通设计，重点在于确定功能分区后的场地流线设计，包括货车流线、客车流线、工作人员流线，以及客流流线。合理的道路路网设计，能够有效提高物流的效率，减少车辆拥堵、流线交叉。

（3）建筑空间设计

根据功能分区，冷链物流中心的建筑空间可分为冷库、加工车间、交易展示大厅和行政办公用房。其中，冷库是冷链物流中心的核心功能，在冷链物流中心的设计中处于最重要的位置，在设计时应合理选用冷库的温度类型和布局类型，合理设计进 / 出货和补货的动线是重点。

（4）外部环境设计

冷链物流中心的外部环境主要是场地出入口、广场和垃圾处理区的设计。对于具有展示交易区的冷链物流中心，设置广场有助于人群疏散和聚集，疏导客流和车流。合理的环境设计能够增加活力，起到美化环境的作用。垃圾处理区需要与核心功能分离，防止污染周边环境。

1.2 冷链物流中心卫生安全风险因素评估

通过对冷链物流中心的总体设计和作业流程进行分析，本文识别物流作业过程中的风险，得到 23 个风险因素。冷链物流中心的公共卫生安全风险因素见表 1。

表 1　冷链物流中心的公共卫生安全风险因素

功能布局与道路交通设计	建筑空间设计				外部空间环境设计
	入 / 出库作业	冷链仓储作业	流通加工作业	交易展示作业	
流线交叉卫生风险、货物运输风险	装载卫生风险、货物堆积风险、配货人员素质风险、货物溯源风险、车辆运输风险	温度控制风险、周转风险、食品灭菌风险、环境卫生风险、工作人员灭菌风险	食品检验风险、食品清洗风险、加工流程风险、工作人员卫生风险	环境卫生污染风险、食品损腐风险、货品溯源风险、顾客素质风险	广场聚集风险、出入口拥堵风险、垃圾污染风险

根据这些风险因素总结归纳，得出 3 个影响公共卫生安全的因素。风险因素对应的卫生安全类型如图 1 所示。

（1）食品卫生安全

要保证冷链物流中心所配送和辐射的区域安全，就要保证食品的安全，食品从进货的检验、加工的卫生、储存的安全，到出货的密封性，都需要严格把控。保证食品卫生安全，是冷链物流中心能够保证公共卫生安全的首要目标。

（2）环境卫生安全

环境卫生安全能够保证进 / 出货过程中的交易者安全，相反，要保证环境卫生安全，要在交易者进入物流中心时进行把关，从而维护交易双方的卫生安全。外部环境包括垃圾处理厂等易污染的区域，应及时处理有害垃圾和易腐垃圾，保证场地内部环境卫生。

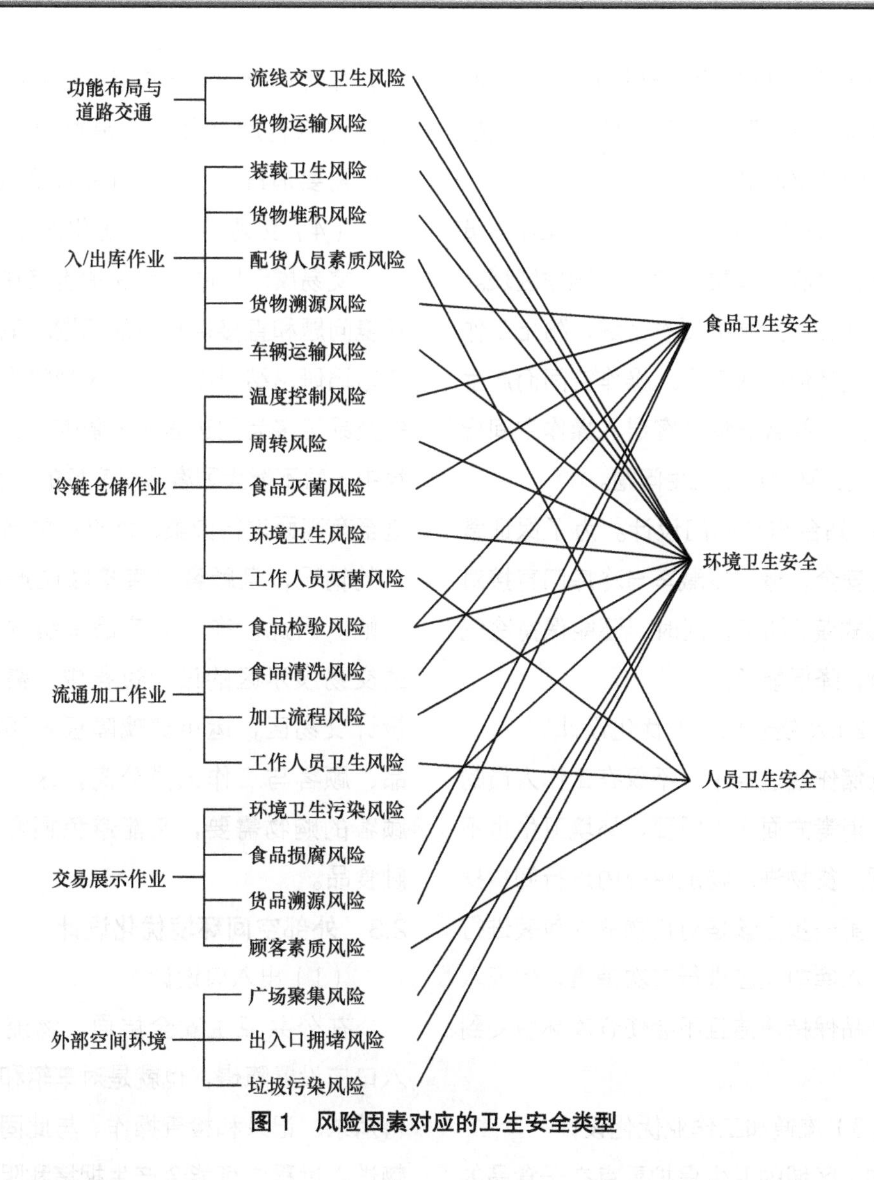

图 1 风险因素对应的卫生安全类型

（3）人员卫生安全

工作人员卫生安全与食品交集密切，所以在进入食品处理区域之前，应严格对工作人员进行更衣、消毒、杀菌等操作，确保外部细菌不会污染食品。

2 设计优化策略

2.1 功能布局与道路交通优化设计

功能布局与道路交通的设计重点在于流线布局，合理规划人车分流、货车与客车分流、工作人员与顾客分流，能够有效降低各区域人和车的流线交叉。

2.2 建筑空间优化设计

（1）入/出库优化设计

① 入库验收与实验室设计。首先要检验动物的检疫证明和运输工具的灭菌证明，没有证明或证明不符的、过期的，严禁进入仓库，并按照有关的程序处置。入

库单位要将进货的原始材料保存到仓库中，以备检查。不得存放无检疫证明或检疫印章的动物制品。

② 工作人员卫生消毒空间。工作人员通常需要更衣、消毒才能进入操作区域。合理设计工作人员的更衣区域，防止工作人员通过其他出入口进入操作空间而产生卫生问题，并且避免顾客误入操作空间导致建筑内部环境产生卫生问题。

③ 站台与冷库门设计。为了保证食品卫生安全，运用冷藏车与冷库门直接对接的形式装 / 卸货，同时，还能保持冷气不外泄，降低能耗。

（2）冷链仓储作业优化设计

仓储作业过程中，不仅在工作人员的更衣、消毒方面尤为重要，环境卫生也不容小觑。货物进入物流中心内进行卸货操作后，第一步应该是对货物的外包装进行消毒，入库前还应进行二次消毒，保证入库的产品保持清洁且不会使仓库环境受到威胁。

（3）流通加工作业优化设计

加工区域的卫生保护重点在于食品的检验和工作人员更衣消毒，同时，在分拣加工过程中增加消毒流程，能够有效阻断病毒链的传播。

产品在入货后需要筛查样品，将检疫通过的合格产品进行下一步消毒质检，同时对运输人员进行防护消毒，将检疫未通过的产品放入存疑样本观察存放区，由相关部门进一步处理。消毒完成后的产品与工作人员方可进入下一货物集散、分拣和加工环节，全程监控与监管此过程，随后进入仓库储藏或交易售卖，入库前同样需要消毒，加工工作就此完成。

（4）交易展示作业优化设计

交易展示区的卫生保护重点在于卫生环境问题和直接接触食品问题。笔者通过实地调研总结得出，多数大型物流中心内的交易区多为周边居民零售使用，使用过程中一般不能为顾客提供良好的卫生环境，甚至有当面进行肉类、水产品的清理和加工的情况，且顾客可直接触碰产品进行选购。因此，在农副产品冷链物流中心的交易展示区的设计过程中，需要重点设计交易区，运用玻璃隔板将顾客与食品、顾客与工作人员分离，这既能满足顾客的购物需要，又能避免顾客直接接触食品。

2.3 外部空间环境优化设计

（1）出入口设计

在公共卫生安全层面，物流中心出入口应设置障碍，也就是对车辆和人员进行消杀、记录和检查操作。与此同时，车辆进入过程中可能会产生拥堵和阻塞，入口处可设置缓冲空间，能够有效解决此类问题。

（2）垃圾处理区设计

垃圾处理区应与物流加工、交易和仓储区域分离。将园区内垃圾打包处理在场地内暂存，或者直接打包至外部垃圾转运中心，能够有效防止二次污染。场地内的垃圾处理与交易分时段进行，垃圾处理与物流和加工作业分时段进行。

货运与客运车辆分时段进入园区，保持客货分离。分时、分地处理垃圾，能够大幅降低垃圾对物流中心的二次污染概率。在保证冷链物流中心的流线设计的基础上，满足各个活动分时段进行。

综上所述，对冷链物流中心各个作业流程及环境进行卫生安全优化设计，在一定程度上能够有效降低发生公共卫生安全事件的概率，在预防和控制风险发生方面能够起到很好的效果。优化后的垃圾处理区具有普适性，适用于多数冷链物流中心，可以保证食品卫生、内外环境卫生，以及工作人员和顾客的卫生安全。

3 江苏宜兴现代冷链物流中心设计应用

3.1 项目介绍

江苏宜兴现代冷链物流中心设计项目位于江苏省宜兴市杨巷镇，项目用地面积约为 37000m^2，建筑面积约为 30000m^2。基地周边遍布稻米生产区和水产养殖区，该物流中心将周边的农产品和水产品汇集、加工、储藏、交易，并向周边城镇进行物流配送。

3.2 总体设计

（1）总平面布局优化设计

该物流中心将整个场地分为交易办公楼、农产品物流库和水产品物流库三大功能区。园区内还分别设有水产品和农产品临时存放区、垃圾处理区、集装箱处理区。该物流中心建筑迎合用地形状，交易办公楼前设计广场供顾客参观和聚集。场地主入口设置在交通主干道上，次入口设置在交通次干道上，货车流线为单向流线，基地内设置环形消防车道，满足消防要求。在停车设施方面，客车停车位结合外围环路设置，货车停车位设于仓库周边，数量满足设计要求。

（2）作业流程与功能分区

该项目在功能上包含农产品和水产品的收购与分拣、分级加工、冷藏冷冻、发货、交易、商业和辅助办公等。由收购至发货各环节的功能关系密切。

交易办公区包括一层的对外商铺、交易大厅，二层的行政办公、洽谈会议、物流管理等场地。农产品物流区和水产品物流区分别包括农产品和水产品收购与分拣，农产品和水产品粗加工和精加工，农产品气调库、冷藏库和冷冻库，水产品冷藏库、冷冻库和超低温库等，以及农产品和水产品发货区和恒温穿堂。

（3）建筑空间优化设计

物流中心平面布局见表 2。交易办公楼一层由对外商铺和交易大厅组成。二层为办公空间，主要为办公、洽谈区域，并在办公区域设置中庭，便于监管整个交易情况和卫生情况。交易办公楼在南向设置货运入口，方便仓库出货区的货品直接运输至交易大厅，提高交易效率。

农产品物流库一层由恒温穿堂、缓冲区、加工区、员工更衣区和物流管理区组成，并另设叉车充电间，运用智能化系统，提高产品运作效率。农产品在进入加工区前，先进入缓冲区进行消毒杀菌，并在加工前被检验，工作人员对不合格的产品采取留观、返还等措施。农产品物流库二层由气调库、冷藏库和冷冻库，以及恒温穿堂组成，使用固定货梯运送货物。

水产品物流库一层与农产品物流库相同，但检验室更换为水产品检疫室，对水产品进行肉质检疫，防止水产品携带病毒。水产品物流库二层由冷藏库、冷冻库和超低温库，以及恒温穿堂组成，分别对不同类型的冷库进行温度设定。

表2　物流中心平面布局

名称	一层平面图	二层平面图
交易办公楼	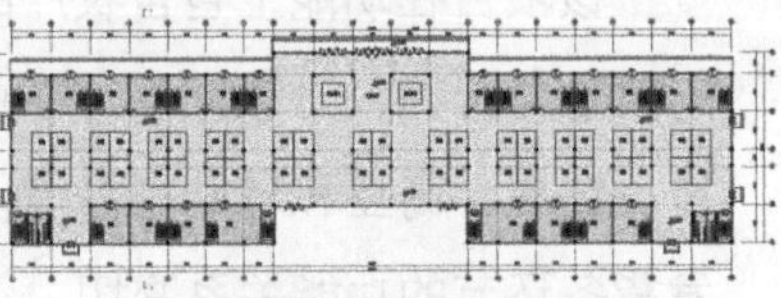 交易办公楼一层平面图	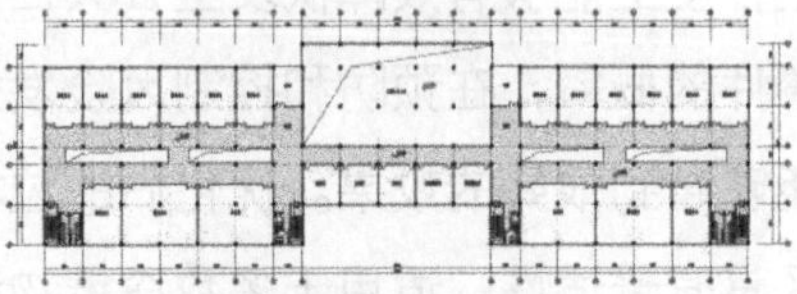 交易办公楼二层平面图
农产品物流库	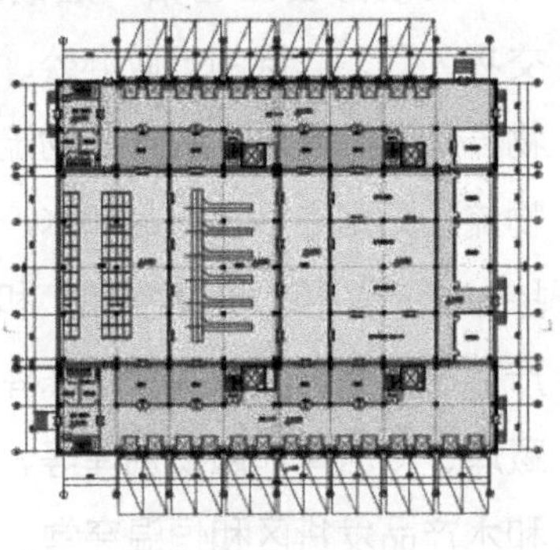 农产品物流库一层平面图	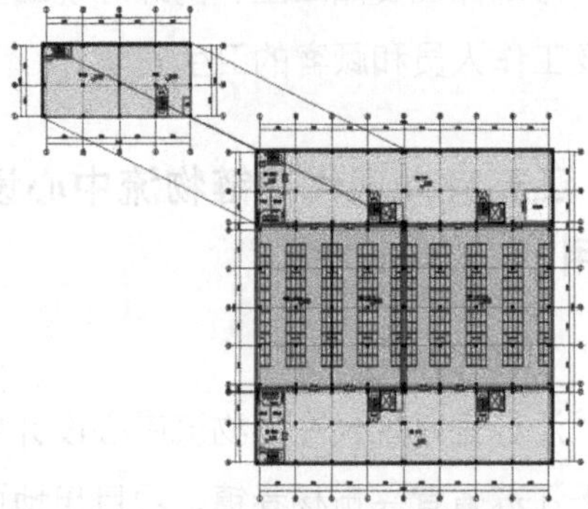 农产品物流库二层平面图
水产品物流库	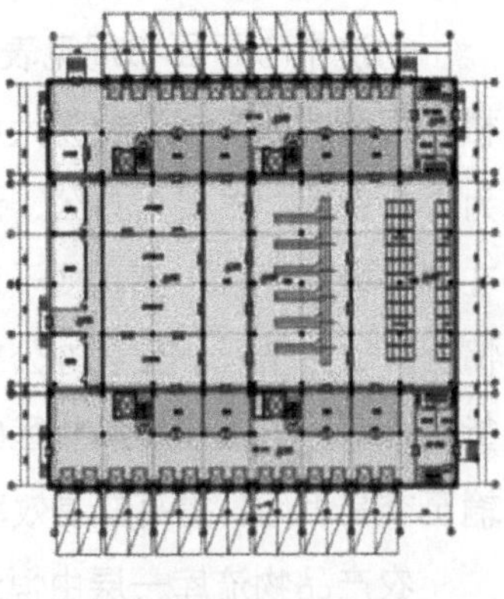 水产品物流库一层平面图	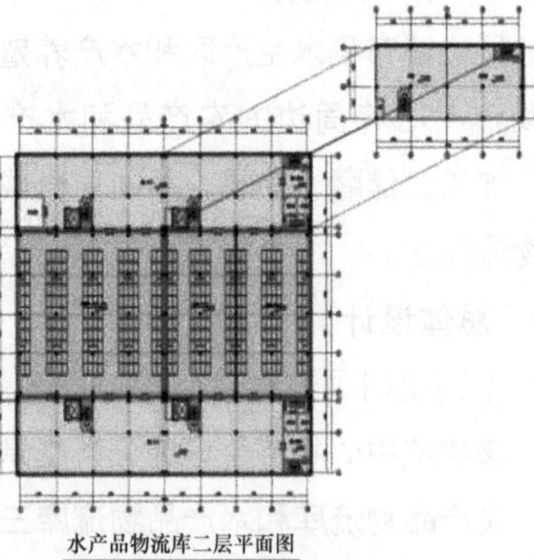 水产品物流库二层平面图

（4）外部环境优化设计

① 出入口优化设计。对物流中心设置围栏，控制入口数量，在各个入口处对车辆、工作人员及顾客进行登记和消毒；设置车辆缓冲区域，在对车辆进行消杀的过程中，防止道路堵塞，保持车辆行进顺

畅。工作人员从侧门进出，避开主要客流，保证卫生安全。外部环境设计应用如图 2 所示。

② 广场优化设计。本项目设置主入口前广场，用于集散人群和休闲娱乐。良好的景观适合工作和休闲。景观简洁、适用，绿化维护简单易行，树种及草坪配置合理。

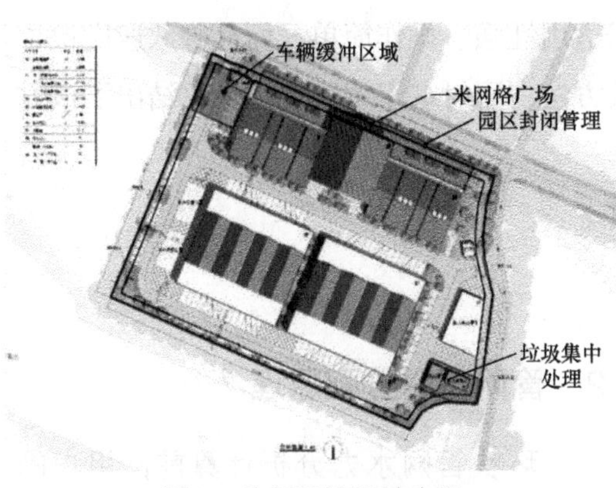

图 2　外部环境设计应用

③ 垃圾处理区优化设计。场地内设置统一的垃圾处理中心，对垃圾进行分类回收，分散收集，压缩运出。垃圾回收利用可降低能耗，促进环境优化，压缩运出可减少二次污染，增加场地和物流中心的清洁度。

4　结论

① 通过优化设计，能够一定程度上预防和控制公共卫生事件。

对冷链物流中心的公共卫生安全风险进行评估、归纳和总结，得出影响冷链物流中心卫生安全的因素，对冷链物流中心进行设计优化，并应用于实际项目当中，取得良好的成效。

② 公共卫生安全事件的防控，不能仅依赖于设计策略，还应对整个物流系统进行优化。

作为物流系统中的基础设施，冷链物流中心在建筑设计层面上应完善和优化节点设计。但防止公共卫生安全事件的发生，在冷链源头的防治显得尤为重要。因此，优化整个冷链物流中心，需要重视各个环节，实现全流程的安全运输。

参考文献

[1] 杨博 . 基于系统思想的冷链物流研究 [J]. 物流科技，2010，33（4）：1-3.

[2] 胡天石 . 冷链物流发展问题研究 [J]. 北京工商大学学报（社会科学版），2010，25（4）：12-17.

一种环状管网水力平衡计算方法的应用及建议

卞爱萍

摘　要：本文结合具体工程项目，基于流量平衡和压力平衡两大平衡原理，研究了环状管网水力平衡计算方法在实际项目中的应用。通过对具体工程案例中环状管网的水力平衡状况进行迭代计算，验证了该方法不仅适用性强、操作简单，而且收敛速度快、精度高，是环状管网水力平衡分析计算的有效方法，同时基于本次应用，总结出了该方法的使用建议，具有一定的参考价值。

关键词：环状管网；水力平衡；迭代计算

1　引言

在城市集中供热管网、城市燃气管网和城市给排水管网中，为了保障供水供气的可靠性与稳定性，干管一般采用环状管网。在环状管网中，部分管段的流向有两种可能，其存在不确定性。并且在环状管网中，若某一管段的阻抗发生变化，则该管段和其他管段的流量都会发生变化，甚至部分管段中流体的流向也可能发生变化，这使环状管网的水力平衡计算要比枝状管网复杂得多。现在市场上也有一些收费的计算环状管网水力工况的专业软件，但是只要找到环状管网水力平衡分析的一般计算通式，就能自行计算。现有文献中也有介绍针对某种环状管网水力平衡计算的适用方法，本文将通过实际工程案例，说明如何通过具有普遍适用性的计算通式得到环状管网水力平衡计算的结果。

2　管网流量分配原理

环状管网水力分析计算前，用户的负荷和位置基本已经确定，但每个管段的流量、管径、部分管段内流体的流向、流动阻力是未知的。管网内的流量分配时，会遵循两个平衡原理：一个是质量平衡原理，即节点流量平衡，流入每个节点的流量一定等于流出该节点的流量；另一个是能量平衡原理，即回路压力平衡原理，从一个节点到另一个任意节点的N条分支，它们的压降一定相等。满足这两个原理的管网，其水力状况达到平衡状态。

2.1　节点流量平衡

在管网中，各管段的端点称为节点。根据质量平衡原理，流入每个节点的流量一定等于流出该节点的流量，即任意节点处流量代数和为零，设流出该节点的流量为正，流入该节点的流量为负。将各节点处的分支流量与节点流量（也是用户流量）分别表示，分支流量用Q表示，节点流量用q表示，分支数用N表示，节点数用J表示。节点流量等于与该节点相关的所有分支的分支流量代数和，可表示为式（1）。

$$\sum b_{ij}Q_j+\sum q_i=0; \quad (1)$$

式（1）中，b_{ij}为流动方向的符号函数；$b_{ij}=1$是指i节点为j分支的起点；$b_{ij}=-1$是指i节点为j分支的终点；$b_{ij}=0$是指i节点不是j分支的端点；Q_j为j分支的流量；q_i为i节点的节点流量；$i=1$，2，3，…，J；$j=1$，2，3，…，N。

式（1）即管网的节点方程或连续性方程。该式适用于管网中的所有节点，用矩阵表示可写成式（2）。

$$BQ=-q \quad (2)$$

式中，B为管网的关联矩阵，$J\times N$阶矩阵；Q为N阶分支流量列阵，$Q^{T}=(Q_1, Q_2,\cdots, Q_N)$；$\boldsymbol{q}$为$J$阶节点流量列阵，$q=(q_1, q_2,\cdots, q_j)^{T}$。

矩阵B中的J行，其中任意一行可由其他$J-1$行表示，这一行是多余的，且其他$J-1$行线性无关，因此矩阵B的秩为$J-1$，式（2）可改写为式（3）。

$$B_KQ=-q'; \quad (3)$$

式中，B_K为管网图的基本关联矩阵，$(J-1)\times N$阶矩阵，由B删除参考节点对应的行得到；Q为N阶分支流量列阵，$Q^{T}=(Q_1, Q_2,\cdots, Q_N)$；$q'$为$J-1$阶节点流量列阵，由$q$删除参考节点的节点流量得到。

式（3）即为节点流量平衡方程组，有N个未知数（分支流量），$J-1$个线性无关方程，对于环状管网，$N>J-1$，所以仍有$N-J+1$个分支流量无法解出，其余$J-1$个分支流量可由这$N-J+1$个分支流量表示。

2.2 回路压力平衡

根据能量平衡原理，即回路压力平衡原理，从一个节点到另一个任意节点的N条分支，它们的压降一定相等。也可以表述为，任一回路沿着回路方向，各管段的压降代数和为零。对任一环路，可表示为式（4）。

$$\sum_{j=1}^{n}c_{ij}\times\Delta P_j-P_{Gj}=0; \quad (4)$$

式中，c_{ij}为分支流动方向的符号函数；$c_{ij}=1$为j分支在i回路上并与回路方向相同；$c_{ij}=-1$为j分支在i回路上并与回路方向相反；$c_{ij}=0$为j分支不在i回路上；ΔP_j为j分支的阻力，沿分支流量方向为正，反之，为负；P_{Gj}为重力作用形成的流动力，与环路方向相同为正，反之为负。

式（4）即为独立回路压力平衡方程。环状管网中节点数为J，分支数为N，其中有$N-J+1$个独立回路，与节点方程一起，共有$(N-J+1)+(J-1)=N$个独立方程，可解出N个分支流量。

当管网和用户的高差不太大时，重力作用可忽略，式（4）用矩阵表示可简化为式（5）。

$$C_f(\Delta P)=0; \quad (5)$$

式中，C_f为管网图的独立回路矩阵，$(N-J+1)\times N$阶矩阵；ΔP为N阶列阵，$\Delta P=[\Delta P_1,\ \Delta P_2\ \cdots\ \Delta P_N]^{\mathrm{T}}$，$\Delta P=SQ^2$，$S$为分支管段阻抗，$Q$为分支管段流量。

管网的回路压力平衡方程组包含$N-J+1$个方程，与节点流量平衡方程组一起，共有$(N-J+1)+(J-1)=N$个独立方程。在节点流量、分支阻抗已知的情况下，可解出N个分支流量。但是由于压力平衡方程是非线性的，直接求解比较困难，尤其当独立回路数大于1时，将无法直接求解。本文将结合具体工程案例，说明如何通过逐步迭代求出各分支流量。

3 环路水力平衡分析计算

3.1 项目概况

本次研究为区域供冷供热项目，共有7个能源站，需要采用江水作为冷却水，冷却水由取水泵站统一供给，为保障供水稳定性与可靠性，供水干管敷设成环状，区域供冷供热项目江水管网布置如图1所示。

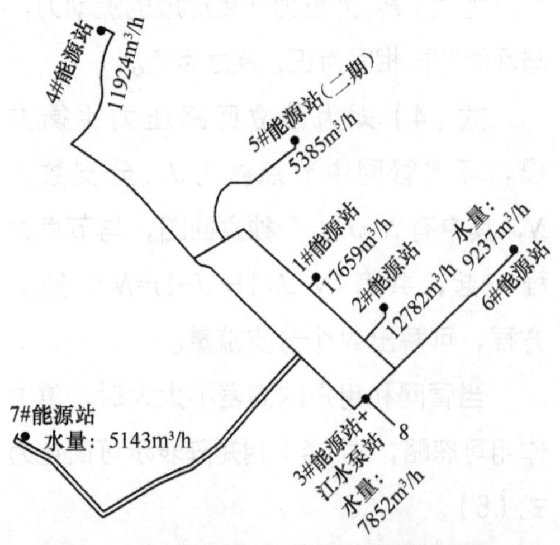

图1 区域供冷供热项目江水管网布置

3.2 求解相关矩阵

从图1提取节点、分支流量信息等，再给各支依次编号，绘制江水管网干线图。区域供冷供热项目江水管网干线如图2所示。

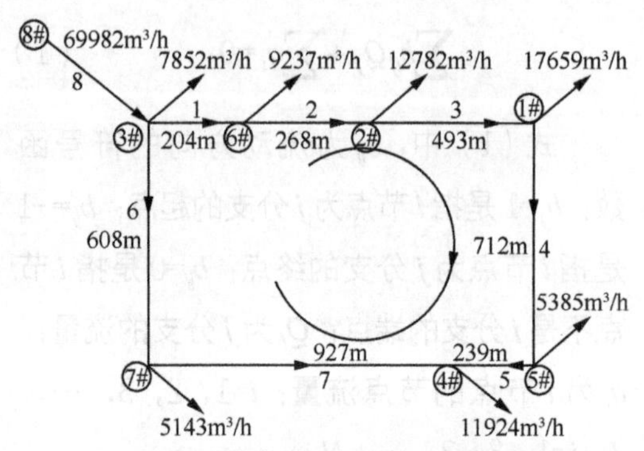

图2 区域供冷供热项目江水管网干线

假定环网中的流体流向如图2中所示。4#能源站的用水由分支5和分支7共同供给，本环状干线图中，节点数J=8，分支数N=8，求解各矩阵如下。

① 选择8#能源站所在节点为参考节点，则基本关联矩阵如下。

$$B_K=\begin{bmatrix} 0 & 0 & -1 & 1 & 0 & 0 & 0 & 0 \\ 0 & -1 & 1 & 0 & 0 & 0 & 0 & 0 \\ 1 & 0 & 0 & 0 & 0 & 1 & 0 & -1 \\ 0 & 0 & 0 & 0 & -1 & 0 & -1 & 0 \\ 0 & 0 & 0 & -1 & 1 & 0 & 0 & 0 \\ -1 & 1 & 0 & 0 & 0 & 0 & 0 & 0 \\ 0 & 0 & 0 & 0 & 0 & -1 & 1 & 0 \end{bmatrix}$$

② 分支流量矩阵Q如下。

$$Q=[Q_1\ \ Q_2\ \ Q_3\ \ Q_4\ \ Q_5\ \ Q_6\ \ Q_7\ \ Q_8]^{\mathrm{T}}$$

③ 以节点8#能源站为参考节点的节点流量矩阵q'如下。

$$q'=[q_1\ \ q_2\ \ q_3\ \ q_4\ \ q_5\ \ q_6\ \ q_7]^{\mathrm{T}}$$

$=[17659 \quad 12782 \quad 7852 \quad 11924$

$5385 \quad 9237 \quad 5143]^{T}$

④ 设定环路方向如图 2 所示，得到回路矩阵如下。

$C_f=[1 \quad 1 \quad 1 \quad 1 \quad 1 \quad 1 \quad 1 \quad 0]$

3.3 分支流量求解

3.3.1 节点流量平衡方程组求解

由式（3）$Q=-q'$ 得到式（6）

$$\begin{bmatrix} 0 & 0 & -1 & 1 & 0 & 0 & 0 & 0 \\ 0 & -1 & 1 & 0 & 0 & 0 & 0 & 0 \\ 1 & 0 & 0 & 0 & 0 & 1 & 0 & -1 \\ 0 & 0 & 0 & 0 & -1 & 0 & -1 & 0 \\ 0 & 0 & 0 & -1 & 1 & 0 & 0 & 0 \\ -1 & 1 & 0 & 0 & 0 & 0 & 0 & 0 \\ 0 & 0 & 0 & 0 & 0 & -1 & 1 & 0 \end{bmatrix} * \begin{bmatrix} Q_1 \\ Q_2 \\ Q_3 \\ Q_4 \\ Q_5 \\ Q_6 \\ Q_7 \\ Q_8 \end{bmatrix} = \begin{bmatrix} -q_1 \\ -q_2 \\ -q_3 \\ -q_4 \\ -q_5 \\ -q_6 \\ -q_7 \end{bmatrix} \tag{6}$$

此方程组有 7 个独立方程，8 个未知分支流量，该环路中独立回路数量为 $N-J+1$=8−8+1=1，由图 2 可看出，仅有一个环路，任一分支断开，该管网将无法形成环路，因此可选任一分支流量来表示其他分支的流量。结合项目实际管网图，本文认为分支 5 的流向最难确定，因此将分支 5 的流量视为独立，用来表示其他分支流量，并先假定其流向是由 5# 流向 4#。综上所述，先将 Q_5 视为已知数，由式（6）求得各分支流量如式（7）所示。

$$\begin{cases} Q_1 = Q_5 + q_1 + q_2 + q_5 + q_6 \\ Q_2 = Q_5 + q_1 + q_2 + q_5 \\ Q_3 = Q_5 + q_1 + q_5 \\ Q_4 = Q_5 + q_5 \\ Q_5 = Q_5 \\ Q_6 = -Q_5 + q_4 + q_7 \\ Q_7 = -Q_5 + q_4 \end{cases} \tag{7}$$

3.3.2 回路压力平衡方程组求解

由式（5）$C_f(\Delta P)=0$ 可得式（8）。

$$[1 \quad 1 \quad 1 \quad 1 \quad 1 \quad -1 \quad -1 \quad 0] * \begin{bmatrix} S_1Q_1^2 \\ S_2Q_2^2 \\ S_3Q_3^2 \\ S_4Q_4^2 \\ S_5Q_5^2 \\ S_6Q_6^2 \\ S_7Q_7^2 \\ S_8Q_8^2 \end{bmatrix} =0 \tag{8}$$

式（8）可改写为式（9）。

$$S_1Q_1^2 + S_2Q_2^2 + S_3Q_3^2 + S_4Q_4^2 + S_5Q_5^2 - S_6Q_6^2 - S_7Q_7^2 = 0 \tag{9}$$

该方程为一个一元二次方程，Q_1～Q_7 均可如式（7）所示由 Q_5 表示，但未知数前的系数均为非整数，常规方法不易得到方程的解。接下来，本文将介绍适用性更强的解析方法，该方法不仅适用于只有一个未知数的方程求解，对于有多个未知数的方程组，同样可以求解。也就是说，当环路中有多个独立环路时，仍可使用本文介绍的方法求解。

3.3.3 环路压力闭合差及修正量

式（6）与式（8）联立，共有8个独立方程和8个未知分支流量，即由式（7）与式（9）可以解出各分支流量。当各分支流量等于这组解时，该环路达到水力平衡状态。但是由于式（9）是非线性方程（组），为求解带来一定的困难。我们可以先假定Q_5的初始值Q_5^0，将其代入方程，当式（9）成立时，Q_5即为要求的解。在找到正确的解之前，代入Q_5使式（9）不等于0，令

$$f= S_1Q_1^2+S_2Q_2^2+S_3Q_3^2+S_4Q_4^2+S_5Q_5^2-S_6Q_6^2-S_7Q_7^2 \quad (10)$$

式中，Q_5仅是未知数，将其他分支流量代入得式（11）。

$$f= S_1\left(Q_5+q_1+q_2+q_5+q_6\right)^2+S_2\left(Q_5+q_1+q_2+q_5\right)^2+S_3\left(Q_5+q_1+q_5\right)^2+S_4\left(Q_5+q_5\right)^2+S_5Q_5^2-S_6\left(-Q_5+q_4+q_7\right)^2-S_7\left(-Q_5+q_4\right)^2 \quad (11)$$

式（11）中的函数f对Q_5求偏导，得式（12）。

$$\partial f/\partial=2S_1(Q_5+q_1+q_2+q_5+q_6)+2S_2(Q_5+q_1+q_2+q_5)+2S_3(Q_5+q_1+q_5)+2S_4(Q_5+q_5)+2S_5Q_5+2S_6(-Q_5+q_4+q_7)+2S_7(-Q_5+q_4) \quad (12)$$

Q_5^0不能使式（10）中的f=0，即$f(Q_5^0)\neq 0$，假设ΔQ_5^0是Q_5^0的修正值，能满足式（13）。

$$f(Q_5^0+\Delta Q_5^0)=0 \quad (13)$$

式（13）的左边按Taylor级数展开，并舍去ΔQ_5^0的二次方及以上项，得到式（14）。

$$f(Q_5^0)+\frac{\partial}{\partial}\ \Delta Q_5^0=0 \quad (14)$$

由式（14）得式（15）。

$$\Delta Q_5^0=-f(Q_5^0)/(\partial f/\partial Q_5) \quad (15)$$

由此类推得式（16）。

$$\Delta Q_5^i=-f(Q_5^i)/(\partial f/\partial Q_5),\quad i=0,1,2,\cdots,n \quad (16)$$

进而得到式（17）。

$$Q_5^i= Q_5^{i-1}+\Delta Q_5^{i-1},\quad i=0,1,2,\cdots,n \quad (17)$$

由于式（14）线性化时，忽略了二次方及以上的项，所以Q_5^i只能是方程的近似解，但它在不断地向真实解逼近。在第k次计算后，将满足式（18）。

$$\left|f\left(Q_5^k\right)\right|<\varepsilon \quad (18)$$

式中，ε是预先设定的满足精度要求的一个足够小的正数，即环路压力闭合差的最大允许值。

3.3.4 逐步迭代求解分支流量

本工程实例中，各用户节点流量如图1中所示，即q为已知，先假定的初始值Q_5^0=0，即可求得其他分支流量Q_i^0（i=1,2,3,4,6,7）。环网中各分支管段为输送干管，经济比摩阻为30～70Pa/m，流速不超过3.0m/s，管壁粗糙度k=0.0005，由此可初步设定满足比摩阻和流速要求时的各管段管径，得到相应管径下各管段的比摩阻及阻抗，进而求得f和ΔQ_5^0，逐步迭代，最终求得水力平衡状态下的分支流量。设环路压力闭合差的最大允许值

$\varepsilon=10^{-4}$Pa，迭代计算中，各分支管段流量、管径、管长、比摩阻、阻抗等见表 1。

表 1　环状管网各管段迭代计算

迭代次数	节点编号	节点流量 /（m³/h）	分支编号	分支流量 /（m³/h）	分支管径 / mm	分支管长 / m	分支比摩阻 /（Pa/m）	分支阻抗（$\times10^{-6}$）	f_i/Pa	ΔQ_i/ Pa
1	1#	17659	1	45063	DN2800	204	22.09	2.6633	−10564	480.01
	2#	12782	2	35826	DN2000	268	36.08	9.0397		
	3#	7852	3	23044	DN2000	493	25.84	28.789		
	4#	11924	4	5385	DN2000	712	30.3	892.68		
	5#	5385	5	0	DN2000	239	0	299.65		
	6#	9237	6	17067	DN1600	608	36.67	91.839		
	7#	5143	7	11924	DN1600	927	37.75	295.38		
2	1#	17659	1	45543	DN2800	204	22.57	2.6633	194.8	−8.54
	2#	12782	2	36306	DN2000	268	37.05	9.0397		
	3#	7852	3	23524	DN2000	493	26.93	28.789		
	4#	11924	4	5865	DN2000	712	35.94	892.68		
	5#	5385	5	480.01	DN2000	239	0.24	299.65		
	6#	9237	6	16587	DN1600	608	34.63	91.839		
	7#	5143	7	11444	DN1600	927	34.78	295.38		
3	1#	17659	1	45534.47	DN2800	204	22.56	2.6633	0.0616	0.0027
	2#	12782	2	36297.47	DN2000	268	37.03	9.0397		
	3#	7852	3	23515.47	DN2000	493	26.91	28.789		
	4#	11924	4	5856.47	DN2000	712	35.84	892.68		
	5#	5385	5	471.47	DN2000	239	0.23	299.65		
	6#	9237	6	16595.53	DN1600	608	34.67	91.839		
	7#	5143	7	11452.53	DN1600	927	34.83	295.38		
4	1#	17659	1	45534.47	DN2800	204	22.56	2.6633	6.19×10^{-9}	0.0000
	2#	12782	2	36297.47	DN2000	268	37.03	9.0397		
	3#	7852	3	23515.47	DN2000	493	26.91	28.789		
	4#	11924	4	5856.47	DN2000	712	35.84	892.68		
	5#	5385	5	471.47	DN2000	239	0.23	299.65		
	6#	9237	6	16595.53	DN1600	608	34.67	91.839		
	7#	5143	7	11452.53	DN1600	927	34.83	295.38		

由表 1 可知，迭代计算到第 4 次时，$f=6.19\times10^{-9}\ll\varepsilon$，达到计算要求精度，

此时环路达到水力平衡状态。

3.3.5 校核各分支管段流速、比摩阻

由表 1 得到各分支流量、管径，求得分支管段内流速，环状管网各管段相关参数见表 2。

表 2 环状管网各管段相关参数

分支编号	分支流量 /（m³/h）	分支管径 / mm	分支比摩阻 /（Pa/m）	流速 /（m/s）
1	45534.47	DN2800	22.56	2.80
2	36297.47	DN2000	37.03	3.21
3	23515.47	DN2000	26.91	2.57
4	5856.47	DN2000	35.84	2.08
5	471.47	DN2000	0.23	0.17
6	16595.53	DN1600	34.67	2.61
7	11452.53	DN1600	34.83	2.40

4 结论

本文通过实际工程案例，阐述了如何通过节点流量平衡方程组和环路压力平衡方程组求得环路水力平衡时的分支流量。通过本实际案例的求解，得到进一步的结论如下。

① 本方法同样适用于有多个独立回路的复杂环网水力平衡计算，计算方法与本案例类似。

② 环网方向、分支流向的假定、独立分支初始流量值的设定是任意的，但为了尽可能快地收敛，宜在初步逻辑判定的基础上假设。

③ 若计算完毕，分支流量出现负值，则表示该分支中流体的实际流向与假定的方向相反。

④ 在迭代过程中，若 ΔQ_i 发散，则应重新假定各分支的管径，调整独立分支初始流量值，重新计算。

⑤ 本文介绍的环状管网水力平衡计算方法适用性强、精度高、收敛快，不需要专业计算软件，具有较强的实用性，对系统的运行调试也具有一定的指导价值。

参考文献

[1] 李德波 . 复杂环状管网水力计算方法探究 [J]. 节能技术，2005，23（4）：327-330.

[2] 徐宝萍，付林，狄洪发 . 大型多热源环状热水网水力计算方法 [J]. 区域供热，2005（6）：25-32.

[3] 刘建续 . 小型环状管网水力计算方法研究 [J]. 华北水利水电学院学报，2009（6）：62-66.

[4] 陈钢军 . 环状管网水力计算的图论方法 [J]. 华侨大学学报（自然科学版），1994，15（4）：418-422.

LED 显示屏选型模型与效益分析的研究

王瑞宁

摘　要：本文讨论了发光二极管（LED）显示屏的发展历史和发展趋势，描述了LED显示屏系统的组成和各部分实现的功能，列出决定LED显示屏屏幕性能的关键参数并提出了屏幕尺寸和规格选型的模型，找出模型中影响选型结果的关键指标及其关键因素，分析了关键因素变化对LED显示屏屏幕展现效益的影响，为智能化设计人员提供了参考。

关键词：LED显示屏；屏幕尺寸选择；效益分析

1　LED 显示屏发展历史

随着信息化、智能化技术的发展，目前城市中传统的灯箱广告、霓虹灯招牌已经逐渐被既能展示高清画面又能自由控制播放内容的LED显示屏替代。目前，LED显示屏作为城市内信息重要的传播、展示载体，正焕发着蓬勃的生机与活力，承担多媒体展示、信息发布、交通诱导等功能，成为城市街区景观的重要组成部分。

早在60多年前，人们已经基本了解了半导体材料可产生光线这一现象。经过不断的研究，世界上第一个商用化的发光二极管在1960年诞生。发光二极管的核心部分是一块由P型半导体和N型半导体组成的晶片，在P型半导体和N型半导体之间还有一个过渡层，整体结构被称为PN结。在PN结中注入的少数载流子，这些载流子与PN结中的多数载流子复合时会把能量以光的形式释放出来，实现了电能向光能的转换。最初LED所用的材料是磷砷化镓（GaAsP），发出波长为650nm的红光，在驱动电流为20mA时，光通量只有千分之几流明，发光效率也仅为0.11流明/瓦，因此理论研究之后即被束之高阁。但在20世纪70年代，随着半导体材料合成、单晶硅制造工艺等领域不断取得技术突破，LED在发光颜色、发光效率等方面得到了长足提升，开始作为仪器仪表上的指示光源使用。20世纪80年代后，LED在发光波长和发光性能方面的表现大幅提升，各种颜色的LED在交通信号灯和显示仪表中得到了广泛应用，产生了很好的经济效益和社会效益。20世纪90年代，人们认识到LED高亮度、广可视角度、长寿命等特点后，开始探讨利用其作为屏幕显示各类画面、文字等信息的可行性，正式提出LED显示屏的概念。

LED显示屏的发展经历了4个主要阶段，20世纪80年代出现了第一代LED显示屏，当时受LED器件性能的限制，产品为单色LED显示屏，以红色为基色，灰度为4级，仅能用于显示文字和简单图案，应用于电子招牌和信息发布系统。到80年代末，第二代以红色或黄绿色为基色的LED显示屏进入市场，实现了多灰度图像的显示，但因为没有蓝色，只能算作伪彩色显示屏，广泛应用于文字宣传、公共广告等领域。1990年至1995年，LED显示屏迎来迅速发展时期，LED显示屏在LED材料和控制技术方面也不断出现新的成果。1993年，蓝色LED晶片研制成功，以红色、蓝色、黄绿色为三基色的第三代全彩色LED显示屏进入市场，显示屏灰度等级实现16级灰度和64级灰度调节，大幅提高显示屏的动态显示效果。进入21世纪，以红色、蓝色、绿色为三基色的第四代LED显示屏面世，可以真实再现自然界中的所有色彩，拥有更加细腻的对比度、更艳丽的色彩，获得极好的视觉效果。近年来，随着裸眼3D、5G通信技术的赋能，曲面屏、裸眼3D大屏也逐步走进商圈、公园等各类应用场景。

2 LED显示屏系统组成及功能

狭义的LED显示屏系统主要分为显示模块、控制模块及相应的配套电源模块。即显示模块由LED点阵构成屏幕发光，控制模块调控显示区域内的亮灭情况实现对屏幕显示的内容变换，电源模块则是对输入电压电流进行转化使其满足显示屏幕的需要。

2.1 显示模块

LED显示屏的最小单元是LED像素点，每个像素点采用1红、1蓝、1绿共计3颗LED灯管组成，3种颜色通过不同亮度彼此混合出各种颜色。一定数量的像素点通过相应规则排列后形成LED点阵，多块点阵通过模块化的结构进行显示控制，组成发光模组，实现文字、动画、图片、视频等显示内容的展示，也是LED显示屏中最小的显示单元。LED显示屏模组结构如图1所示。

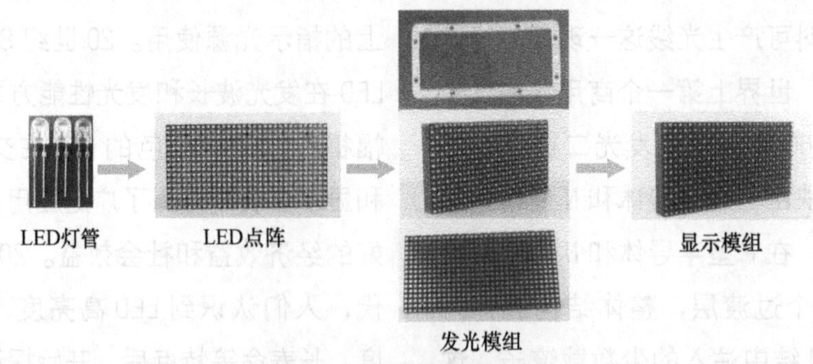

图1 LED显示屏模组结构

将LED显示模组整齐安装在钣金（铸铝）框架上，内置独立的扫描卡和开关电源，即为LED显示屏的箱体，箱体是LED大屏系统中具备独立显示功能的基本单元，也是LED显示屏安装过程中基本的结构。LED显示屏箱体结构如图2所示。

图2　LED显示屏箱体结构

2.2　控制模块

控制模块的作用是按照用户需求控制LED显示屏正确显示，控制模块的核心部件为LED显示屏控制器或LED显示屏控制卡，负责将外部的视频输入信号或者板载的多媒体文件转换成LED显示屏易于识别的数字信号，从而点亮LED显示屏的设备，按照接入信号方式可分为同步控制系统和异步控制系统：同步控制系统即所见即所得，前端设备播出什么内容，LED显示屏就显示什么内容；异步控制系统通过单片机或者外围存储设备将所要显示的信息先保存起来，通过程序控制调用要显示的内容。LED显示屏控制模块（同步）如图3所示，LED显示屏控制模块（异步）如图4所示。

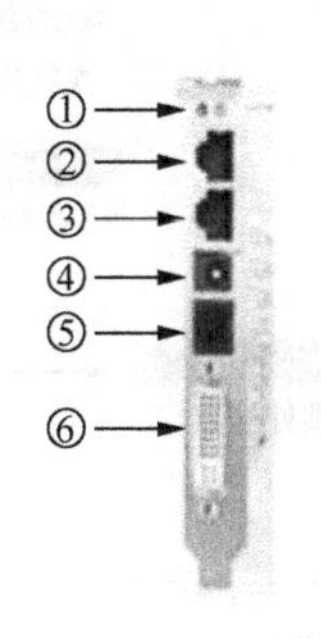

① 信号电源指示灯
②③ 数据输出端口
④ 直流3.3～5V电源输入端口
⑤ 通用串行总线（USB）控制端口
⑥ 数字视频交互（DVI）数据输入端口

图3　LED显示屏控制模块（同步）

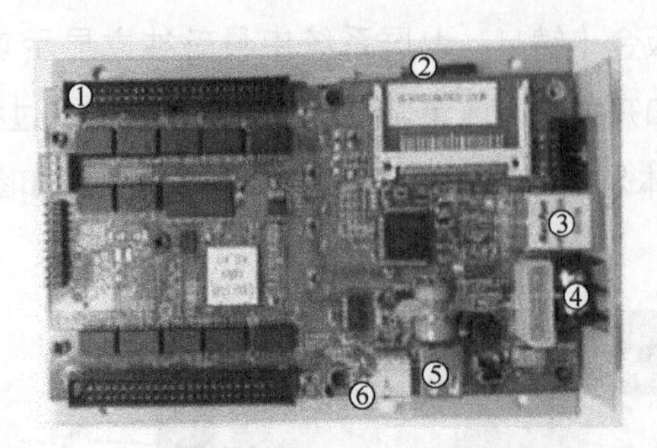

图4　LED显示屏控制模块（异步）

2.3　电源模块

LED显示屏使用低压直流电源，因此不适用变压器而采用开关电源，电源为220V输入，5V输出，为LED显示模组供电。

除屏幕本身外，广义的显示系统还涉及音/视频信号的接入、传输、控制、存储，以及相应的配套设备，LED显示屏系统架构如图5所示。

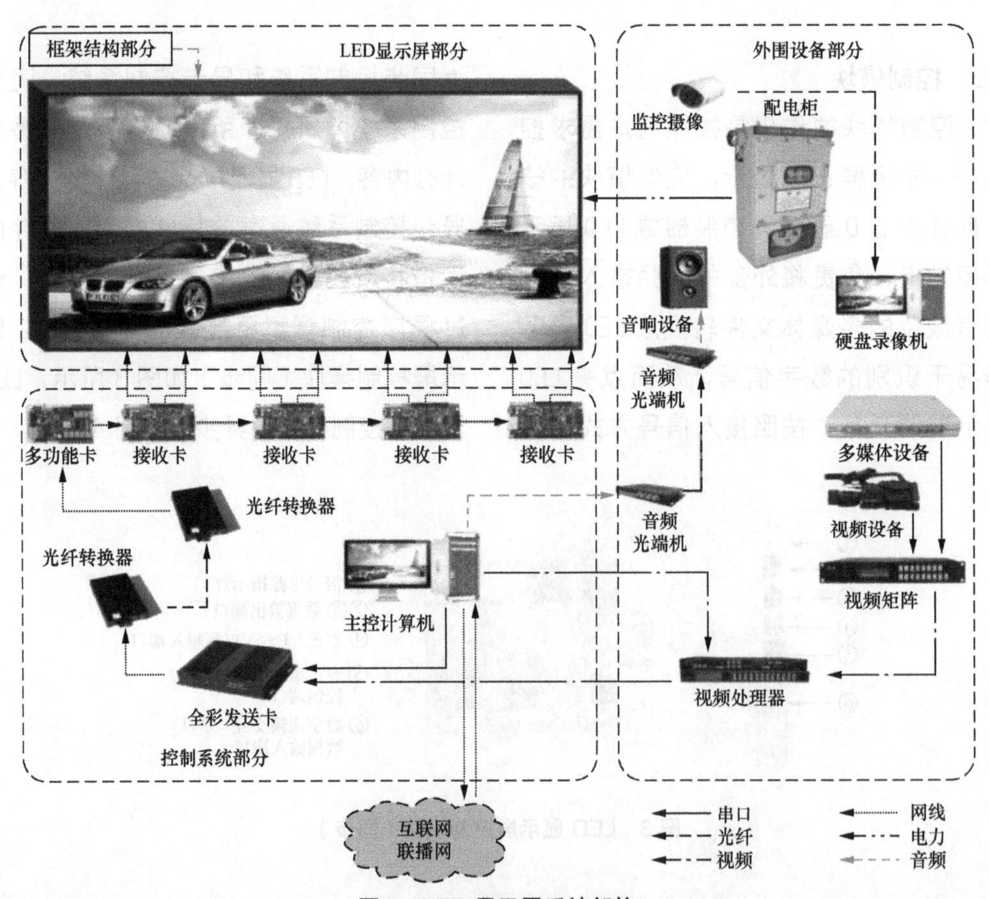

图5　LED显示屏系统架构

3 LED 显示屏的关键参数

判断 LED 显示屏性能的前提是了解其相关的规格参数，其中以下 8 项为 LED 显示屏的关键参数，是衡量一块屏幕品质和性能的核心指标，也是 LED 显示屏选型的重要依据。

3.1 像素

LED 显示屏中的每一个可被单独控制的发光单元被称为像素点，像素点是屏幕的最小发光单位。像素间距是 LED 显示屏的两个像素之间的中心距离，通常又叫作点间距。点间距越密，在单位面积内像素密度就越高，分辨率越高，制作成本也高。像素点密度（点数）是单位面积上像素点的数量，LED 显示屏的密度越高，图像越清晰，最佳观看距离范围越小，点数和像素间距存在一定的计算关系，如式（1）所示。

$$点数=(1/像素间距)^2 \qquad (1)$$

3.2 分辨率

LED 显示屏的分辨率分为模组分辨率和屏幕整体分辨率，模组分辨率是 LED 模组横向像素点数乘以纵向像素点数；屏幕整体分辨率是 LED 显示屏横向像素点数乘以纵向像素点数。显示屏的分辨率越高，可以显示的内容越多，画面越细腻，当然分辨率越高，其造价也就越昂贵。

3.3 亮度

在给定方向上，每单位面积上的发光强度即是亮度。一般室内 LED 显示屏的亮度建议在 800～1200cd/m^2，户外 LED 显示屏的亮度在 5000～6000cd/m^2，屏幕太亮不仅刺眼，还会影响屏幕的寿命。从理论上看，亮度与单位面积的 LED 数量、LED 灯珠本身的亮度成正比，也和 LED 的亮度与其驱动电流成正比，但因为发光器件的寿命与其电流的平方成反比，因此不能单纯为了追求亮度而过分提高驱动电流。

3.4 灰度

灰度是 LED 显示屏在同一级亮度中从最暗到最亮之间能区分的亮度级数。灰度取决于视频源及控制系统的处理位数，例如用于显示视频画面的 LED 显示屏采用 8 位处理系统，也即 256（8bit）级灰度。简单理解就是从黑到白共有 256 种亮度变化。

采用 RGB 三原色即可构成 256×256×256=16777216 种颜色，即通常所说的 16 兆色，目前市场上 LED 屏幕常用的灰度等级技术指标见表 1。

表 1 LED 屏幕常用的灰度等级技术指标

颜色处理深度	8bit	10bit	12bit	14bit
灰度等级	256 级	1024 级	4096 级	16384 级
显示颜色数量	16.7 兆	10.7 亿	687 亿	4.4 万亿

3.5 对比度

对比度即在一定的环境照度下，LED 显示屏最大亮度和背景亮度的比值。为了能让 LED 屏幕显示亮度均匀的文字和图像，不受周围环境光线的影响，显示屏应具有足够的对比度。提高对比度最主要的方法：一是提高显示屏的亮度；二是降低显示屏表面的光反射系数。不发光时的显示屏亮度与环境光照、光反射系数成正比，而对比度则成反比，对比度越高，显示屏显得越亮，因此在提高显示屏亮度的同时，尽量降低显示屏表面的光反射系数，显示屏表面材料的光反射系数控制得越低，在显示屏最高发光强度不变的情况下，即可保证有较高的对比度，例如通过选用黑色表面的灯珠及黑色面罩。

3.6 视角

视角是指观察方向的亮度下降到LED显示屏法线方向亮度的1/2时，同一平面两个观察方向与法线所成的夹角，分为水平视角和垂直视角。LED灯珠内晶片的封装方式决定LED显示屏的视角，其中表贴LED灯的视角较好，椭圆形LED单灯水平视角比较好，视角与亮度成反比。LED不同封装方式下屏幕视角见表2。

表2 LED不同封装方式下屏幕视角

封装方式	最大水平视角	最大垂直视角
表贴LED灯	160°	160°
椭圆形LED灯	120°	45°
圆形LED灯	60°	60°

3.7 寿命

LED显示屏的寿命取决于其所采用的LED灯的寿命和显示屏所用的电子元器件的寿命。一般平均无故障时间不低于1万小时，整体寿命应不小于10万小时。

3.8 功耗

功耗分为最大功耗和平均功耗，其中最大功耗是指LED显示屏处于全亮状态下（也即在白平衡为255灰度时）。平均功耗是指LED显示屏在正常使用时的平均功耗，与显示的内容有关，无法用绝对值表示，一般按最大功耗的40%估算。

4 LED显示屏选型模型

目前，LED显示屏产品的种类、型号及各种技术参数层出不穷，而且应用场景也越来越丰富，从近5年产品发展的过程来看，尽管LED显示屏早已进入小间距时代，但在部分户外场景中因其应用场景、投资造价、观看距离等因素，大点间距的产品依旧占据着很大的市场份额。本文选取公园、广场上设置的LED显示屏作为研究对象，分析开阔空间内影响显示屏选型的主要因素，比较不同因素对LED显示屏观看范围的影响。

LED显示屏的选取由人员的观看感受决定，根据行业惯例和以往研究的结论，LED显示屏的视觉感受应遵从以下经验公式。

4.1 最小可视距离（D_{min}）

即观看者能够观察到平滑、无颗粒感的图像时距离显示屏的最小距离，如式（2）所示。

$$D_{min}=P\times 1000 \quad (2)$$

其中，P为像素点间距，单位为mm。

4.2 最佳的观看距离（D）

即观看者能够舒适地看到高度清晰画面的距离，因为各人视觉能力和感受不同，这个距离也因人而异，通常选取一个区间，即式（3）距离。

$$D: P\times1000\sim P\times3000 \quad (3)$$

4.3 最远的观看距离（D_{max}）

即观看者能够远距离舒适地看到高度清晰画面的距离，LED 最远的观看距离可由式（4）计算得出。

$$D_{max}=H\times30 \quad (4)$$

其中，H 为显示屏高度，单位为 m。

考虑 LED 显示屏水平可视视角一般为 120°，因此在设计 LED 显示屏尺寸时，LED 显示屏观看距离模型（左为俯视；右为主视）如图 6 所示。

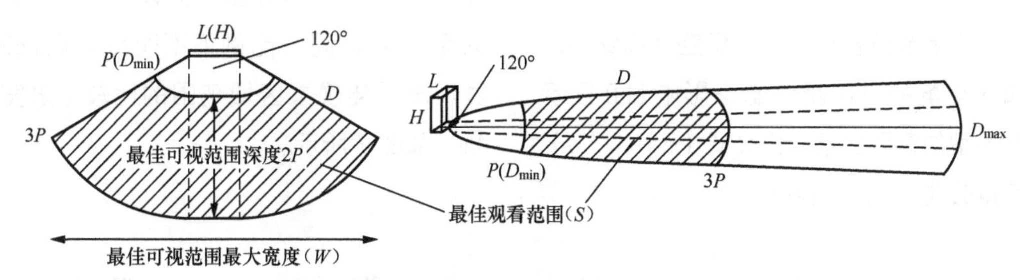

图 6　LED 显示屏观看距离模型（左为俯视，右为主视）

5　影响 LED 显示屏选型的关键因素

5.1　显示屏尺寸（$L\times H$）

人眼在多远的距离能够看清物体则与物体的尺寸大小有关，通过第 4 节的模型可知，通过广场的面积和纵深可以确认 LED 显示屏的高度 H，接着按照 16 : 9 或者 4 : 3 的屏幕比例得到屏幕的宽度，假设放置 LED 屏幕的广场或空间的纵深为 D_{max} 米，则屏幕高度 $H=\dfrac{D}{30}$，可得到屏幕宽度，如式（5）所示。

$$L=\frac{2}{45}D_{max}\approx0.044D_{max} \text{ 或 } \frac{8}{135}D_{max}\approx0.059D_{max} \quad (5)$$

可见，广场空间纵深 D_{max} 影响着 LED 显示屏尺寸的选择，即可确定适合的 LED 显示屏最小尺寸。

5.2　最佳观看区域 S

根据第 4 节的模型可知，LED 显示屏最佳观看区域的面积可由分别计算两侧的扇形区域和中间的矩形区域面积得出。已知扇形部分的边长为 $2P$，夹角为 60°，矩形部分长和宽分别为 $2P$ 和 L，可得 LED 显示屏可视范围面积，如式（6）所示。

$$S=\frac{\pi}{3}\left[(3P)^2-P^2\right]+2PL=\frac{8\pi}{3}P^2+\frac{4}{45}PD_{max} \quad (6)$$

可见，除广场空间纵深 D_{max} 外，LED 显示屏的点间距 P 也是影响 LED 显示屏选型的重要因素，它与广场空间纵深 D_{max} 一同决定最佳观看区域 S 的大小。

此外，在实际实施过程中，LED 显示屏选型还与使用环境（抗震、防潮、抗风）、安装高度（视角、结构）、安装方式（坐装、镶嵌、壁挂、立柱、吊装）、通信距离、朝向等有关，也是需要考虑的因素。

6　影响因素效益分析

由上节分析可知，广场空间纵深 D_{max} 和显示屏的点间距 P 都是影响 LED 显示屏选型的重要因素，由公式（5）、（6）可得公式（7）、（8）。

$$\frac{\quad}{_{max}}\ 0.044或0.059 \tag{7}$$

$$\frac{dS}{dD_{max}}=\frac{4}{45}P \tag{8}$$

均为常数，因此可知 LED 显示屏尺寸 L 与广场空间纵深 D_{max} 呈线性正相关，最佳观看范围 S 与广场空间纵深 D_{max} 呈线性正相关（P 为常数）。设 LED 显示屏宽度为 4m，同一比例下不同点间距 LED 显示屏最佳观看区域范围的比较（屏宽 4m）如图 7 所示。

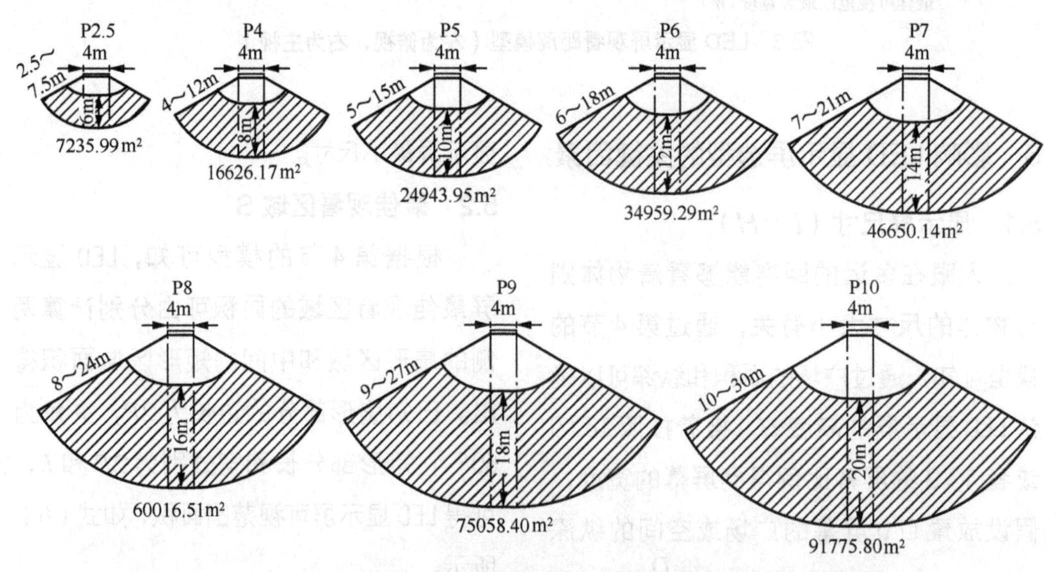

图 7　同一比例下不同点间距 LED 显示屏最佳观看区域范围的比较（屏宽 4m）

带入不同的点间距，可计算出 LED 显示屏选型模型中各项指标的数值，同时结合《公园设计规范》（GB 51192—2016）中对于公园广场人均占地面积最小值 20 平方米 / 人的要求，可得不同点间距下 LED 显示屏选型对比见表 3。

表 3　不同点间距下 LED 显示屏选型对比

序号	显示屏点间距 /mm	最近观看距离 /m	最佳距离范围 /m	最佳可视范围最大宽度 /m	最佳可视范围深度 /m	最佳可视范围 /m^2	容纳人员数 / 人
1	2.5	2.5	2.5 ～ 7.5	16.99	5	7235.99	361
2	4	4	4 ～ 12	24.81	8	16626.17	831
3	5	5	5 ～ 15	29.98	10	24943.95	1247
4	6	6	6 ～ 18	35.18	12	34959.29	1747
5	7	7	7 ～ 21	40.37	14	46650.14	2332
6	8	8	8 ～ 24	45.57	16	60016.51	3000
7	9	9	9 ～ 27	50.77	18	75058.40	3752
8	10	10	10 ～ 30	55.96	20	91775.80	4588

LED 显示屏的设计人员可以用此表中的数据为参考，结合 LED 显示屏的位置和空间纵深，确定合理的显示屏尺寸和显示屏点间距。

参考文献

[1] 林晓尧，黄志宏 . 厦门广电集团 8K 超高清户外大屏系统设计及应用[J]. 现代电视技术，2022（1），65-68.

[2] 付杰，高鹏，孔小怡，等 . 气象预报业务系统综合监控展示大屏的设计与实现 [J]. 网络安全和信息化，2022（4），70-73.

[3] 汪巍，周耿民 . 江西广电网络综合指挥调度中心大屏系统建设方案 [J]. 广播电视网络，2021，28（5）. 98-100.

[4] GB 51192—2016 公园设计规范 [S]. 北京：中国建筑工业出版社，2017.

深圳国际会展中心

项目标签

大型场馆　智慧化　智能化

01 项目规模

深圳国际会展中心总投资约198亿元，建筑面积150万平方米，展馆总面积50万平方米，其中智能化合同金额超6亿元。

02 项目简介

深圳国际会展中心位于深圳市宝安区福永街道的会展新城片区，是深圳市布局深圳空港新城“两中心一馆”的三大主体建筑之一。智能化工程项目的建设内容包含智慧化系统(智慧场馆运营管理系统、智慧会展创新服务系统、平安会展运营指挥系统、三维地图平台、室内导航平台等，将会展中心打造为第四代智慧化展馆）、智能化系统(信息设施系统、公共安全系统、建筑设备管理系统、机房工程四大系统17个子系统)、AV音视频系统(包含133间会议室、2间宴会厅)、升降台及座椅台车工程。

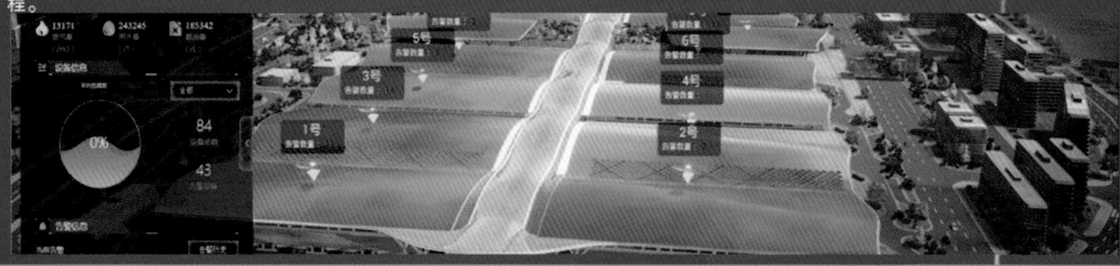

03 项目亮点

项目实施方通过对智慧化的充分调研，组建高效高质量的深化设计团队，通过电气、暖通、建筑、信息化、AV、BIM的全专业优势，赋予展馆智能互联的新功能，将展馆建设方、运营方、参展商、观众等与会展相关的需求方进行全连接，打造了互联互通的统一物联平台。

项目年度：2018年

中通服咨询设计研究院有限公司
CHINA INFORMATION CONSULTING & DESIGNING INSTITUTE CO., LTD.

国家会议中心二期智慧化顶层设计

项目标签

国内先行　多元业态　智慧化

01 项目规模

国家会议中心二期项目位于北京奥林匹克中心区，由主体建筑和配套建筑两部分组成，主体建筑为会展中心，配套建筑为酒店、办公和商业，总建筑面积约78万平方米，建成后将与国家会议中心一期共同组成总规模超130万平方米的会展综合体。

02 项目简介

国家会议中心二期是以打造“新时期首都建设的精品力作”为建设目标，建成后主要用于举办国务、政务及高端商务会展活动，是北京国际交往中心和我国主场外交的重要设施，被北京市列为国际交往中心的重点项目。国家会议中心二期智慧化顶层设计项目充分考虑使用需求，秉承创新、协调、绿色、开放、共享的可持续发展理念，为全球媒体和记者提供全方位数字化创新服务体验。

03 项目亮点

国家会议中心二期智慧化顶层设计项目打造了以会展为主体，商业、写字楼、酒店多业态融合的大运营、大物业、大安全运营体系，实现“一次建设、重复利用”的战略规划和构想，支撑集团数字化运营标准体系和管理模式输出至全国各地场馆。项目打造了“一池会员共享、一键全域宣传、一站服务定制、一证有序监管、一域人机协同、一屏运营统管、一图全面感知、一体运行联动、一网孪生运维、一仓数据赋能”的运营管理模式，助力国家会议中心二期建设成为全国多业态融合一体化运营的会展综合体旗舰标杆。

项目年度：2021年

中通服咨询设计研究院有限公司
CHINA INFORMATION CONSULTING & DESIGNING INSTITUTE CO., LTD.

北京温榆河公园
智慧公园系统工程

项目标签

首都生态文明建设"金名片"

01 项目规模

北京温榆河公园位于北京市市域中部，中心城区东北边缘，朝阳、顺义、昌平三区交界地区，规划范围约30平方千米，是北京城市"绿肺"之一。

02 项目简介

北京温榆河公园智慧系统基于5G、物联网、大数据、云计算、人工智能等新一代信息技术，搭载了"智慧大脑"平台和先进科技应用，通过系统性智慧公园建设体系，打造了集生态、服务、管理、科研及运营为一体的智慧公园，助力运河文化、生态低碳理念的传递和普及，是智慧公园标杆性工程和科技型生态公园示范性工程。

03 项目亮点

北京温榆河公园以"生态、生活、生机"的内涵理念，展现人与自然和谐共生的美好画面，打造首都生态文明建设的靓丽金名片。通过"咨询+总包"理念的重要实践，利用智慧化手段推动基础设施智能化、游园服务人性化、生态保护科普化、公园治理智慧化，公园发展可持续，探索和引领了国内成长型智慧公园建设之路。

项目年度：2020-2021年

第十三届中国（徐州）国际园林博览会智慧园博工程

项目标签

徐州城市绿色转型升级重点工程

01 项目规模

徐州园博园位于徐州中心城区与东南组团之间的吕梁山区域南侧，地处重要生态绿地之上，南邻黄河故道，总体面积为493.5万平方千米，智慧园博合同总金额超6千万元。

02 项目简介

徐州园博会智慧园博工程以信息与服务为主线，围绕一套共享大数据平台、两大应用体系（服务体验、管理运营）和三类科技应用示范（未来科技体验、徐州特色文化、生态保护示范），打造新一代5G+、科技、生态、文明、创新示范园博会。

03 项目亮点

徐州园博会智慧园博工程的功能成效以及场景应用都充满智慧元素，将成为云计算、大数据、物联网、5G、人工智能等新一代信息技术（新基建）与城市治理、民生服务、城市转型、产业升级的深度融合和创新应用的示范性样板工程。通过科技创新带来管理的高效和服务的便捷，让游客在青山绿水之间，在历史画卷之中，感受科技创新之美，引领游客迈入未来城市和幸福生活的美好画卷。

项目年度：2021-2022年

中通服咨询设计研究院有限公司

CHINA INFORMATION CONSULTING & DESIGNING INSTITUTE CO., LTD

泰州滨江工业园区

项目标签

化工园区　智慧化　5G

01 项目规模

泰州滨江工业园区成立于2000年，隶属于泰州医药高新技术产业开发区，园区位于长江以北，占地10平方千米，以石油化工为主要支撑，扩展延伸化工新材料产业，继续扶持精细化工产业，医药化工产业作有益补充，实现产业集约化、专业化、协同化发展。泰州滨江工业园区智慧园区系统目前已分三期工程建设，共投资1.11亿元。

02 项目简介

智慧化工园区系统一期项目于2018年9月份启动，2019年10月份竣工，完成智慧园区管理平台、智慧水利、智慧环保、智慧安监、智慧公安、智慧交警、智慧城管等系统平台的建设，合同金额2300万元。智慧化工园区系统二期项目2019年10月份启动，2020年7月份竣工，完成化工核心区的封闭园区管理平台、封闭区车辆门禁管理系统、危化品车辆运输监管系统、道路视频监控系统、预警发布系统 、气体周界预警系统、无线对讲通信系统的建设，合同金额5600万元。智慧化工园区系统三期项目2020年4月份启动，2020年12月份竣工，完成整体园区的封闭区车辆门禁管理系统、道路视频监控系统、预警发布系统、危化品车辆运输监管系统、园区交通多维感知系统、企业闸口及安全监管系统的建设，合同金额3200万元。

03 项目亮点

智慧化工园区系统以满足化工园区运营需求为中心，通过感知、传输、整合、分析化工园区的各类关键信息，对安全、环保、公共服务以及工商活动等作出准确、高效的智能响应，建成基础设施高端、管理服务高效、创新环境高质、可持续发展的园区。园区占地面积大，在建设过程中大量采用了5G传输技术，例如人员车辆定位、环保数据传输，危险源检测数据采集等。

项目年度：2018–2020年

中通服咨询设计研究院有限公司

CHINA INFORMATION CONSULTING & DESIGNING INSTITUTE CO., LTD

盐城市铁路综合客运枢纽（西广场）信息化工程

项目标签

交通枢纽　信息化　智能化

01 项目规模

盐城市铁路综合客运枢纽（西广场）东临范公路，南接东进路，西为高铁枢纽房及站台，北眺站南路，总体呈现四通八达、纵横有序的现代化铁路广场格局，建筑总面积约20.4万平方米。项目总投资约14亿元，其中智能化单项合同金额1.068亿元。

02 项目简介

盐城市铁路综合客运枢纽依托盐城站而建，是盐城市区“五大组团”中重要的主体功能区，向内无缝对接高铁站、长途客运站、城市公交枢纽、轨道交通站点、城市候机楼，承担着为市区提供综合交通服务的功能，实现“零换乘”；盐徐、盐连、盐通沪、盐泰锡常宜等高速铁路在这里交汇，是江苏省“十三五”综合客运枢纽建设重点工程，被定位为大型枢纽站。建设内容主要分为信息化系统、智能化系统及公安系统。

03 项目亮点

项目建设方案聚焦枢纽核心及周边业态，秉承顶层视角，勾画信息化建设蓝图，构建枢纽信息化智能化基础设施、开放的运营管理服务平台和智慧化应用；完全依托中通服设计院团队自主设计、自主研发和自主交付；构建了盐城市铁路综合客运枢纽先进的信息系统矩阵，满足了管理者、消费者、商户、居民、数字治理等多方的具体需求，并进行了建设性的统一融合管理；3D可视化运维、大数据、物联网、信息杆柱等技术运用实现对枢纽智能化设备的智慧运维管理，为枢纽运维管理提供优质可靠的服务，提升智慧运维和分析决策效率。

项目年度：2021年

中通服咨询设计研究院有限公司
CHINA INFORMATION CONSULTING & DESIGNING INSTITUTE CO., LTD.

海南人工智能计算中心建设项目

项目标签

超算中心 EPC

01 项目规模

海南人工智能计算中心建设项目总投资约5亿元，拟建人工智能计算中心为8700平方米，其中项目设计、施工总承包（EPC）合同金额超亿元，为中国通服在超算数据中心领域再获新突破！

02 项目简介

海南人工智能计算中心建设项目位于海南省三亚市崖州湾科技城，总用地面积4800平方米，拟建人工智能计算中心为8700平方米，为装配式建筑，共规划机架181架，机架总负荷为6118千瓦，平均单机架功耗为33千瓦，PUE值1.276。建设内容主要包括建筑安装、屏蔽机房、算力设备、室外配套，以及机电设备、计算集群软硬件等，冷源系统采用液冷冷却塔及液冷CDU等先进设备。海南人工智能计算中心建设项目的建立将为周边各类业态及产业集群发展提供强有力的信息数据支撑与服务，巩固并保障崖州湾产业科创园数据信息安全，实现产业信息共享，助力智能算力园区发展和智慧崖州湾的扬帆起航。

03 项目亮点

相较于商用为主的常规数据中心，本项目作为超算中心面向科学计算，更侧重计算能力（面向科学领域）打造，承担各种大规模科学计算和工程计算任务，同时拥有强大的数据处理和存储能力，超级计算机应用的网格计算技术可通过互联网来共享强大的计算能力和数据存储能力，主要应用于新能源、新材料、自然灾害、气象预报、地质勘探、工业仿真模拟、动漫制作、基因排序、城市规划等行业，对民生发展具有积极意义。

项目年度：2023年

中通服咨询设计研究院有限公司

CHINA INFORMATION CONSULTING & DESIGNING INSTITUTE CO., LTD